ESTATÍSTICA

Blucher

PEDRO LUIZ DE OLIVEIRA COSTA NETO

Doutor em Engenharia, professor de pós-graduação
da Escola Politécnica da Universidade de São Paulo,
da Universidade Paulista
e das Faculdades Tancredo Neves

ESTATÍSTICA

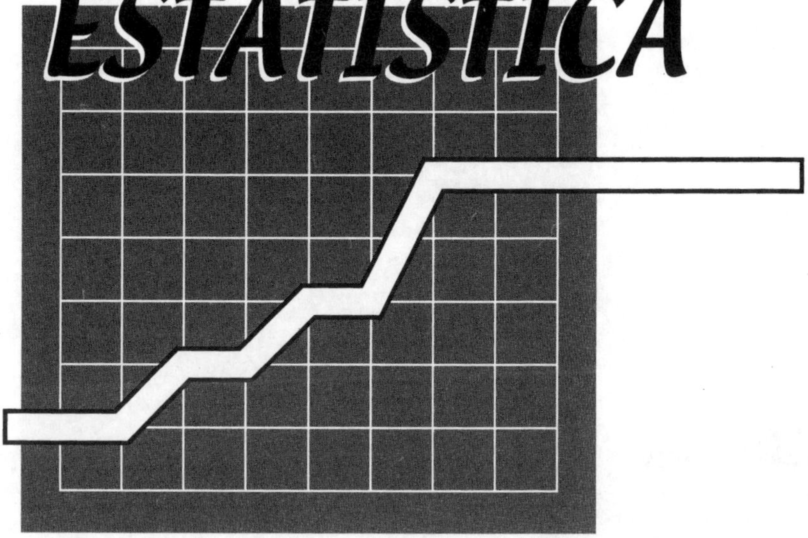

2.ª edição revista e atualizada

Estatística
© 2002 Pedro Luiz de Oliveira Costa Neto
2ª edição - 2002
7ª reimpressão - 2018
Editora Edgard Blücher Ltda.

Blucher

Rua Pedroso Alvarenga, 1245, 4º andar
04531-934 - São Paulo - SP - Brasil
Tel.: 55 11 3078-5366
contato@blucher.com.br
www.blucher.com.br

FICHA CATALOGRÁFICA

Costa Neto, Pedro Luiz de Oliveira
C876e Estatística / Pedro Luiz de Oliveira Costa Neto - 3ª edição - São Paulo : Blucher, 2002

Bibliografia.
ISBN 978-85-212-0300-1

1. Estatística matemática I. Título.

76-1073 17. CDD-519
18.CDD-519.5

Índices para catálogo sistemático:
1. Estatística matemática 519 (17.) 519.5 (18.)
2. Matemática : estatística 519 (17.) 519.5 (18)

Conteúdo

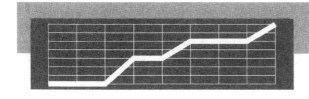

Prefácio à segunda edição

Esta segunda edição surge 25 anos após o lançamento da original. E não veio a público antes por uma série de razões, entre as quais não se inclui, por certo, a falta de vontade de elaborá-la.

Na verdade, esta nova versão, não incorpora grandes modificações. Resistimos à tentação de ancorar o texto a algum *software* estatístico, deixando essa opção a cargo de cada leitor. As principais modificações ficaram por conta da eliminação de certos itens muito específicos e a inclusão de diversos esclarecimentos sugeridos pela experiência didática ao longo desses anos.

A razão por que o livro sobreviveu durante todo esse longo período e pode ser reeditado sem grandes mudanças deve-se ao fato de ser ele um texto básico em Estatística, contendo conceitos e técnicas já consagrados, que formam o alicerce para outros estudos mais sofisticados nesse campo.

Mantivemos os símbolos *, ** e △ para representar, respectivamente, assuntos que podem ser excluídos sem prejudicar a seqüência, assuntos não-indicados para cursos básicos e exercícios que possuem resposta no final.

Esperamos que este texto, em sua nova versão, prossiga sendo útil ao ensino da Estatística em nosso país.

São Paulo, dezembro de 2001

P. L. O. C. N.

Prefácio à edição original

A importância do ensino da Estatística para a grande maioria dos cursos de formação universitária é um fato inegável, atestado pela obrigatoriedade dessa matéria em grande parte dos currículos. Entretanto as publicações que têm surgido em português são, em sua maioria, traduções que raramente satisfazem aos tipos de orientação dados em nossos cursos. Isso nos animou a transformar nossas várias apostilas, produzidas durante cerca de dez anos de ensino do assunto, no presente texto, ao qual acreditamos haver também incorporado um pouco da experiência então adquirida.

Excetuando o incluso Apêndice 1, que encerra um resumo de Probabilidades, o texto versa exclusivamente sobre Estatística, embora um curso completo normalmente deva também enfatizar o Cálculo de Probabilidades. Entretanto pressupomos, neste trabalho, um conhecimento prévio do assunto, sobre o qual já lançamos outro texto (em co-autoria) pela mesma editora. Assim, acreditamos que o presente texto mais o anterior possam se completar, oferecendo o suporte necessário a um curso completo.

Nossa idéia foi produzir um texto que se prestasse a cursos ministrados em mais de um nível. Assim, por exemplo, nas partes obrigatórias, em geral somos mais dissertativos, podendo tais partes ser simples leituras em cursos mais fortes. Por outro lado, alguns assuntos, embora importantes, não caberão em cursos de menor profundidade.

Dentro dessa linha de idéias, assinalamos com um asterisco (*) os assuntos que podem ser excluídos sem prejudicar a seqüência didática normal, e com dois asteriscos (**) os assuntos e exercícios que julgamos não-cabíveis a cursos mais elementares.

Uma leitura do texto poderá dar a impressão de que o mesmo se volta apenas a escolas de Engenharia. Isso não é verdade, pois a Estatística é uma só, aplicável a todos os campos. Simplesmente, como nossa experiência se desenvolveu principalmente em escolas de Engenharia, os exemplos e exercícios de que já dispúnhamos referem-se, em grande parte, ao ramo.

Num trabalho como este, especial atenção deve ser dada aos exercícios, e procuramos oferecê-los em razoável quantidade. Alguns possuem resposta e estão assinalados por △ ao final do enunciado.

Por fim, não poderíamos deixar de mencionar a contribuição indireta dada à realização do presente trabalho pelos ilustres professores Drs. Oswaldo Fadigas Fontes Torres e Boris Schneiderman, pelo fato de muito termos com eles aprendido durante o nosso convívio. Manifestamos também nosso agradecimento ao professor Carlos Alberto Barbosa Dantas, cujo incentivo nos levou à elaboração do presente trabalho.

São Paulo, fevereiro de 1976

P. L O. C. N.

Capítulo 1

A ciência Estatística

Podemos considerar a Estatística como a ciência que se preocupa com a organização, descrição, análise e interpretação dos dados experimentais, visando a tomada de decisões.

A razão pela qual consideramos a Estatítica uma ferramenta importante para a tomada de decisões está no fato de que ela não deve ser considerada como um fim em si própria, mas como um instrumento fornecedor de informações que subsidiarão, em conse-qüência, a tomada de melhores decisões, baseadas em fatos e dados. A Estatística é, portanto, uma ciência meio, e não fim. Daí ter utilidade, como ciência de apoio, em variados outros campos do conhecimento.

Essa conceituação é absolutamente geral e engloba o conceito usual do que seja a Estatística. Esse conceito usual, popular, logo relaciona a Estatística com tabelas e gráficos nos quais os dados experimentalmente obtidos são representados. Ouvimos, assim, falar em estatísticas do movimento da Bolsa de Valores, estatísticas da loteria esportiva, estatísticas da Saúde Pública, estatísticas do crescimento da população, etc. Entretanto essa noção usual prende-se normalmente apenas à parte de organização e descrição dos dados observados. Há ainda todo um campo de atuação da Ciência Estatística que se refere à análise e interpretação desses dados e que normalmente escapa à noção corrente.

Evidentemente, tanto a parte de organização e descrição dos dados como aquela que diz respeito à sua análise e interpretação são importantes. É razoável também que, para poder-se fazer a análise e interpretação dos dados observados, deva-se primeiramente proceder à sua organização e descrição.

Dentro dessa idéia, podemos considerar a Ciência Estatística como dividida basicamente em duas partes: a *Estatística Descritiva*, que se preocupa com a organização e descrição dos dados experimentais, e a *Estatística Indutiva*[1], que cuida da sua análise e interpretação.

Pode-se notar, conforme o exposto, que a Ciência Estatística é aplicável a qualquer ramo do conhecimento onde se manipulem dados experimentais. Assim, a Física, a Química, a Engenharia, a Economia, a Medicina, a Biologia, as Ciências Sociais, as Ciências

[1] São também utilizados os termos Estatística Inferencial ou Inferência Estatística, ou, ainda, Indução Estatística.

Administrativas, etc., tendem cada vez mais a servir-se dos métodos estatísticos como ferramenta de trabalho, daí sua grande e crescente importância.

Uma vez que o conceito usual do que seja a Estatística se relaciona, em geral, com o que chamaremos de Estatística Descritiva, não julgamos necessário, nesta introdução, estendermo-nos sobre o assunto. No Cap. 2, as técnicas mais comuns da Estatística Descritiva serão convenientemente apresentadas.

Queremos, entretanto, deixar bem claro desde já qual a finalidade da Estatística Indutiva, cujas técnicas serão objeto de grande parte deste texto. Para tanto, dois conceitos fundamentais devem ser apresentados: o de *população*, ou *universo*, e o de *amostra*.

Uma população ou universo, no sentido geral, é um conjunto de elementos com pelo menos uma característica comum. Essa característica comum deve delimitar inequivocamente quais os elementos que pertencem à população e quais os que não pertencem.

Ora, em qualquer estudo estatístico, temos sempre em mente pesquisar uma ou mais características dos elementos de alguma população. Os dados que observaremos, na tentativa de tirar conclusões sobre o fenômeno que nos interessa, serão referentes a elementos dessa população.

Assim, por exemplo, podemos estar interessados em realizar uma pesquisa sobre a idade e o sexo dos estudantes universitários do Estado de São Paulo. Logo, a população física que nos interessa examinar é aquela constituída pela totalidade dos estudantes universitários existentes no Estado de São Paulo. Isso parece extremamente simples, mas na verdade ainda não temos exatamente caracterizada a população que nos interessa. Será ela constituída apenas por aqueles que, no momento atual, realizam estudos universitários? Ou deveremos incluir também os que já foram estudantes universitários? Podemos pensar ainda em considerar incluídos na população aqueles que virão a ser estudantes universitários. Além de tudo, temos também o problema de definir a característica comum que distingue perfeitamente cada um dos elementos da população que realmente nos interessa pesquisar.

O exemplo anterior foi apresentado com o intuito de mostrar as dificuldades que poderão surgir ao se tentar definir a população em um estudo estatístico. É claro que tudo irá depender da finalidade principal do estudo que se tem em vista. No entanto, deixaremos de lado esse delicado ponto, mesmo porque a solução do problema deverá ser encontrada em cada caso particular.

Uma vez perfeitamente caracterizada a população, o passo seguinte é o levantamento de dados acerca da característica (ou características) de interesse no estudo em questão. Grande parte das vezes, porém, não é conveniente, ou mesmo nem é possível, realizar o levantamento dos dados referentes a todos os elementos da população. Devemos então limitar nossas observações a uma parte da população, isto é, a uma *amostra* proveniente dessa população. Uma amostra é, pois, um subconjunto de uma população, necessáriamente finito, pois todos os seus elementos serão examinados para efeito da realização do estudo estatístico desejado.

O objetivo da Estatística Indutiva é tirar conclusões sobre populações com base nos resultados observados em amostras extraídas dessas populações. O próprio termo "indutiva" decorre da existência de um processo de *indução*, isto é, um processo de raciocínio em que, partindo-se do conhecimento de uma parte, procura-se tirar conclusões sobre a realidade, no todo.[2]

[2] O oposto ocorre nos processos de *dedução*, em que, partindo-se do conhecimento do todo, concluímos exatamente sobre o que devê ocorrer em uma parte.

É fácil perceber que um processo de indução não pode ser exato. Ao induzir, portanto, estamos sempre sujeitos a erro. A Estatística Indutiva, entretanto, irá nos dizer até que ponto poderemos estar errando em nossas induções e com que probabilidade. Esse fato é fundamental para que uma indução (ou inferência) possa ser considerada estatística, e faz parte dos objetivos da Estatística Indutiva.

Em suma, a Estatística Indutiva busca obter resultados sobre as populações a partir das amostras, dizendo também qual a precisão desses resultados e com que probabilidade se pode confiar nas conclusões obtidas. Evidentemente, a forma como as induções serão realizadas irá depender de cada tipo de problema, conforme será estudado posteriormente.

É intuitivo que, quanto maior a amostra, mais precisas e mais confiáveis deverão ser as induções realizadas sobre a população. Levando esse raciocínio ao extremo, concluiríamos que os resultados mais perfeitos seriam obtidos pelo exame completo de toda a população, ao qual se denomina *censo* ou *recenseamento*. Essa conclusão é válida em teoria, mas na prática, muitas vezes, não se verifica. De fato, o emprego de amostras pode ser feito de modo tal que se obtenham resultados confiáveis, em termos práticos equivalentes, ou até mesmo melhores do que os que seriam conseguidos através de um censo.[3]

Ocorre, em realidade, que diversas razões levam, em geral, à necessidade de recorrer-se apenas aos elementos de uma amostra. Entre elas, podemos citar o custo do levantamento de dados e o tempo necessário para realizá-lo, especialmente se a população for muito grande. Ou, então, podemos não ter acesso fácil ou possível a todos os elementos da população, etc.

Além das razões citadas, deve-se mencionar o fato de que muitas vezes nem mesmo é necessário examinar toda a população para se chegar às conclusões desejadas. Desde que o tamanho da amostra necessária seja convenientemente determinado, induções suficientemente precisas e confiáveis podem ser realizadas, não havendo necessidade de se onerar o estudo estatístico pelo exame de uma amostra maior ou de toda a população.

Deve-se mencionar que a teoria da Estatística Indutiva recorre intensamente a conceitos e resultados do Cálculo de Probabilidades. Esse ramo da Matemática é, portanto, fundamental ao estudo da Estatística Indutiva.

Por outro lado, antes de iniciar qualquer análise dos dados através dos métodos da Estatística Indutiva, é preciso organizar os dados da amostra, o que é feito com as técnicas da Estatística Descritiva.

Um outro problema que surge paralelamente é o de *amostragem*. É claro que, se nossas conclusões referentes à população vão se basear no resultado de amostras, certos cuidados básicos devem ser tomados no processo de obtenção dessas amostras, ou seja, no processo de amostragem. Muitas vezes, erros grosseiros e conclusões falsas ocorrem devido a falhas na amostragem. Esse problema será tratado com maior destaque no Cap. 3.

Em resumo, um estudo estatístico completo que recorra às técnicas da Estatística Indutiva irá envolver também, direta ou indiretamente, tópicos de Estatística Descritiva, Cálculo de Probabilidades e Amostragem. Logo, para se desenvolver um curso completo e razoável de Estatística, todos esses assuntos devem ser abordados em maior ou menor grau, dentro de uma seqüência, conforme indicado no diagrama da Fig. 1.1.

[3] Essa última afirmação pode parecer paradoxal. Citemos, como ilustração, o caso em que uma amostra poderia ser examinada por uma equipe de alto nível, fornecendo resultados confiáveis, ao passo que, para fazer o censo, deveríamos recorrer a uma equipe bem maior, cujo nível médio seria mais baixo, diminuindo a confiança nos dados obtidos e levando a um resultado global de menor confiabilidade.

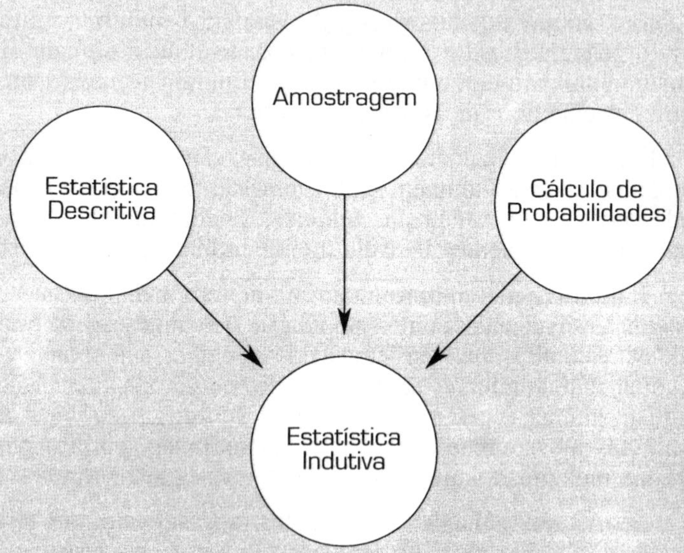

Figura 1.1 *Esquema geral de um curso de Estatística*

Em verdade, a ordem em que se apresentam os três assuntos necessários à boa compreensão da Estatística Indutiva não é o mais importante, a nosso ver. No presente texto, pressupomos um conhecimento prévio, por parte do leitor, dos conceitos básicos do Cálculo de Probabilidades.[4] A propósito, é comum fazer-se certa confusão entre a Estatística e o Cálculo de Probabilidades. No entanto este último é um ramo da Matemática cujo interesse direto não está, como no caso da Estatística, relacionado com dados experimentais observados. Como a Estatística, o Cálculo de Probabilidades tem também grande importância e inúmeras aplicações. Entretanto, no presente texto, estamos interessados apenas em uma das suas aplicações, provavelmente a mais importante de todas: nos problemas de Estatística Indutiva.

Um resumo das principais definições e fórmulas do Cálculo de Probabilidades é dado no Apêndice 1. Por sua vez, os Caps. 2 e 3 do texto tratam, respectivamente, dos problemas da Estatística Descritiva (a uma variável) e de Amostragem. Com isso, julgamos que o estudante estará em condições de acompanhar as técnicas de Estatística Indutiva que serão apresentadas e discutidas no restante do volume.

---

[4] Uma bibliografia razoavelmente grande sobre o assunto pode ser encontrada em português, em particular a Ref. 5, de nossa co-autoria, que serviu de subsídio para o resumo apresentado no Apêndice 1.

Capítulo 2

Estatística Descritiva

2.1 INTRODUÇÃO — TIPOS DE VARIÁVEIS

Vimos, no Cap. 1, que a Estatística trabalha com informações referentes a conjuntos de elementos observados. Nos problemas de Estatística Indutiva, esses elementos constituem uma amostra retirada da população que se deseja estudar. Em muitos casos, entretanto, o conjunto observado pode constituir a população inteira.

Do ponto de vista do presente capítulo, será praticamente irrelevante se o conjunto de elementos observados constitui uma amostra ou toda a população. De qualquer modo, uma vez dispondo-se dos resultados observados, o passo seguinte deverá ser, necessariamente, organizar as informações contidas nesses resultados. Esse é o papel da Estatística Descritiva, cujas técnicas serão vistas a seguir.

No entanto, é preciso antes, de mais nada, que se tenha(m) bem definida(s) qual(is) a(s) característica(s) de interesse que deverá(ão) ser verificada(s). Ou seja, não iremos trabalhar estatisticamente com os elementos existentes, mas com alguma(s) característica(s) desses elementos que seja(m) fundamental(is) ao nosso estudo. Por exemplo, o conjunto de elementos a ser estudado pode ser a população de uma cidade. Este é o conjunto dos elementos, fisicamente definidos e considerados.

É claro, porém, que não iremos nem poderemos fazer qualquer tratamento matemático com as pessoas que formam esse conjunto. É preciso definir qual(is) característica(s) dessas pessoas nos interessa(m) averiguar. Essa característica poderá ser, digamos, a idade das pessoas. A idade é uma variável cujos valores, dados numericamente em alguma escala de unidade, dependerão dos elementos considerados. Ou seja, se houver n elementos fisicamente considerados no estudo, esses elementos fornecerão n valores da variável idade, os quais serão então tratados convenientemente pela Estatística Descritiva. Vemos, portanto, que iremos sempre trabalhar com os valores de alguma variável de interesse, e não com os elementos originalmente considerados. A escolha da(s) variável(is) de interesse dependerá, em cada caso, dos objetivos do estudo estatístico em questão.

No presente capítulo, vamos apenas tratar do caso de variáveis *unidimensionais*, ou seja, quando apenas uma característica de interesse está associada a cada elemento do conjunto examinado. Existem casos em que duas ou mais características devem ser simultaneamente estudadas, alguns dos quais serão vistos em capítulos posteriores.

A característica de interesse poderá ser qualitativa ou quantitativa. Teremos, portanto, *variáveis qualitativas* ou *quantitativas*. A variável será qualitativa quando resultar de uma classificação por tipos ou atributos, como nos exemplos que seguem.

a) População: moradores de uma cidade.
Variável: cor dos olhos (pretos, castanhos, azuis, etc.).

b) População: peças produzidas por uma máquina.
Variável: qualidade (perfeita ou defeituosa).

c) População: óbitos em um hospital, nos últimos cinco anos.
Variável: causa mortis (moléstias cardiovasculares, cânceres, moléstias do aparelho digestivo, etc).

d) População: candidatos a um exame vestibular.
Variável: sexo (masculino ou feminino).

A variável será quantitativa quando seus valores forem expressos em números. As variáveis quantitativas podem ser subdivididas em quantitativas *discretas* e quantitativas *contínuas*. Essa classificação corresponde aos conceitos matemáticos de discreto e contínuo. Assim, uma variável contínua será aquela que, teoricamente, pode assumir qualquer valor num certo intervalo razoável de variação. A variável discreta, ao contrário, pode assumir apenas valores pertencentes a um conjunto enumerável.

Apresentamos a seguir exemplos de variáveis quantitativas discretas.

a) População: casais residentes em uma cidade.
Variável: número de filhos.

b) População: as jogadas possíveis com um dado.
Variável: o ponto obtido em cada jogada.

c) População: aparelhos produzidos em uma linha de montagem.
Variável: número de defeitos por unidade.

Essas variáveis são todas discretas, pois seus possíveis valores são apenas números inteiros não-negativos, havendo, ainda, no caso (b), a restrição de estarem compreendidos entre 1 e 6.

Como variáveis quantitativas contínuas, temos os exemplos que seguem.

a) População: pessoas residentes em uma cidade.
Variável: idade.

b) População: sabonetes de certa marca e tipo.
Variável: peso líquido.

c) População: peças produzidas por uma máquina.
Variável: diâmetro externo.

d) População: indústrias de uma cidade.
Variável: índice de liquidez.

Pelos exemplos apresentados, podemos perceber que os valores das variáveis discretas são obtidos mediante alguma forma de contagem, ao passo que os valores das variáveis contínuas resultam, em geral, de uma medição, sendo freqüentemente dados em alguma unidade de medida.

Outra diferença entre os dois tipos de variáveis quantitativas está na interpretação de seus valores. Assim, a interpretação de um valor de uma variável discreta é dada exatamente por esse mesmo valor. Quando dizemos que um casal tem dois filhos, isso significa que o casal tem exatamente dois filhos.

A interpretação de um valor de uma variável contínua, ao contrário, é a de que se trata de um valor aproximado. Isso decorre do fato de não existirem instrumentos de medida capazes de oferecer precisão absoluta, e, mesmo que existissem, não haveria interesse nem sentido em se querer determinar uma grandeza contínua com todas as suas casas decimais. Logo, se, ao executarmos a medição de algum valor de uma variável contínua, estamos sempre fazendo uma aproximação, resulta que qualquer valor apresentado de uma variável contínua deverá ser interpretado como uma aproximação compatível com o nível de precisão e com o critério utilizado ao medir.

Por exemplo, se o diâmetro externo de uma peça, medido em milímetros, for dado por 12,78 mm, deveremos considerar que o valor exato desse diâmetro será algum valor entre 12,775 e 12,785 mm, que foi aproximado para 12,78 mm devido ao fato de a precisão adotada na medida ser apenas de centésimos de milímetros.

Uma convenção útil adotada no presente texto é a de ser a precisão da medida automaticamente indicada pelo número de casas decimais com que se escrevem os valores da variável. Assim, um valor 12,80 indica que a variável em questão foi medida com a precisão de centésimos, não sendo exatamente o mesmo que 12,8, valor correspondente a uma precisão de décimos.

Notemos que, normalmente, a aproximação implícita ao se considerar cada valor de uma variável contínua será de, no máximo, metade da precisão com que os dados são medidos. Assim, no exemplo precedente, supusemos que a precisão da medida era de centésimos de milímetros; segue-se que os resultados apresentados com essa precisão serão, na verdade, valores aproximados, e essa aproximação será de, no máximo, cinco milésimos de milímetros para mais ou para menos.[1]

Após observar as diferenças mencionadas entre as variáveis quantitativas discretas e contínuas, o leitor poderá ficar surpreso ao verificar que as técnicas da Estatística Descritiva serão praticamente idênticas em ambos os casos. Isso se deve, no entanto, ao fato de, formalmente, os dados referentes a variáveis discretas ou contínuas serem análogos, pois os valores da variável contínua serão sempre apresentados dentro de um certo grau de aproximação. Assim, apenas na interpretação e descrição gráfica dos resultados é que haverá diferenças a serem consideradas, conforme veremos.

A Estatística Descritiva pode descrever os dados através de gráficos, distribuições de freqüência ou medidas associadas a essas distribuições, conforme veremos a seguir.

---

[1] Uma exceção seria, por exemplo, o caso da variável idade, medida em anos completos. Um valor como 18 corresponderia ao intervalo 18 $\vdash$ 19.

2.2 TÉCNICAS DE DESCRIÇÃO GRÁFICA

O primeiro passo para se descrever graficamente um conjunto de dados observados é verificar as *freqüências* dos diversos valores existentes da variável.

Definimos a freqüência de um dado valor de uma variável (qualitativa ou quantitativa) como o número de vezes que esse valor foi observado. Denotaremos a freqüência do i-ésimo valor observado por f_i. Sendo n o número total de elementos observados, verifica-se imediatamente que

$$\sum_{i=1}^{k} f_i = n, \qquad (2.1)$$

onde k é o número de diferentes valores existentes da variável.

A associação das respectivas freqüências a todos os diferentes valores observados define a *distribuição de freqüências* do conjunto de valores observados. Alternativamente, poderemos usar as *freqüências relativas*. Definimos a freqüência relativa, ou proporção de um dado valor de uma variável (qualitativa ou quantitativa), como o quociente de sua freqüência pelo número total de elementos observados. Ou seja, denotando por p_i' a freqüência relativa ou proporção do i-ésimo elemento observado, temos

$$p_i' = \frac{f_i}{n}. \qquad (2.2)$$

É claro que

$$\sum_{i=1}^{k} p_i' = 1 \qquad (2.3)$$

2.2.1 Descrição gráfica das variáveis qualitativas

No caso de variáveis qualitativas, a descrição gráfica é muito simples, bastando computar as freqüências ou freqüências relativas das diversas classificações existentes, elaborando, a seguir, um gráfico conveniente. Esse gráfico poderá ser um diagrama de barras, um diagrama circular ou outro qualquer tipo de diagrama equivalente.

Tomemos, como exemplo, um grupo de 135 candidatos a vagas em um curso de pós-graduação, classificados segundo sua formação específica de graduação, conforme a Tab. 2.1. As duas colunas referentes ao número de pessoas contêm, respectivamente, as

Tabela 2.1 Formação específica de graduação

Formação	Número de pessoas	
	Freqüências	%
Engenheiros	38	28,1
Economistas	30	22,2
Administradores	35	25,9
Contadores	15	11,1
Outros	17	12,7
Total	135	100,0

Figura 2.1 Diagrama de barras.

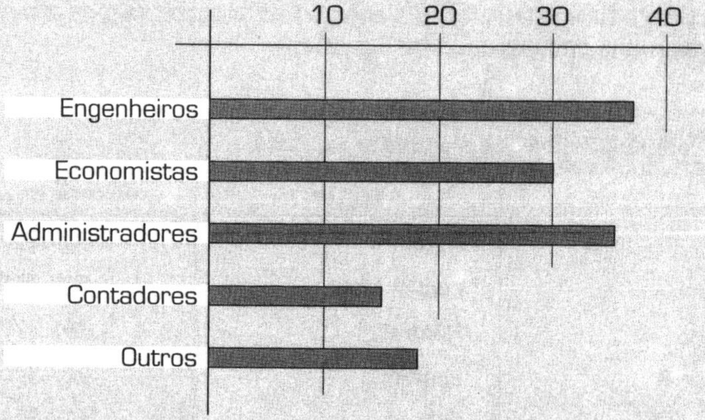

freqüências e as freqüências relativas, dadas em porcentagens, em que a formação acadêmica se distribui entre esses candidatos. A variável qualitativa considerada no presente exemplo é dada por essa formação, e as freqüências relativas observadas definem a distribuição de freqüências que essa variável apresentou.

Esses dados podem ser graficamente representados de diversas formas. Assim, na Fig. 2.1, eles estão representados por meio de um diagrama de barras e, na Fig. 2.2, por um diagrama circular. A vantagem da representação gráfica está em possibilitar uma rápida impressão visual de como se distribuem as freqüências ou as freqüências relativas no conjunto de elementos examinados.

Entretanto há a mencionar ainda a possibilidade de se considerarem distribuições segundo outros critérios que não propriamente a freqüência ou a freqüência relativa das observações. Como exemplo, tomemos as superfícies das cinco regiões geográficas que

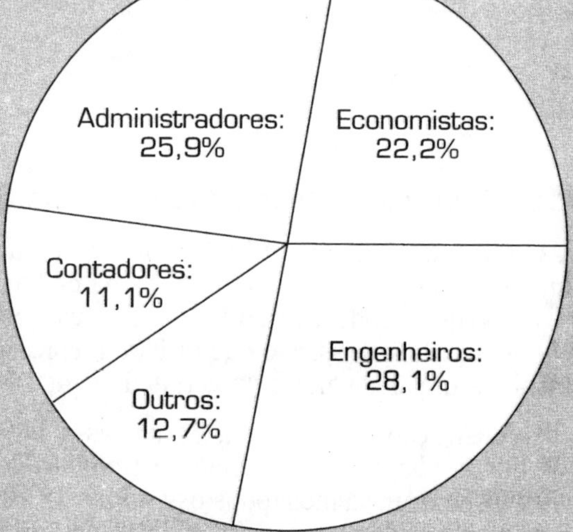

Figura 2.2 Diagrama circular.

compõem o Brasil, apresentadas na Tab. 2.2, conforme dados do IBGE (Instituto Brasileiro de Geografia e Estatística). Calculando-se as porcentagens correspondentes, pode-se construir o diagrama circular dado na Fig. 2.3.

Tabela 2.2 Regiões geográficas do Brasil

Região	Superfície (km^2)
Norte	3.869.637,9
Centro-oeste	1.612.077,2
Nordeste	1.561.177,8
Sudeste	927.286,2
Sul	577.214,0
Total	8.547.393,1

Figura 2.3 *Diagrama circular.*

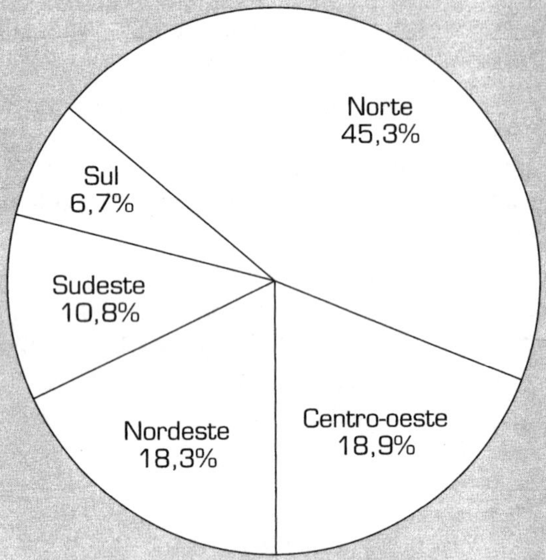

2.2.2 Descrição gráfica das variáveis quantitativas discretas

No caso das variáveis quantitativas discretas, a representação gráfica será também, normalmente, feita por meio de um diagrama de barras. A diferença em relação ao caso anterior está em que, sendo a variável quantitativa, seus valores numéricos podem ser representados num eixo de abscissas, o que facilita a representação. Note-se que, aqui, existe uma enumeração natural dos valores da variável, o que não havia no caso das variáveis qualitativas.

A construção do diagrama de barras é feita semelhantemente ao exemplo anterior, desde que se disponha da tabela de freqüências. Esta, por sua vez, pode ser facilmente construída se conhecemos todos os valores da variável no conjunto de dados. Como iremos marcar no eixo das abscissas os valores da variável, resulta que, nesse caso, as barras do diagrama serão verticais.

Vamos, a título de exemplo, representar graficamente o conjunto dado a seguir, constituído hipoteticamente por vinte valores da variável "número de defeitos por unidade", obtidos a partir de aparelhos retirados de uma linha de montagem. Sejam os seguintes os valores obtidos:

2	4	2	1	2
3	1	0	5	1
0	1	1	2	0
1	3	0	1	2

Usando a letra x para designar os diferentes valores da variável, podemos construir a distribuição de freqüências dada na Tab. 2.3, a partir da qual elaboramos o diagrama de barras correspondente, dado pela Fig. 2.4.

Tabela 2.3 Distribuição de freqüências

x_i	f_i	p'_i
0	4	0,20
1	7	0,35
2	5	0,25
3	2	0,10
4	1	0,05
5	1	0,05
	20	1,00

O diagrama de barras, conforme já mencionamos, mostra a distribuição das freqüências no conjunto de dados. Tratando-se de variáveis quantitativas, uma outra forma de representação gráfica é também possível, tendo, às vezes, interesse, com base nas *freqüências*

Figura 2.4 *Diagrama de barras.*

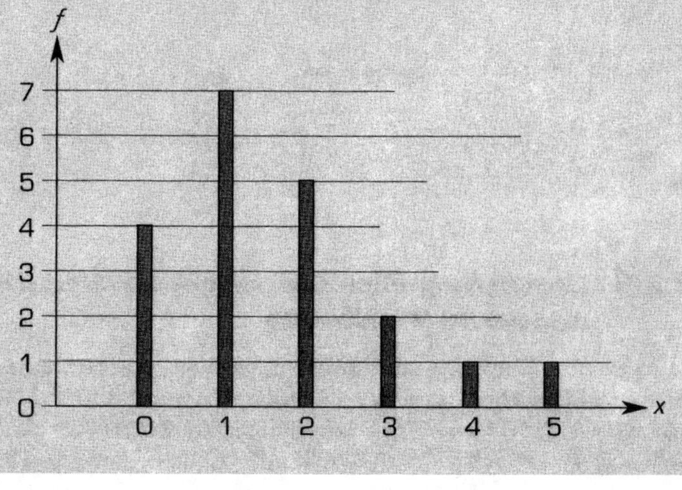

acumuladas, as quais denotaremos por F_i. A freqüência acumulada, em qualquer ponto do eixo das abscissas, é definida como a soma das freqüências de todos os valores menores ou iguais ao valor correspondente a esse ponto. Analogamente, teríamos as freqüências relativas acumuladas.

Tabela 2.4 Freqüências e freqüências relativas acumuladas

x_i	F_i	P'_i
0	4	0,20
1	11	0,55
2	16	0,80
3	18	0,90
4	19	0,95
5	20	1,00

Voltando ao exemplo, podemos facilmente verificar que as freqüências e as freqüências relativas acumuladas correspondentes aos valores notáveis da variável são as dadas na Tab. 2.4. A partir dessa tabela, foi construído o *gráfico das freqüências acumuladas*, dado na Fig. 2.5.

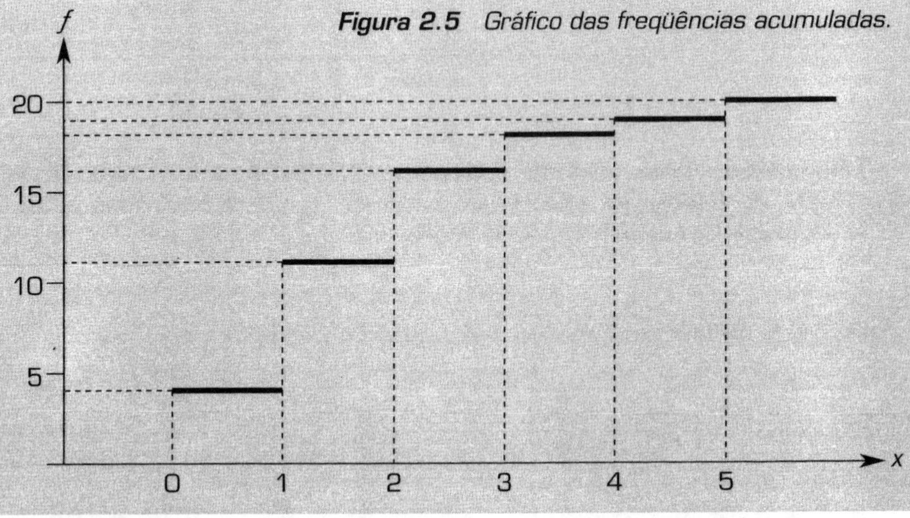

Figura 2.5 *Gráfico das freqüências acumuladas.*

2.2.3 Descrição gráfica das variáveis quantitativas contínuas — classes de freqüências

No caso das variáveis quantitativas contínuas, o procedimento até a obtenção da tabela de freqüências pode ser análogo ao visto no caso anterior. Entretanto o diagrama de barras não mais se presta à correta representação da distribuição de freqüências, devido à natureza contínua da variável. Examinemos um exemplo: tomemos a amostra a seguir, constituída por 25 valores da variável "diâmetro de peças produzidas por uma máquina", dados em milímetros:

21,5	21,4	21,8	21,5	21,6
21,7	21,6	21,4	21,2	21,7
21,3	21,5	21,7	21,4	21,4
21,5	21,9	21,6	21,3	21,5
21,4	21,5	21,6	21,9	21,5

Na Tab. 2.5 temos esses mesmos dados organizados em termos de freqüências e de freqüências relativas, simples e acumuladas.

Tabela 2.5 Distribuição das freqüências e das freqüências acumuladas

x_i	f_i	F_i	p'_i	P'_i
21,2	1	1	0,04	0,04
21,3	2	3	0,08	0,12
21,4	5	8	0,20	0,32
21,5	7	15	0,28	0,60
21,6	4	19	0,16	0,76
21,7	3	22	0,12	0,88
21,8	1	23	0,04	0,92
21,9	2	25	0,08	1,00
	25		1,00	

Ao passarmos à representação gráfica, porém, devemos lembrar a correta interpretação dos valores das variáveis contínuas. Assim, por exemplo, sabemos que a freqüência 5 associada ao valor 21,4 significa, na verdade, que temos cinco valores compreendidos entre os limites 21,35 e 21,45, que foram aproximados, no processo de medição, para 21,4. Logo, uma representação gráfica correta deverá associar a freqüência 5 ao intervalo 21,35—21,45. Isso se faz por meio de uma figura formada com retângulos cujas áreas representam as freqüências dos diversos intervalos existentes. Tal figura chama-se *histograma*. Na Fig. 2.6, temos o histograma correspondente ao presente exemplo.

Vemos que, no caso das variáveis contínuas, as freqüências serão, na verdade, associadas a intervalos de variação da variável e não a valores individuais. A tais intervalos chamaremos *classes de freqüências*. As classes de freqüências são comumente representadas pelos seus pontos médios, conforme vimos no presente exemplo.

Uma outra representação gráfica que, como o histograma, pode ser feita no caso de variáveis contínuas é dada pelo *polígono de freqüências*, que se obtém unindo-se os pontos médios dos patamares. Para completar a figura, consideram-se duas classes laterais com freqüência nula.[2] Na Fig. 2.7, temos o polígono de freqüências correspondente ao histograma visto, o qual é reproduzido em linhas interrompidas.

[2] Uma exceção bastante comum a essa regra aparece no caso de variáveis essencialmente positivas cujo histograma se inicia no valor zero, pois não haveria sentido em se considerar um intervalo com valores negativos.

Figura 2.6 Histograma do exemplo apresentado no texto.

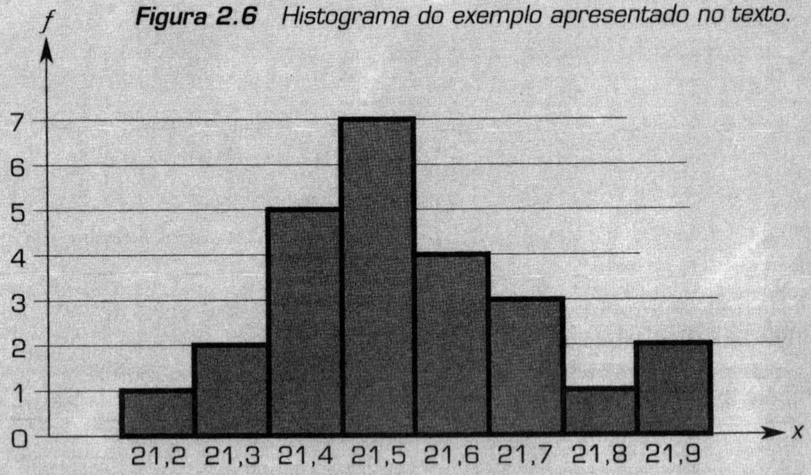

Podemos ainda construir o *polígono de freqüências acumuladas*. Este é traçado simplesmente verificando-se as freqüências acumuladas ao final de cada uma das classes. Pode ser construído em termos das freqüências ou freqüências relativas. O polígono de freqüências relativas acumuladas correspondente ao presente exemplo é dado na Fig. 2.8, tendo sido obtido a partir das freqüências relativas acumuladas dadas na Tab. 2.5.

No exemplo anterior vimos que, no caso das variáveis contínuas, a consideração de classes de freqüências é fundamental para a correta representação gráfica. Naquele exemplo, as classes consideradas tinham por pontos médios os próprios valores originais do conjunto de dados disponíveis. Ou seja, as classes surgiram naturalmente como decorrência da interpretação dos valores da variável contínua. Essas classes, no exemplo visto, foram suficientes para a obtenção de uma representação gráfica satisfatória.

Muitas vezes, entretanto, uma representação satisfatória dos dados somente é conseguida pelo seu agrupamento em classes de freqüências que englobam diversos valores

Figura 2.7 Polígono de freqüências.

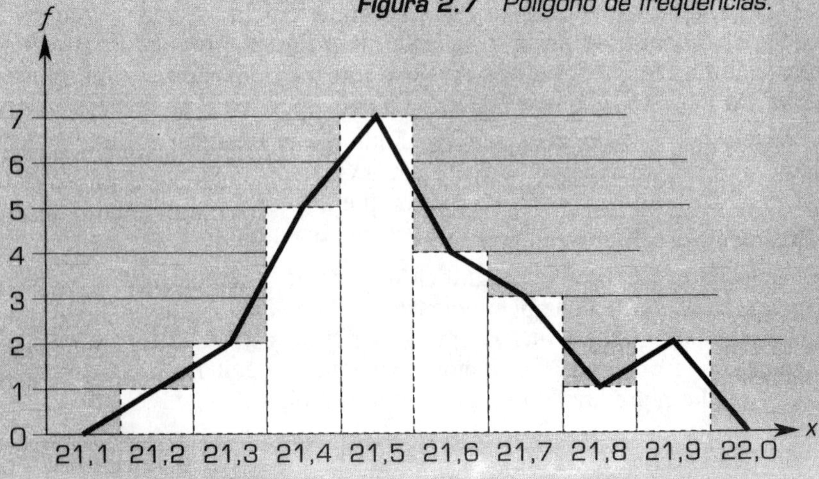

Figura 2.8 *Polígono de freqüências relativas acumuladas.*

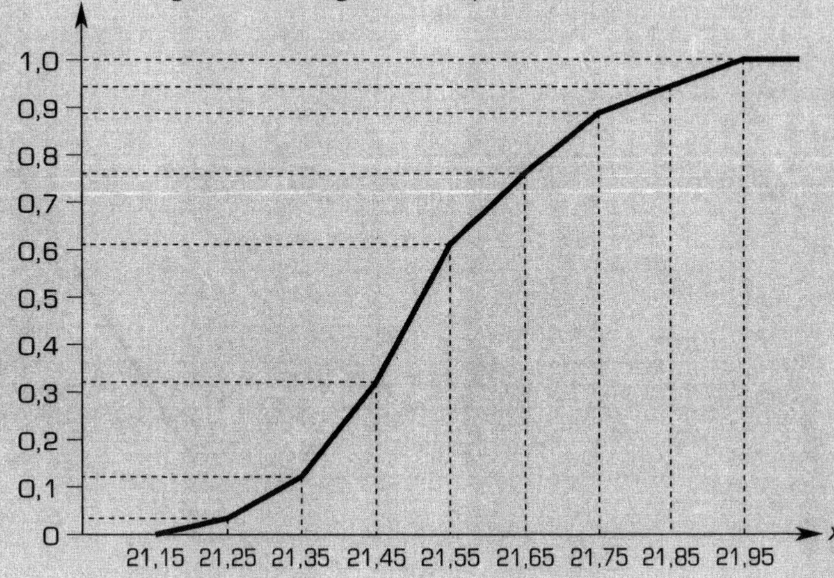

da variável. A freqüência de cada classe será, nesse caso, igual à soma das freqüências de todos os valores existentes dentro da classe.[3]

O procedimento descrito corresponde a uma diminuição proposital da precisão com que os dados foram computados. Ou seja, propositalmente deixamos de lado uma parcela da informação contida nos dados originais tendo em vista obter uma representação mais adequada.

O problema prático a resolver, em tais casos, é o de determinar qual o número de classes a constituir, qual o tamanho ou *amplitude* dessas classes e quais os seus limites. É claro que, por simplificação, recomenda-se, em muitos casos, a construção de classes de mesma amplitude. Usaremos a seguinte notação:

n, número total de dados disponíveis;
k, número de classes;
h, amplitude das classes, quando supostas todas iguais.

A questão do número de classes é teoricamente controvertida. Diversos autores apresentam soluções diferentes. Entretanto, com um pouco de bom-senso e experiência, chega-se sem grande dificuldade a valores satisfatórios para h, k e para os limites das classes. A obtenção de soluções simples é, em geral, desejável. A Fig. 2.9 é um diagrama que pode ser usado para a determinação do número aproximado de classes, fornecendo resultados satisfatórios em muitos casos. Entretanto não se recomenda o agrupamento em classes quando o número de valores é muito pequeno, digamos, menor que 25.

[3] Esse procedimento também pode ser aplicado no caso de variáveis discretas, a fim de se obter uma representação mais conveniente.

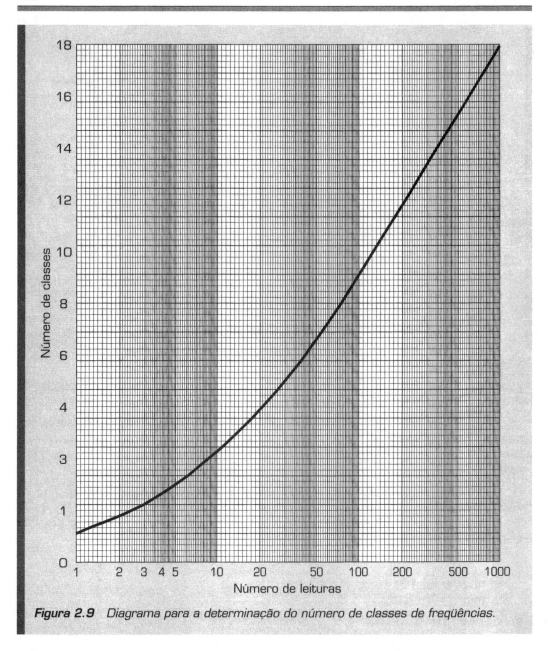

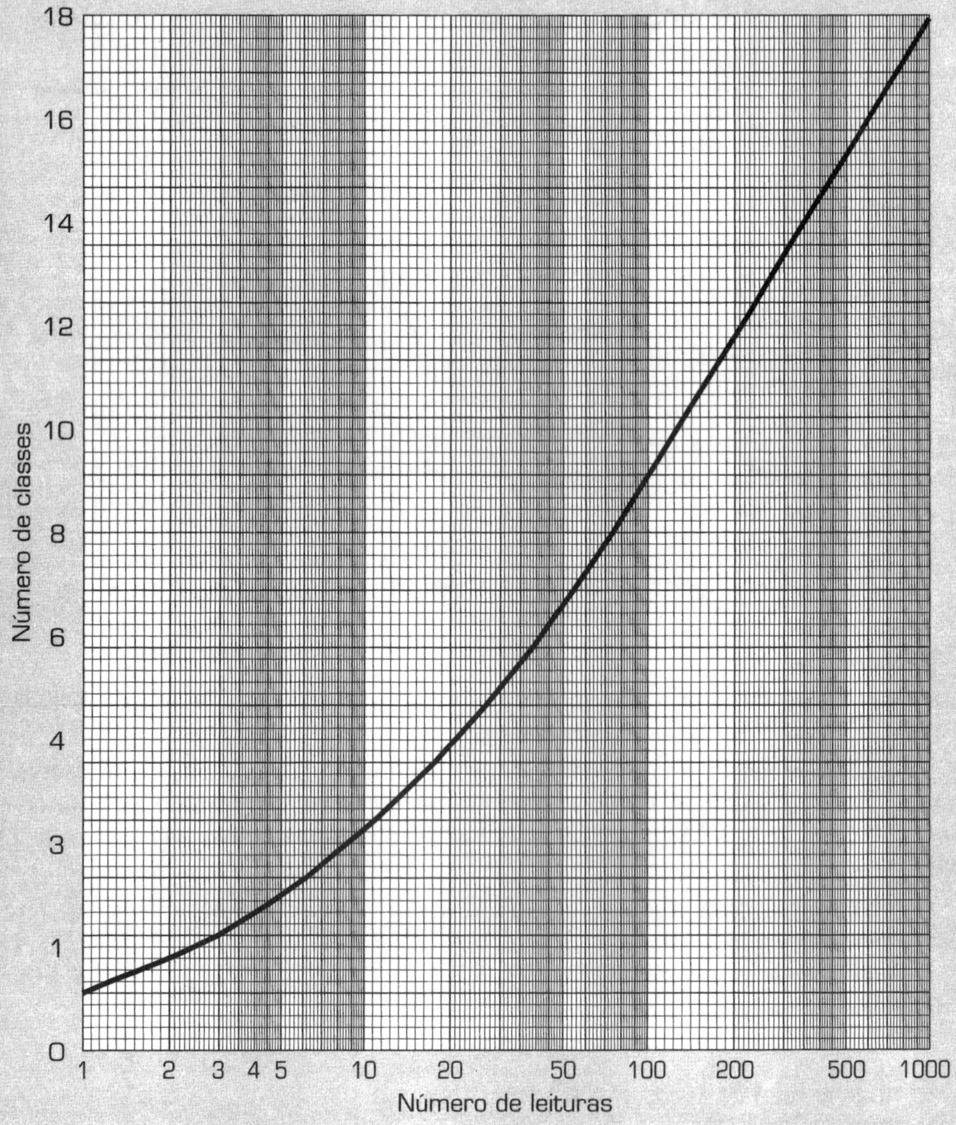

Figura 2.9 *Diagrama para a determinação do número de classes de freqüências.*

Vamos definir a *amplitude* do conjunto de dados como sendo a diferença entre o maior e o menor dos valores observados. Vamos designá-la por R. É claro que, uma vez fixado k, resulta

$$h \cong \frac{R}{k}.$$

Entretanto é importante notar que a amplitude das classes não deverá ser fracionária em relação à precisão com que os dados são apresentados, pois isso impossibilitaria uma correta subdivisão em classes.

Notemos também que os limites das classes são, muitas vezes, apresentados sob formas que não correspondem ao significado real dos valores contidos na classe. Dizemos, então, que temos *limites aparentes*. Em tais casos, pode ser conveniente a determinação dos limites reais das classes. Essa questão será ilustrada no exemplo que damos a seguir.

Tomemos como exemplo o conjunto de valores que segue, que suporemos sejam cinqüenta determinações do tempo (em segundos) gasto por um funcionário para preencher um certo tipo de formulário:

61	65	43	53	55	51	58	55	59	56
52	53	62	49	68	51	50	67	62	64
53	56	48	50	61	44	64	53	54	55
48	54	57	41	54	71	57	53	46	48
55	46	57	54	48	63	49	55	52	51

É fácil ver que a distribuição de freqüências diretamente obtida a partir desses dados seria dada por uma tabela razoavelmente extensa. A representação gráfica dessa distribuição, apresentada na Fig. 2.10, deixa de ser conveniente para esses dados.

Figura 2.10 Histograma dos dados não-agrupados em classes.

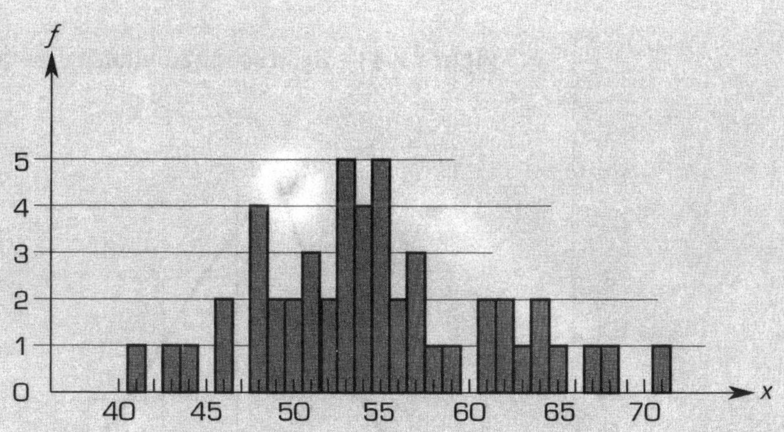

Vamos agora adotar um agrupamento com sete classes de amplitude $h = 5$. Na Tab. 2.6 são dados os limites das classes e as freqüências respectivas.[4] Nessa tabela, apresentamos os limites das classes dados de três maneiras equivalentes. As duas primeiras são formas usualmente empregadas e correspondem a limites aparentes. A terceira indica os limites reais dessas classes. Note-se que não há possibilidade de dúvida quanto a classe à qual cada elemento pertence.

[4] A maneira mais simples de obter as freqüências das classes a partir do conjunto de dados é, a nosso ver, percorrendo os dados uma única vez e assinalando, para cada classe, os elementos nela contidos.

Tabela 2.6 Agrupamento em classes de freqüências

Classes			f_i
Limites aparentes		Limites reais	
Primeira notação	Segunda notação		
40 ⊢ 45	40 — 44	39,5 — 44,5	3
45 ⊢ 50	45 — 49	44,5 — 49,5	8
50 ⊢ 55	50 — 54	49,5 — 54,5	16
55 ⊢ 60	55 — 59	54,5 — 59,5	12
60 ⊢ 65	60 — 64	59,5 — 64,5	7
65 ⊢ 70	65 — 69	64,5 — 69,5	3
70 ⊢ 75	70 — 74	69,5 — 74,5	1
			50

O histograma e o polígono de freqüências correspondentes ao agrupamento feito são dados na Fig. 2.11. Vemos que essa representação gráfica é muito mais apropriada do que a anteriormente obtida.[5]

Figura 2.11 Representação gráfica dos dados agrupados.

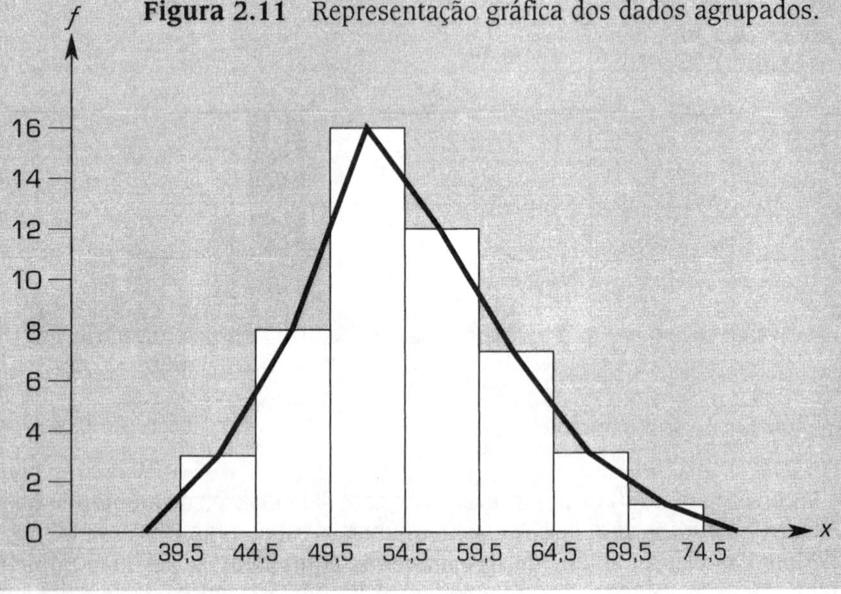

[5] Muitas vezes, o polígono de freqüências obtido sugere o traçado de uma curva contínua. Em outras palavras, se os dados provêm de uma amostra, eles estão sugerindo qual seria, aproximadamente, a *distribuição da população*, para a qual poderíamos adotar algum modelo ideal de distribuição. Um modelo freqüentemente usado é o da distribuição normal, estudada pelo Cálculo de Probabilidades e apresentada no Ap. 1.

2.2.4 Exercícios de aplicação

1. Os dados que seguem representam as idades, em anos completos, de todas as crianças atendidas em um certo dia por um posto de puericultura. Construa o histograma, o polígono de freqüências e o polígono de freqüências acumuladas para esses dados.

1	4	0	1	1	7	3	2	0
0	1	4	0	5	2	1	3	3

2. Durante o mês de setembro de certo ano, o número de acidentes por dia em certo trecho de rodovia apresentou a seguinte estatística:

2	0	1	2	3	1	6	1	0	0
1	2	2	1	2	0	1	4	2	3
0	1	0	2	1	2	4	1	1	1

Represente graficamente esses dados por meio de dois diagramas distintos.

3. Construa o polígono de freqüências relativas acumuladas para os dados da Tab. 2.6.

4. Temos a seguir as notas médias obtidas por oitenta candidatos a um exame vestibular. Agrupe convenientemente esses valores em classes de igual amplitude e construa os correspondentes histograma, polígono de freqüências e polígono de freqüências relativas acumuladas.

64	73	44	10	43	31	51	4	25	53
51	36	47	45	65	79	58	45	54	73
28	38	42	49	19	49	65	32	33	11
57	25	39	2	40	22	5	60	44	3
8	3	65	50	38	9	56	21	9	57
15	28	48	47	68	6	34	12	65	28
59	8	54	84	45	39	41	43	41	38
52	63	40	16	52	44	46	59	22	15

5. De uma análise de balanço em cinqüenta indústrias, obtiveram-se os valores seguintes para seus coeficientes de liquidez. Agrupe os dados em classes de igual amplitude e construa o histograma, o polígono de freqüências e o polígono de freqüências relativas acumuladas.

2,9	7,5	5,0	11,6	2,7	7,9	18,8	3,8	8,5	4,4
12,9	3,3	7,4	6,3	2,6	6,9	5,6	12,4	16,0	2,7
6,3	4,4	13,1	4,8	10,0	0,4	5,5	16,2	2,3	9,5
4,5	10,6	3,2	8,7	9,0	3,9	9,2	8,4	0,8	4,6
15,6	7,1	17,8	4,5	10,5	5,3	11,8	2,3	2,4	7,5

2.3 CARACTERÍSTICAS NUMÉRICAS DE UMA DISTRIBUIÇÃO DE FREQÜÊNCIAS

Além da descrição gráfica, muitas vezes é necessário sumariar certas características das distribuições de freqüências por meio de certas quantidades que iremos estudar a seguir. Tais quantidades são usualmente denominadas de *medidas* da distribuição de freqüências, por procurarem quantificar alguns de seus aspectos de interesse.

Temos, assim, as chamadas medidas de *posição*, de *dispersão*, de *assimetria* e de *achatamento* ou *curtose*. As medidas de posição e de dispersão são, sem dúvida, as mais importantes, tendo grande aplicação em problemas de Estatística Indutiva. Como veremos, servem para localizar as distribuições e caracterizar sua variabilidade. As medidas de assimetria e de achatamento ajudam a caracterizar a forma das distribuições.

2.3.1 Medidas de posição

As medidas de posição servem para localizar a distribuição de freqüências sobre o eixo de variação da variável em questão. Estudaremos três tipos de medidas de posição: a *média*, a *mediana* e a *moda*.

A média e a mediana, como veremos, indicam, por critérios diferentes, o centro da distribuição de freqüências. Por essa razão, costuma-se dizer também que são medidas de tendência central. A moda, por sua vez, indica a região de maior concentração de freqüências na distribuição.

A média (aritmética)

Podemos definir vários tipos de média de um conjunto de dados. Neste texto, vamos nos preocupar exclusivamente com a média aritmética, de todas a mais usada, a qual denotaremos por $\bar{x}$, sendo x_i os valores da variável.[6]

Sendo x_i ($i = 1, 2, \ldots, n$) o conjunto de dados, definimos sua média aritmética ou, simplesmente, média, por

$$\bar{x} = \frac{\sum_{i=1}^{n} x_i}{n}. \tag{2.4}$$

É fácil verificar que, se os dados estiverem dispostos em uma tabela de freqüências formada por k linhas, poderemos obter $\bar{x}$ por

$$\bar{x} = \frac{\sum_{i=1}^{k} x_i f_i}{n} = \sum_{i=1}^{k} x_i p_i'. \tag{2.5}$$

[6] Outros tipos de média são a média geométrica, $\bar{x}_g$, a média harmônica, $\bar{x}_h$, e a média ponderada, $\bar{x}_p$, dadas por

$$\bar{x}_g = \sqrt[n]{x_1 \cdot x_2 \cdot \ldots \cdot x_n},$$

$$\bar{x}_h = \frac{n}{\sum_{i=1}^{n} \frac{1}{x_i}},$$

$$\bar{x}_p = \frac{\sum_{i=1}^{n} c_i x_i}{\sum_{i=1}^{n} c_i}.$$

Por outro lado, considerando uma distribuição por classes de freqüências, podemos definir sua média como o valor obtido pela aplicação da expressão (2.5), substituindo os x_i pelos pontos médios das classes e considerando os f_i (ou p'_i) como as respectivas freqüências (ou freqüências relativas). A média assim calculada para os dados agrupados em classes deverá ser aproximadamente igual à média aritmética exata dos n dados originais.

Dentre as propriedades da média, podemos destacar as seguintes:

a) multiplicando-se todos os valores de uma variável por uma constante, a média do conjunto fica multiplicada por essa constante;

b) somando-se ou subtraindo-se uma constante a todos os valores de uma variável, a média do conjunto fica acrescida ou diminuída dessa constante.

Utilizando as propriedades citadas, podemos introduzir simplificações no cálculo da média, o que será particularmente útil se os valores x_i forem elevados e o cálculo precisar ser feito manualmente. Como hoje é muito comum dispor-se de calculadoras eletrônicas ou *softwares* que realizam esses cálculos, não nos preocuparemos com essa questão. Entretanto, no Ap. 2, ilustramos de que forma esse cálculo poderia ser simplificado mediante uma codificação dos dados.

Como exemplo, vamos calcular a média da distribuição em classes de freqüências dada na Tab. 2.6. As classes e as respectivas freqüências são reproduzidas na Tab. 2.7.

Tabela 2.7 Cálculo da média

Classes (limites reais)	f_i	x_i	$x_i f_i$
39,5 — 44,5	3	42	126
44,5 — 49,5	8	47	376
49,5 — 54,5	16	52	832
54,5 — 59,5	12	57	689
59,5 — 64,5	7	62	434
64,5 — 69,5	3	67	201
69,5 — 74,5	1	72	72
	50		2.725

Aplicando (2.5), temos

$$\bar{x} = \frac{\sum x_i f_i}{n} = \frac{2.725}{50} = 54,5$$

A média caracteriza o centro da distribuição de freqüências, sendo, por isso, uma medida de posição. Em uma analogia de massas, a média corresponderia ao centro de gravidade da distribuição de freqüências.

A mediana (*md*)

A mediana é uma quantidade que, como a média, também procura caracterizar o centro da distribuição de freqüências, porém de acordo com um critério diferente. Ela é calculada com base na ordem dos valores que formam o conjunto de dados.

Definimos a mediana de um conjunto de n valores ordenados, sendo n ímpar, como igual ao valor de ordem $(n + 1)/2$ desse conjunto. Se n for par, a mediana poderia ser definida como qualquer valor situado entre o de ordem $n/2$ e o de ordem $(n/2) + 1$. Por simplificação, para n par, consideraremos a mediana como o valor médio entre os valores de ordem $n/2$ e $(n/2) + 1$ do conjunto de dados.

Vemos que a idéia ligada ao conceito de mediana é dividir o conjunto ordenado de valores em duas partes com igual número de elementos.

De acordo com a definição precedente, a mediana dos nove valores já ordenados,

35 36 37 38 40 40 41 43 46,

é igual a 40. E a mediana dos oito valores já ordenados,

12 14 14 15 16 16 17 20,

é igual a 15,5.

Considerando, agora, uma distribuição em classes de freqüências, podemos calcular um valor para sua mediana pela expressão

$$md = L_i + \frac{(n/2) - F_a}{f_{md}} h_{md}, \tag{2.6}$$

sendo

L_i o limite inferior da classe que contém a mediana;

n o número de elementos do conjunto de dados;

F_a a soma das freqüências das classes anteriores à que contém a mediana;

f_{md} a freqüência da classe que contém a mediana; e

h_{md} a amplitude da classe que contém a mediana.

A expressão (2.6) resulta da definição anterior, admitindo-se que os valores observados da variável tenham se distribuído homogeneamente dentro das diversas classes. Como exemplo, temos, para os dados da Tab. 2.6,

$$L_i = 49{,}5 \quad n = 50 \quad F_a = 11 \quad f_{md} = 16 \quad h_{md} = 5$$

$$\therefore md = 49{,}5 + \frac{25-11}{16} 5 = 52{,}875.$$

A mediana pode ser usada como alternativa, em relação à média, para caracterizar o centro do conjunto de dados. Em certos casos, efetivamente, seu uso é mais conveniente. Por exemplo, no caso de distribuições de rendas, a mediana é, em geral, melhor indicador central que a média, pois não sofre a influência de valores extremos. Como ilustração, imaginemos um conjunto de doze pessoas com as seguintes rendas mensais:

2.500	2.700	3.000	3.200
3.300	4.200	4.800	5.000
5.500	6.000	7.000	80.000

A média desses doze valores é 10.600, ao passo que sua mediana é 4.500, não tendo sido influenciada pelo valor extremo 80.000, muito distanciado em relação aos demais. Vemos, nesse caso, que a mediana fornece uma melhor idéia do centro da distribuição de rendas do que a média.

Também no caso de distribuições de freqüências que apresentam nos extremos classes abertas (do tipo "menor que" ou "maior que"), a mediana deve ser usada, ao invés da média, para a caracterização do centro da distribuição, pois, em tais casos, o cálculo da média não pode, a rigor, ser executado.

A mediana de uma distribuição em classes de freqüências pode ser geometricamente interpretada como o ponto tal que uma vertical por ele traçada divide a área sob o histograma em duas partes iguais.

A idéia de mediana, como vimos, é a de dividir o conjunto ordenado de dados em dois subconjuntos com igual número de elementos. Essa idéia pode ser generalizada. Temos, assim, os chamados *quartis* (Q_1, Q_2, Q_3), cuja idéia é dividir o conjunto ordenado de valores em quatro subconjuntos com igual número de elementos. Sua determinação seria feita de modo semelhante à da mediana. O segundo quartil Q_2, obviamente, é a própria mediana. Além dos quartis, poderíamos considerar os *percentis* ou, genericamente, quaisquer *fractis*.

A moda (m_0)

Definimos a moda (ou modas) de um conjunto de valores como o valor (ou valores) de máxima freqüência. Assim, no exemplo da Tab. 2.3, a moda é 1 e, no caso da Tab. 2.6, a *classe modal* é a 49,5 — 54,5.

No caso de distribuições de freqüências em classes de mesma amplitude, é comum definir-se também a moda como um ponto pertencente à classe modal, dado por

$$m_0 = L_i + \frac{d_1}{d_1 + d_2} h, \qquad (2.7)$$

sendo

- L_i o limite inferior da classe modal,
- d_1 a diferença entre a freqüência da classe modal e a da classe imediatamente anterior,
- d_2 a diferença entre a freqüência da classe modal e a da classe imediatamente seguinte, e
- h a amplitude das classes.[7]

Como exemplo, temos, para os dados da Tab. 2.6,

$$L_i = 49{,}5 \quad d_1 = 16 - 8 = 8 \quad d_2 = 16 - 12 = 4 \quad h = 5$$

$$\therefore m_0 = 49{,}5 + \frac{8}{8+4} 5 \cong 52{,}833.$$

A moda é uma medida de posição, pois indica a região das máximas freqüências.

[7] Esse procedimento tem a limitação de pressupor a existência de uma única classe modal não-situada num dos extremos da distribuição de freqüências.

Relação empírica entre média, mediana e moda

A seguinte relação empírica em geral subsiste aproximadamente para os conjuntos de dados observados:

$$\bar{x} - m_0 = 3(\bar{x} - md). \quad (2.8)$$

Essa expressão pode ser apresentada sob diversas formas e indica geometricamente que a mediana situa-se entre a média e a moda, sendo sua distância à moda o dobro de sua distância à média. Sua verificação na prática tende a ser mais perfeita para conjuntos maiores de dados e sendo a moda calculada com base em dados agrupados em classes de freqüências.

2.3.2 Exercícios de aplicação

1. Determine a média, a mediana e a moda dos seguintes conjuntos de valores:

a)	2,3	2,1	1,5	1,9	3,0	1,7	1,2	2,1
	2,5	1,3	2,0	2,7	0,8	2,3	2,1	1,7
b)	37	38	33	42	35			
	44	36	28	37	35			
	33	40	36	35	37			

△

2. Calcule a média, a mediana e a moda da seguinte distribuição de freqüências:

Classes	Freqüências
90 — 92	1
93 — 95	2
96 — 98	4
99 — 101	3
102 — 104	6
105 — 107	9
108 — 110	5
111 — 113	4
114 — 116	2
117 — 119	2
120 — 122	2
	40

△

3. Determine a média, a mediana e a moda para os exercícios do item 2.2.4, usando os agrupamentos feitos. Compare os resultados obtidos com os dados, no intuito de verificar se são razoáveis.

2.3.3 Medidas de dispersão

A informação fornecida pelas medidas de posição necessita em geral ser complementada pelas medidas de dispersão. Estas servem para indicar o quanto os dados se apresentam dispersos em torno da região central. Caracterizam, portanto, o grau de variação existente no conjunto de valores. As medidas de dispersão que nos interessam são a *amplitude*, a *variância*, o *desvio-padrão* e o *coeficiente de variação.*[8]

A amplitude (R)

A amplitude, já mencionada no item 2.2.3, é definida como a diferença entre o maior e o menor valores do conjunto de dados:

$$R = x_{max} - x_{min}. \tag{2.9}$$

É claro que o valor de R está relacionado com a dispersão dos dados. Entretanto, por depender de apenas dois valores do conjunto de dados, a amplitude contém relativamente pouca informação quanto à dispersão. Salvo aplicações no controle da qualidade, a amplitude não é muito utilizada como medida de dispersão.

A variância (s^2)

A variância de um conjunto de dados é dada por

$$s^2(x) = s_x^2 = \frac{\sum_{i=1}^{n}(x_i - \bar{x})^2}{n-1}. \tag{2.10}$$

Se os dados estiverem dispostos em uma tabela de freqüências, poderemos obter s_x^2 por

$$s_x^2 = \frac{\sum_{i=1}^{k}(x_i - \bar{x})^2 f_i}{n-1}. \tag{2.11}$$

Na definição acima, estamos considerando implicitamente que os dados se referem a uma amostra. Caso esses dados representassem toda uma população, a divisão deveria ser feita por n e não por $n - 1$. A variância seria, então, o desvio quadrático médio, ou a média dos quadrados das diferenças dos valores em relação à sua própria média.

A razão pela qual utilizamos $n - 1$ no denominador da variância de dados provenientes de amostras deve-se a motivos que veremos no Cap. 4, ligados aos problemas da Estatística Indutiva.

Por outro lado, analogamente ao que foi visto no caso da média, se os dados constituírem uma distribuição por classes de freqüências, poderemos calcular sua variância pela expressão (2.11), onde x_i são os pontos médios das classes e f_i as respectivas freqüências. A variância assim calculada para os dados agrupados em classes deverá ser aproximadamente igual à variância exata dos n dados originais.[9]

---

[8] Entre outras medidas de dispersão que, pela sua menor utilização, não serão tratadas neste texto, podemos citar o desvio médio, $|d| = \sum_{i=1}^{n}|x_i - \bar{x}|/n$, e a amplitude interquartil, $Q_3 - Q_1$. O desvio médio é, em geral, aproximadamente igual a 0,8 vezes o desvio-padrão.

[9] A rigor, a variância calculada com base nos dados agrupados tende a ser ligeiramente superior à calculada com base nos dados originais, em especial no caso de distribuições unimodais aproximadamente simétricas. Isso porque, nesses casos, a tendência real em cada classe é a de que os valores originais do conjunto de dados se situem com mais freqüência na metade da classe mais próxima da moda da distribuição, a qual deverá ser próxima da média. Ora, ao substituir todos os valores originais da classe pelo seu ponto médio, iremos, em geral, majorar a soma dos quadrados das diferenças em relação à soma referente a essa classe. Uma tentativa no sentido de corrigir essa tendência é feita pela chamada *correção de Sheppard* para a variância, a qual, em primeira aproximação, indica que se deve subtrair $h^2/12$ da variância calculada com base nos dados agrupados. Tal consideração é baseada em distribuições aproximadamente normais. Para maiores esclarecimentos, veja, por exemplo, a Ref. 16. Na Ref. 4 são tratados casos que se distanciam da normalidade.

Como exemplo, vamos executar o cálculo da variância de um conjunto pequeno de dados, formado pelos cinco valores seguintes:

15 12 10 17 16

É fácil ver que $\bar{x} = 14$. A Tab. 2.8 mostra o cálculo do numerador de s_x^2. Logo,

$$s_x^2 = \frac{\sum_{i=1}^{n}(x_i - \bar{x})^2}{n-1} = \frac{34}{4} = 8,5.$$

Tabela 2.8 Cálculo de $\sum(x_i - \bar{x})^2$

x_i	$x_i - \bar{x}$	$(x_i - \bar{x})^2$
15	1	1
12	-2	4
10	-4	16
17	3	9
16	2	4
		34

Deve-se, no entanto, notar que as expressões (2.10) e (2.11) não são, em geral, as mais apropriadas para o cálculo da variância, pois $\bar{x}$, contrariamente ao que ocorreu no exemplo anterior, é quase sempre um valor fracionário, o que viria a dificultar o cálculo manual das quantidades $(x_i - \bar{x})^2$, além de introduzir, possivelmente, um erro sistemático. Notando que

$$\sum(x_i - \bar{x})^2 = \sum(x_i^2 - 2\bar{x}x_i + \bar{x}^2) = \sum x_i^2 - 2\bar{x}\sum x_i + n\bar{x}^2 =$$

$$= \sum x_i^2 - 2\frac{\sum x_i}{n}\sum x_i + n\left(\frac{\sum x_i}{n}\right)^2 = \sum x_i^2 - \frac{\left(\sum x_i\right)^2}{n}, \quad [10]$$

podemos substituir a expressão (2.10) pela forma abaixo, em geral mais conveniente para o cálculo prático:

$$s_x^2 = \frac{\sum_{i=1}^{n} x_i^2 - \left(\sum_{i=1}^{n} x_i\right)^2 / n}{n-1}. \tag{2.12}$$

Da mesma forma, a expressão (2.11) pode ser escrita

$$s_x^2 = \frac{\sum_{i=1}^{k} x_i^2 f_i - \left(\sum_{i=1}^{k} x_i f_i\right)^2 / n}{n-1}. \tag{2.13}$$

[10] O termo $(\sum x_i^2)/n$ pode também ser escrito nas formas $\bar{x}\sum x_i$ ou $n\bar{x}^2$, mas a do texto é, em geral, a mais conveniente.

A variância tem, entre outras, as seguintes propriedades:

a) multiplicando-se todos os valores de uma variável por uma constante, a variância do conjunto fica multiplicada pelo quadrado dessa constante;

b) somando-se ou subtraindo-se uma constante a todos os valores de uma variável, a variância não se altera.

Essas propriedades permitem introduzir simplificações úteis no cálculo da variância. Uma delas, é claro, consiste em subtrair de todos os valores do conjunto de dados uma constante conveniente antes de se realizar o cálculo, pois, pela segunda propriedade, o resultado não será afetado.

A codificação dos dados, apresentada no Ap. 2, é também útil na simplificação dos cálculos, quando executados manualmente.

Como exemplo, vamos calcular a variância da distribuição em classes de freqüências dada na Tab. 2.6, para a qual já calculamos a média. Para tanto, basta acrescentarmos uma coluna à Tab. 2.7, na qual serão calculados os valores de $x_i^2 f_i$ pelo produto direto das colunas x_i e $x_i f_i$. A Tab. 2.9 ilustra esse cálculo. Logo,

$$s_x^2 = \frac{\sum x_i^2 f_i - (\sum x_i f_i)^2 / n}{n-1} = \frac{150.775 - (2.725)^2 / 50}{49} = 46{,}17 .$$

A variância é uma medida de dispersão extremamente importante na teoria estatística. Do ponto de vista prático, ela tem o inconveniente de se expressar numa unidade quadrática em relação à da variável em questão. Esse inconveniente é sanado com a definição do desvio-padrão.

Tabela 2.9 Cálculo da variância

Classes (limites reais)	f_i	x_i	$x_i f_i$	$x_i^2 f_i$
39,5 — 44,5	3	42	126	5.292
44,5 — 49,5	8	47	376	17.672
49,5 — 54,5	16	52	832	43.264
54,5 — 59,5	12	57	689	38.988
59,5 — 64,5	7	62	434	26.908
64,5 — 69,5	3	67	201	13.467
69,5 — 74,5	1	72	72	5.184
	50		2.725	150.775

O desvio-padrão (s)

Definimos o desvio-padrão como a raiz quadrada positiva da variância. O cálculo do desvio-padrão é feito através da variância, ou seja,

$$s_x = +\sqrt{s_x^2} . \qquad (2.14)$$

O desvio-padrão se expressa na mesma unidade da variável, sendo, por isso, de maior interesse que a variância nas aplicações práticas. Além disso, ele é mais realístico para efeito da comparação de dispersões.

Relação empírica entre desvio-padrão e amplitude

Na quase totalidade dos casos práticos, o desvio-padrão supera um sexto da amplitude e é inferior a um terço da amplitude, isto é,

$$\frac{R}{6} < s < \frac{R}{3}. \tag{2.15}$$

Essa relação é útil até mesmo para a verificação de erros grosseiros no cálculo do desvio-padrão. Nesse exemplo resolvido, temos

$$R = 71 - 41 = 30;^{[11]} \qquad s = \sqrt{46{,}17} = 6{,}79; \qquad \frac{R}{s} = \frac{30}{6{,}79} \cong 4{,}4;$$

e está verificada a relação empírica.

O coeficiente de variação (*cv*)

O coeficiente de variação é definido como o quociente entre o desvio-padrão e a média, sendo freqüentemente expresso em porcentagem:

$$cv(x) = \frac{s_x}{\bar{x}}. \tag{2.16}$$

Sua vantagem é caracterizar a dispersão dos dados em termos relativos a seu valor médio. Assim, uma pequena dispersão absoluta pode ser, na verdade, considerável quando comparada com a ordem de grandeza dos valores da variável e vice-versa. Quando consideramos o coeficiente de variação, enganos de interpretação desse tipo são evitados.

Além disso, por ser adimensional, o coeficiente de variação fornece uma maneira de se compararem as dispersões de variáveis cujas unidades são irredutíveis. No exemplo visto,

$$cv(x) = \frac{s_x}{\bar{x}} = \frac{6{,}79}{54{,}5} = 0{,}125 = 12{,}5\%.$$

2.3.4 Exercícios de aplicação

Calcule as medidas de dispersão acima vistas para os exercícios anteriormente propostos.

△

2.3.5 Momentos de uma distribuição de freqüências*

Definimos o momento de ordem t de um conjunto de dados como

$$M_t = \frac{\sum_{i=1}^{n} x_i^t}{n}. \tag{2.17}$$

[11] Notar que a amplitude das classes constituídas é 35. Sempre se verifica uma diferença entre os dois valores.

Definimos o momento de ordem t centrado em relação a uma constante a como

$$M_t^a = \frac{\sum_{i=1}^n (x_i - a)^t}{n}. \qquad (2.18)$$

Especial interesse tem o caso do momento centrado em relação a $\bar{x}$, o qual designaremos simplesmente por *momento centrado*, dado por

$$m_t = \frac{\sum_{i=1}^n (x_i - \bar{x})^t}{n}. \qquad (2.19)$$

Conforme já vimos nos casos da média e da variância, as expressões precedentes podem ser reescritas levando-se em consideração as freqüências dos diferentes valores existentes. Temos, então, respectivamente,

$$M_t = \frac{\sum_{i=1}^k x_i^t f_i}{n}, \qquad (2.20)$$

$$M_t^a = \frac{\sum_{i=1}^k (x_i - a)^t f_i}{n}, \qquad (2.21)$$

$$m_t = \frac{\sum_{i=1}^k (x_i - \bar{x})^t f_i}{n}. \qquad (2.22)$$

Estas últimas expressões podem também ser usadas no caso de dados agrupados em classes de freqüências, analogamente ao visto em 2.3.1 e 2.3.5. É fácil ver que

$$\begin{aligned} &M_1 = \bar{x}; \quad m_1 = 0; \\ &m_2 = \frac{n-1}{n} s^2. \end{aligned} \qquad (2.23)$$

Interessa-nos particularmente saber calcular os momentos centrados de terceira e de quarta ordem. Aplicando-se a definição e fazendo algumas transformações, chega-se às expressões

$$m_3 = \frac{\sum_{i=1}^n x_i^3}{n} - 3\bar{x}\frac{\sum_{i=1}^n x_i^2}{n} + 2\bar{x}^3, \qquad (2.24)$$

$$m_4 = \frac{\sum_{i=1}^n x_i^4}{n} - 4\bar{x}\frac{\sum_{i=1}^n x_i^3}{n} + 6\bar{x}^2\frac{\sum_{i=1}^n x_i^2}{n} - 3\bar{x}^4. \qquad (2.25)$$

Havendo freqüências a considerar, as expressões equivalentes são as seguintes:

$$m_3 = \frac{\sum_{i=1}^k x_i^3 f_i}{n} - 3\bar{x}\frac{\sum_{i=1}^k x_i^2 f_i}{n} + 2\bar{x}^3, \qquad (2.26)$$

$$m_4 = \frac{\sum_{i=1}^k x_i^4 f_i}{n} - 4\bar{x}\frac{\sum_{i=1}^k x_i^3 f_i}{n} + 6\bar{x}^2\frac{\sum_{i=1}^k x_i^2 f_i}{n} - 3\bar{x}^4 \text{ [12]}. \qquad (2.27)$$

[12] No cálculo de m_4 para dados agrupados em classes, a correção de Sheppard consiste em subtrair $\frac{1}{2}h^2s^2 - \frac{7}{240}h^4$.

2.3.6 Medidas de assimetria*

Essas medidas procuram caracterizar como e quanto a distribuição de freqüências se afasta da condição de simetria. As distribuições alongadas à direita são ditas positivamente assimétricas, e as alongadas à esquerda, negativamente assimétricas. As medidas de assimetria, conforme sejam positivas, negativas ou aproximadamente nulas, procuram indicar o tipo de distribuição quanto a esse aspecto. Na Fig. 2.12 são mostrados os dois tipos de assimetria.

Figura 2.12 *Assimetria positiva e assimetria negativa.*

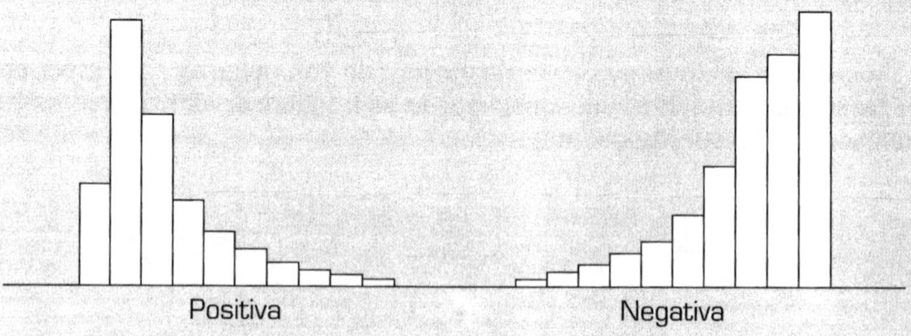

O momento centrado de terceira ordem pode ser usado como medida da assimetria de uma distribuição. Entretanto é mais conveniente a utilização de uma medida adimensional, o que leva à definição do *coeficiente de assimetria*, obtido pelo quociente de m_3 pelo cubo do desvio-padrão, ou seja,

$$a_3 = \frac{m_3}{s^3}. \qquad (2.28)$$

Esse coeficiente indica o sentido da assimetria e, sendo adimensional, pode ser usado para comparar diversos casos. Seu cálculo pode ser feito utilizando-se os dados codificados, o que simplifica bastante o trabalho e não altera seu valor, pois a codificação afeta igualmente o numerador e o denominador.

No exemplo que vimos acompanhando, referente aos dados da Tab. 2.6, reproduzidos na Tab. 2.7, o cálculo de m_3 exige apenas que se acrescente a essa última tabela mais uma coluna para o cálculo de $x_i^3 f_i$.

No Ap. 2, mostramos o cálculo de m_3 usando dados codificados, por razões de simplicidade de cálculos, tendo resultado $a_3 \cong 0{,}310$.

Outra medida da assimetria é dada pelo *índice de assimetria de Pearson*, definido como segue:

$$A = \frac{\bar{x} - m_0}{s_x}. \qquad (2.29)$$

No nosso exemplo, temos

$$\bar{x} = 54{,}5 \quad m_0 = 52{,}833 \quad s_x = 6{,}79$$

$$\therefore A = \frac{54{,}5 - 52{,}833}{6{,}79} \cong 0{,}246.$$

Quando $|A| < 0{,}15$, podemos considerar a distribuição como praticamente simétrica. Por outro lado, costuma-se considerar a assimetria como moderada se $0{,}15 < |A| < 1$, e forte se $|A| > 1$.

2.3.7 Medidas de achatamento ou curtose*

Como o próprio nome indica, essas medidas procuram caracterizar a forma da distribuição quanto a seu achatamento. O termo médio de comparação é dado pela *distribuição normal*, modelo teórico de distribuição estudado pelo Cálculo de Probabilidades[13]. Assim, quanto a seu achatamento, a distribuição normal é dita *mesocúrtica*. As distribuições mais achatadas que a normal são ditas *platicúrticas* e as menos achatadas são ditas *leptocúrticas*. Na Fig. 2.13 são representados os três tipos de distribuição, por simplificação em termos de distribuições contínuas ao invés de histogramas.

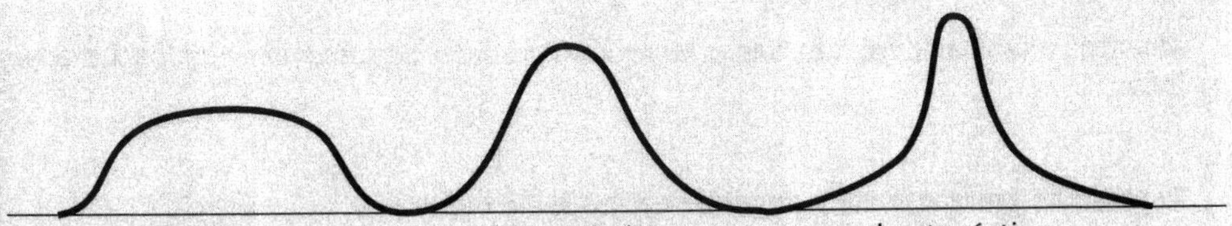

Figura 2.13 *Distribuições platicúrtica, mesocúrtica e leptocúrtica.*

A caracterização do achatamento de uma distribuição só tem sentido, em termos práticos, se a distribuição for pelo menos aproximadamente simétrica. Entre as possíveis medidas de achatamento, mencionaremos apenas o *coeficiente de curtose*, obtido pelo quociente do momento centrado de quarta ordem pelo quadrado da variância, ou seja,

$$a_4 = \frac{m_4}{s^4}. \qquad (2.30)$$

Esse coeficiente é adimensional, sendo menor que três para as distribuições platicúrticas, igual a três para uma distribuição mesocúrtica e maior que três para as distribuições leptocúrticas.[14]

Analogamente ao caso de a_3, o cálculo de a_4 pode ser feito utilizando-se os dados codificados, sem que seu valor seja afetado. No Ap. 2, apresentamos o cálculo de m_4 usando dados codificados, com resultado $a_4 \cong 2{,}21$, revelando uma distribuição ligeiramente platicúrtica.

2.3.8 Exercícios de aplicação

Calcule os coeficientes a_3 e a_4 e o índice de assimetria de Pearson para os exercícios 1, 4 e 5 do item 2.2.4, e para os dados das Tabs. 2.3 e 2.5. Compare os resultados obtidos com as representações gráficas respectivas. No caso dos exercícios 4 e 5 do item 2.2.4, use os agrupamentos em classes feitos ao resolvê-los.

---

[13] Veja o Ap. 1.

[14] Alguns autores preferem utilizar o chamado *coeficiente de excesso*, definido como $a_4 - 3$, a fim de fixar o zero como referência mesocúrtica.

2.4 EXERCÍCIOS COMPLEMENTARES

1. Uma estatística feita nas quarenta lojas de uma cidade, tendo em vista um estudo sobre o número de empregados no comércio, mostrou os seguintes números de empregados existentes em cada loja:

5	8	10	4	2	3	2	3	2	10
2	2	3	5	7	1	12	26	5	3
2	5	3	3	19	9	5	4	1	2
6	14	1	3	6	18	2	4	2	8

Construa a tabela de freqüências, o respectivo gráfico e o gráfico das freqüências acumuladas.

2. Represente graficamente o seguinte conjunto de dados:

22,6	23,8	27,9	28,9	28,4	34,4	41,7	24,6
23,4	20,4	26,9	26,4	27,9	23,5	31,6	23,1
26,3	29,3	20,4	29,4	31,8	24,8	23,8	23,0
29,3	46,1	23,9	23,5	33,9	36,1	32,4	27,8
26,6	22,7	25,3	25,9	32,1	27,5	36,2	27,5
23,8	23,0	27,0	25,6	25,6	28,8	28,4	25,7
22,4	25,0	24,0	26,1	35,5	35,9	22,3	31,7

3. Trinta embalagens plásticas de mel foram pesadas com precisão de decigramas. Os pesos, após convenientemente agrupados, forneceram a seguinte distribuição de freqüências (em gramas):

x_i	f_i
31,5	1
32,5	5
33,5	11
34,5	8
35,5	3
36,5	2

Construa o polígono de freqüências relativas acumuladas para os dados.

4. Dados os dez valores seguintes, calcule sua média, mediana, moda, variância, desvio-padrão e coeficiente de variação:

75	77	80	70	78
82	85	72	77	82

△

5. Ensaios de uma amostra ao acaso de quarenta corpos de prova de concreto forneceram as seguintes resistências à ruptura:

64	61	65	43	45	54	51	74
30	100	91	75	78	68	80	69
72	27	40	93	99	94	78	72
59	78	95	62	42	96	100	95
81	84	78	103	98	60	84	91

Agrupe os dados em classes de freqüências e construa o histograma, o polígono de freqüências e o polígono de freqüências acumuladas.

6. Calcule a média, a mediana, a moda e o desvio-padrão para os dados:

a) do exercício 1;
b) do exercício 2;
c) do exercício 3;
d) do exercício 4;
e) do exercício 5. (△)

7. Agrupe convenientemente os dados a seguir em classes de freqüências e construa o polígono de freqüências acumuladas. Com os dados assim agrupados, calcule a média, a mediana, a moda e o desvio-padrão.

170	182	173	184	170	162	174	160	175	171
185	155	169	176	171	172	182	177	187	178
176	187	179	163	180	159	170	188	166	168
176	169	172	179	176	177	172	175	181	172
164	173	173	165	164	172	166	184	167	181

8. Os números seguintes representam as notas de Estatística de trinta alunos. Construa o histograma, o polígono de freqüências acumuladas e calcule a média e o desvio-padrão dos dados. A variável é contínua ou discreta?

5,5	3,0	4,0	4,5	7,0
6,5	3,5	4,5	3,0	7,5
4,5	0,0	4,5	3,5	4,5
7,0	9,0	6,0	4,0	5,0
8,0	9,5	4,5	4,5	4,5
2,5	2,0	5,0	6,0	4,5

9. Medindo-se o diâmetro externo de uma engrenagem, foram obtidos valores, em milímetros, de acordo com a seguinte distribuição:

Classes	f_i
1001 — 1010	3
1011 — 1020	12
1021 — 1030	28
1031 — 1040	82
1041 — 1050	74
1051 — 1060	30
1061 — 1070	17
1071 — 1080	4

Calcule a média, o desvio-padrão e a mediana desse lote de peças. △

10. Um certo índice econômico, necessariamente maior que 1, foi determinado para um conjunto de n empresas analisadas. Os resultados são dados a seguir. Calcule a média, a mediana e o desvio-padrão desses dados. Determine também um valor para a moda usando a relação empírica vigente entre esta, a média e a mediana.

Classes	Freqüências
1,00 — 1,07	14
1,07 — 1,14	22
1,14 — 1,21	16
1,21 — 1,28	13
1,28 — 1,35	7
1,35 — 1,42	3
1,42 — 1,49	4
1,49 — 1,56	1

△

11. Uma amostra apresentou a seguinte distribuição de freqüências:

Classes	Freqüências
85 — 94	3
95 — 104	11
105 — 114	15
115 — 124	21
125 — 134	24
135 — 144	13
145 — 154	8
155 — 164	5

Calcule a média, a mediana, a moda e o desvio-padrão. △

12. Dada a distribuição de freqüências que segue, determine a mediana e a proporção de elementos maiores que quatro, supondo: (a) variável discreta e (b) variável contínua.

x	1	2	3	4	5	6	7	8
f	2	4	9	12	10	8	4	1

O coeficiente de variação será o mesmo nos casos (a) e (b)? △

13. Os quartis Q_1, Q_2 e Q_3 de uma distribuição de freqüências correspondem à generalização da idéia de mediana e dividem as freqüências em quatro partes iguais. Numa distribuição com seis classes de tamanho h cada uma, sendo x_0 o limite inferior da primeira classe e as freqüências das classes de, pela ordem, 2, 5, 6, 4, 2 e 1, determine Q_1, Q_2 e Q_3 em função de x_0 e h. △

14. Dado o histograma da Fig. 2.14 e sabendo que todas as classes têm igual amplitude, calcule a moda, a mediana e o coeficiente de variação da distribuição. △

15. Mostre que a utilização da expressão (2.7) do texto para o cálculo da moda de uma distribuição em classes de freqüências equivale ao procedimento gráfico indicado na Fig. 2.15.

16. Uma amostra de chapas produzidas por uma máquina forneceu as seguintes espessuras, em milímetros, para os itens examinados:

6,34	6,38	6,40	6,30	6,36	6,36
6,38	6,20	6,42	6,28	6,38	

Há razões estatísticas para se afirmar que a distribuição das espessuras seja assimétrica?

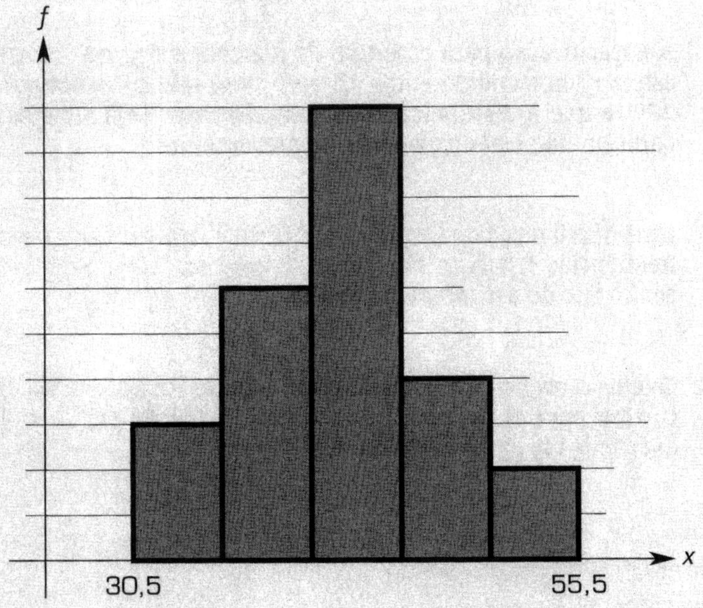

Figura 2.14

Figura 2.15

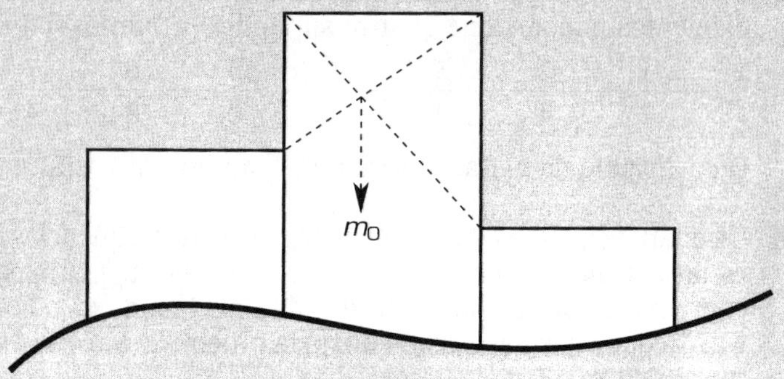

17. Uma amostra de oitenta peças retiradas de um grande lote forneceu a seguinte distribuição de comprimentos:

Classes	Freqüências absolutas simples
50 — 60	1
60 — 70	3
70 — 80	6
80 — 90	15
90 — 100	25
100 — 110	20
110 — 120	7
120 — 130	3

A especificação para esse tipo de material exige que o comprimento médio das peças esteja compreendido entre 92 e 96 mm, que o coeficiente de variação seja inferior a 20% e que a distribuição dos comprimentos seja simétrica. Quais dessas exigências parecem não estar satisfeitas no presente caso?

18. Uma distribuição de freqüências é constituída por cinco classes de igual amplitude cujas freqüências relativas são, respectivamente, 20%, 37,5%, 30%, 10% e 2,5%. Calcule seu índice de assimetria de Pearson.

19. Calcule o coeficiente de assimetria, o índice de assimetria de Pearson e o coeficiente de curtose para os dados: a) do exercício 1; b) do exercício 4; c) do exercício 10; d) do exercício 11; e) do exercício 12.

Capítulo 3

Amostragem – distribuições amostrais

3.1 INTRODUÇÃO

Já vimos que a Estatística Indutiva é a ciência que busca tirar conclusões probabilísticas sobre as populações, com base em resultados verificados em amostras retiradas dessas populações.

No Cap. 2 foram vistas as técnicas usuais para a descrição de um conjunto de dados. Em problemas de Estatística Indutiva, tais conjuntos de dados serão as amostras retiradas das populações de interesse. As maneiras pelas quais, a partir dessas amostras, tiram-se conclusões acerca de diversos aspectos das populações serão examinadas nos capítulos subseqüentes.

Entretanto não basta que saibamos descrever convenientemente os dados da amostra e que dominemos perfeitamente as técnicas estatísticas para que possamos executar, com êxito, um trabalho estatístico completo. Antes de tudo, é preciso garantir que a amostra ou amostras que serão usadas sejam obtidas por processos adequados. Se erros palmares forem cometidos no momento de selecionar os elementos da amostra, o trabalho todo ficará comprometido e os resultados finais serão provavelmente bastante incorretos. Devemos, portanto, tomar especial cuidado quanto aos critérios que serão usados na seleção da amostra.

O que é necessário garantir, em suma, é que a amostra seja *representativa* da população. Isso significa que, a não ser por pequenas discrepâncias inerentes à aleatoriedade sempre presente, em maior ou menor grau, no processo de amostragem, a amostra deve ter as mesmas características básicas da população, no que diz respeito à(s) variável(is) que desejamos pesquisar.

A necessidade da representatividade da amostra não é, acreditamos, difícil de entender. O que talvez não seja tão fácil é saber quando temos uma amostra representativa ou não. Veremos adiante algumas recomendações sobre como proceder para garantir, da melhor forma possível, a representatividade da amostra.

Os problemas de amostragem podem ser mais ou menos complexos e sutis, dependendo das populações e das variáveis que se deseja estudar. Na indústria, onde amostras são freqüentemente retiradas para efeito de controle da qualidade dos produtos e materiais, em geral os problemas de amostragem são mais simples de resolver. Por outro lado, em pesquisas sociais, econômicas ou de opinião, a complexidade dos problemas de amostragem é normalmente bastante grande.

Em tais casos, extremo cuidado deve ser tomado quanto à caracterização da população e ao processo usado para selecionar a amostra, a fim de evitar que os elementos desta constituam um conjunto com características fundamentalmente distintas das da população.

No caso de distribuição de questionários, especial atenção deve ser dada à sua elaboração, visando evitar perguntas capciosas ou inibidoras, o que viria a distorcer os resultados.

Em resumo, a obtenção de soluções adequadas para o problema de amostragem exige, em geral, muito bom-senso e experiência. Além disso, é muitas vezes conveniente que o trabalho do estatístico seja complementado pelo de um especialista no assunto em questão.

No presente capítulo, vamos nos limitar às recomendações básicas referentes ao problema de amostragem e à apresentação das principais técnicas de amostragem. Na prática, os mais variados problemas adicionais poderão surgir, devendo as respectivas soluções ser pesquisadas em cada caso.

3.2 AMOSTRAGEM PROBABILÍSTICA

Distinguiremos dois tipos de amostragem: a *probabilística* e a *não-probabilística*. A amostragem será probabilística se todos os elementos da população tiverem probabilidade conhecida, e diferente de zero, de pertencer à amostra. Caso contrário, a amostragem será não-probabilística.

Segundo essa definição, a amostragem probabilística implica um sorteio com regras bem determinadas, cuja realização só será possível se a população for finita e totalmente acessível.

Como veremos adiante, as técnicas da Estatística Indutiva pressupõem que as amostras utilizadas sejam probabilísticas, o que muitas vezes não se pode conseguir. No entanto o bom-senso irá indicar quando o processo de amostragem, embora não sendo probabilístico, pode ser, para efeitos práticos, considerado como tal. Isso amplia consideravelmente as possibilidades de utilização do método estatístico em geral.

A utilização de uma amostragem probabilística é a melhor recomendação que se deve fazer no sentido de se garantir a representatividade da amostra, pois o acaso será o único responsável por eventuais discrepâncias entre população e amostra, o que é levado em consideração pelos métodos de análise da Estatística Indutiva.

Uma amostra que não seja representativa da população é uma amostra viciada. O vício embutido nos dados provenientes dessa amostra é o *vício de amostragem*. Sua utilização para efeito de inferência estatística quanto a aspectos da população levará, por causa disso, a resultados que não correspondem à realidade. Não há outra forma de se evitar que isso ocorra a não ser procedendo à adequada coleta dos elementos que constituirão a amostra.

Além disso, alguma introspecção nos indicará que, a rigor, amostragem probabilística só será possível em populações finitas. Isso não nos impedirá de supor a retirada de amostras probabilísticas "de população infinitas", pois estaremos pensando em população suficientemente grandes para que se comportem como tal.

Damos a seguir algumas das principais técnicas de amostragem probabilística. Outras poderão também ser usadas, como combinação ou não das descritas.

3.2.1 Amostragem casual simples

Este tipo de amostragem, também chamada de *simples ao acaso*, *aleatória*, *casual*, *simples*, *elementar*, *randômica*,[1] etc., é equivalente a um sorteio lotérico. Nela, todos os elementos da população têm igual probabilidade de pertencer à amostra, e todas as possíveis amostras têm também igual probabilidade de ocorrer.

Sendo N o número de elementos da população e n o número de elementos da amostra, cada elemento da população tem probabilidade n/N de pertencer à amostra. A essa relação n/N denomina-se *fração de amostragem*. Por outro lado, sendo a amostragem feita sem reposição, o que suporemos em geral, existem $\binom{N}{n}$ possíveis amostras, todas igualmente prováveis.

Na prática, a amostragem simples ao acaso pode ser realizada numerando-se a população de 1 a N, sorteando-se, a seguir, por meio de um dispositivo aleatório qualquer, n números dessa seqüência, os quais corresponderão aos elementos sorteados para a amostra.

Na ausência de algum programa de computador, um instrumento útil para se realizar o sorteio acima descrito é a *tabela de números ao acaso*. Tal tabela é simplesmente constituída por inúmeros dígitos que foram obtidos por algum processo equivalente a um sorteio eqüiprovável (ver a Tab. A6.5). Ilustremos sua utilização com um exemplo.

Seja uma população de 800 elementos, da qual desejamos tirar uma amostra casual simples de 50 elementos. Consideramos a população numerada de 001 a 800, sendo os números tomados sempre com três algarismos. A seguir, sorteamos um dígito qualquer na nossa tabela, a partir do qual iremos considerar os grupos de três algarismos subseqüentemente formados, os quais irão indicar os elementos da amostra. Assim, se, a partir do ponto sorteado para início do processo, os dígitos observados forem

$$5\ 3\ 7\ 4\ 1\ 8\ 0\ 2\ 3\ 8\ 5\ 6\ 7\ 0\ 6\ \ldots,$$

os elementos sorteados para a amostra serão os de ordem 537, 418, 023, 706, etc. Evidentemente, o grupo 856 foi desprezado, pois não consta da população, como seria também abandonado um grupo que já tivesse aparecido (a não ser, é claro, que se desejasse amostragem com reposição). Prosseguindo o processo, obtêm-se os 50 elementos desejados. Note-se que a decisão de abandonar os grupos maiores que 800 ou repetidos deve ser tomada antes de iniciado o processo, prevendo-se já tais ocorrências, para evitar eventuais interferências do julgamento pessoal durante a retirada da amostra.

Salvo menção contrária, as técnicas estatísticas que veremos nos capítulos subseqüentes pressupõem a utilização de uma amostragem casual simples ou algum processo que lhe seja equivalente. Caso contrário, deverão ser tomados cuidados adicionais, para a correta análise dos dados.[2]

3.2.2 Amostragem sistemática

Quando os elementos da população se apresentam ordenados e a retirada dos elementos da amostra é feita periodicamente, temos uma amostragem sistemática. Assim, por exemplo, em uma linha de produção, podemos, a cada dez itens produzidos, retirar um para pertencer a uma amostra da produção diária.

---

[1] Do inglês *random*, isto é, "acaso".

[2] A Ref. 3 constitui leitura obrigatória a esse respeito.

Ou, então, voltando ao exemplo anterior com $N = 800$, $n = 50$ e a população já ordenada, poderíamos adotar o seguinte procedimento: sortear um número de 1 a 16 (note-se que $800/50 = 16$), o qual indicaria o primeiro elemento sorteado para a amostra; os demais elementos seriam periodicamente retirados de 16 em 16. Equivalentemente, poder-se-iam considerar os números de 1 a 800 dispostos seqüencialmente em uma matriz com 50 linhas e 16 colunas, sorteando-se a seguir uma coluna, cujos números indicariam os elementos da amostra. Vemos que, nesse caso, cada elemento da população ainda teria probabilidade 50/800 de pertencer à amostra, porém existem agora apenas 16 possíveis amostras.

A principal vantagem da amostragem sistemática está na grande facilidade na determinação dos elementos da amostra. O perigo em adotá-la está na possibilidade de existirem ciclos de variação da variável de interesse, especialmente se o período desses ciclos coincidir com o período de retirada dos elementos da amostra. Por outro lado, se a ordem dos elementos na população não tiver qualquer relacionamento com a variável de interesse, então a amostragem sistemática terá efeitos equivalentes à casual simples, podendo ser utilizada sem restrições.

3.2.3 Amostragem por conglomerados

Quando a população apresenta uma subdivisão em pequenos grupos, chamados *conglomerados*, é possível — e muitas vezes conveniente — fazer-se a *amostragem por conglomerados*, a qual consiste em sortear um número suficiente de conglomerados, cujos elementos constituirão a amostra. Ou seja, as unidades de amostragem, sobre as quais é feito o sorteio, passam a ser os conglomerados e não mais os elementos individuais da população. Esse tipo de amostragem é às vezes adotado por motivos de ordem prática e econômica, ou mesmo por razões de viabilidade.

3.2.4 Amostragem estratificada

Muitas vezes, a população se divide em subpopulações ou *estratos*, sendo razoável supor que, de estrato para estrato, a variável de interesse apresente um comportamento substancialmente diverso, tendo, entretanto, comportamento razoavelmente homogêneo dentro de cada estrato. Em tais casos, se o sorteio dos elementos da amostra for realizado sem se levar em consideração a existência dos estratos, pode acontecer que os diversos estratos não sejam convenientemente representados na amostra, a qual seria mais influenciada pelas características da variável nos estratos mais favorecidos pelo sorteio. Evidentemente, a tendência à ocorrência de tal fato será tanto maior quanto menor o tamanho da amostra. Para evitar isso, pode-se adotar uma *amostragem estratificada*, cujo uso pode também se justificar para diminuir o tamanho da amostra sem perda da qualidade da informação.

Deve-se notar, porém, que o uso da amostragem estratificada exige um cuidado adicional no cálculo dos valores provenientes da amostra, como a média e a variância (ver Ref. 3). Seria contraproducente, portanto, adotá-la quando a estratificação fosse apenas aparente, ou seja, não implicando diferentes comportamentos da variável de interesse, pois complicaria desnecessariamente o processo.

A amostragem estratificada consiste em especificar quantos elementos da amostra serão retirados em cada estrato. É costume considerar três tipos de amostragem estratificada: uniforme, proporcional e ótima. Na amostragem estratificada uniforme, sorteia-se igual número de elementos em cada estrato. Na proporcional, o número de elementos sorteados em cada estrato é proporcional ao número de elementos existentes no estrato.

A amostragem estratificada ótima, por sua vez, toma, em cada estrato, um número de elementos proporcional ao número de elementos do estrato e também à variação da variável de interesse no estrato, medida pelo seu desvio-padrão. Pretende-se assim otimizar a obtenção de informações sobre a população, com base no princípio de que, onde a variação é menor, menos elementos são necessários para bem caracterizar o comportamento da variável. Dessa forma, com um menor número total de elementos na amostra, conseguir-se-ia uma quantidade de informação equivalente à obtida nos demais casos. As principais dificuldades para a utilização desse tipo de amostragem residem nas complicações teóricas relacionadas com a análise dos dados e em não podermos, muitas vezes, avaliar de antemão o desvio-padrão da variável nos diversos estratos.

Exemplos em que uma amostragem estratificada parece ser recomendável são a estratificação de uma cidade em bairros, quando se deseja investigar alguma variável relacionada à renda famíliar; a estratificação de uma população humana em homens e mulheres, ou por faixas etárias; a estratificação de uma população de estudantes conforme suas especializações, etc.

3.2.5 Amostragem múltipla

Numa *amostragem múltipla*, a amostra é retirada em diversas etapas sucessivas. Dependendo dos resultados observados, etapas suplementares podem ser dispensadas. Esse tipo de amostragem é, muitas vezes, empregado na inspeção por amostragem, sendo particularmente importante a amostragem dupla. Sua finalidade é diminuir o número médio de itens inspecionados a longo prazo, baixando assim o custo da inspeção.

Um caso extremo de amostragem multipla é a *amostragem seqüencial*. A amostra vai sendo acrescida item por item, até se chegar a uma conclusão no sentido de se aceitar ou rejeitar uma dada hipótese. Com a amostragem seqüencial, pretende-se tornar mínimo o número médio de itens inspecionados a longo prazo.

3.3 AMOSTRAGEM NÃO-PROBABILÍSTICA

Amostras não-probabilísticas são também, muitas vezes, empregadas em trabalhos estatísticos, por simplicidade ou por impossibilidade de se obterem amostras probabilísticas, como seria desejável. Como em muitos casos os efeitos da utilização de uma amostragem não-probabilística podem ser considerados equivalentes aos de uma amostragem probabilística, resulta que os processos não-probabilísticos de amostragem têm também sua importância. Sua utilização, entretanto, deve ser feita com reservas e com a convicção de que não introduza vício. Apresentamos a seguir alguns casos de amostragem não-probabilística.

3.3.1 Inacessibilidade a toda a população

Esta situação ocorre com muita freqüência na prática. Somos então forçados a colher a amostra na parte da população que nos é acessível. Surge aqui, portanto, uma distinção entre *população-objeto* e *população amostrada*. A população-objeto é aquela que temos em mente ao realizar o trabalho estatístico. Apenas uma parte dessa população, porém, está acessível para que dela retiremos a amostra. Essa parte é a população amostrada.

Se as características da variável de interesse forem as mesmas na população-objeto e na população amostrada, então esse tipo de amostragem equivalerá a uma amostragem probabilística.

Uma situação muito comum em que ficamos diante da inacessibilidade a toda a população é o caso em que parte da população não tem existência real, ou seja, uma parte da população é ainda *hipotética*. Assim, por exemplo, seja a população que nos interessa constituída por todas as peças produzidas por certa máquina. Ora, mesmo estando a máquina em funcionamento normal, existe uma parte da população que é formada pelas peças que ainda vão ser produzidas. Ou, então, se nos interessar a população de todos os portadores de febre tifóide, estaremos diante de um caso semelhante. Deve-se notar que, em geral, estudos realizados com base nos elementos da população amostrada terão, na verdade, seu interesse de aplicação voltado para os elementos restantes da população-objeto. Esse fato realça a importância de se estar convencido de que as duas populações podem ser consideradas como tendo as mesmas características.

O presente caso de amostragem não-probabilística pode ocorrer também quando, embora se tenha a possibilidade de atingir toda a população, retiramos a amostra de uma parte que seja prontamente acessível. Assim, se fôssemos recolher uma amostra de um monte de minério, poderíamos por simplificação retirar a amostra de uma camada próxima da superfície do monte, pois o acesso as porções interiores seria problemático.

3.3.2 Amostragem a esmo ou sem norma

É a amostragem em que o amostrador, para simplificar o processo, procura ser aleatório sem, no entanto, realizar propriamente o sorteio usando algum dispositivo aleatório confiável. Por exemplo, se desejarmos retirar uma amostra de 100 parafusos de uma caixa contendo 10.000, evidentemente não faremos uma amostragem casual simples, pois seria extremamente trabalhosa, mas procederemos à retirada simplesmente a esmo.

Os resultados da amostragem a esmo são, em geral, equivalentes aos de uma amostragem probabilística se a população é homogênea e se não existe a possibilidade de o amostrador ser inconscientemente influenciado por alguma característica dos elementos da população.

3.3.3 População formada por material contínuo

Nesse caso é impossível realizar amostragem probabilística devido à impraticabilidade de um sorteio rigoroso. Se a população for líquida ou gasosa, o que se costuma fazer, com resultado satisfatório, é homogeneizá-la e retirar a amostra a esmo. Tal procedimento pode às vezes, também, ser usado no caso de material sólido.

Outro procedimento que pode ser empregado nesses casos, especialmente quando a homogeneização não é praticável, é a *enquartação*, a qual consiste em subdividir a população em diversas partes (a origem do nome pressupõe a divisão em quatro partes), sorteando-se uma ou mais delas para constituir a amostra ou para delas retirar a amostra.

3.3.4 Amostragens intencionais (no bom sentido)

Enquadram-se aqui os diversos casos em que o amostrador deliberadamente escolhe certos elementos para pertencer à amostra, por julgar tais elementos bem representativos da população.

O perigo desse tipo de amostragem é obviamente grande, pois o amostrador pode facilmente se equivocar em seu pré-julgamento. Apesar disso, o uso de amostragens intencionais, ou parcialmente intencionais, é bastante freqüente, ocorrendo em vários tipos de situações reais, que poderíamos tentar identificar e classificar. Não o faremos, porém, por fugir à nossa finalidade neste texto.

3.3.5 Amostragem por voluntários

Ocorre, por exemplo, no caso da aplicação experimental de uma nova droga em pacientes, quando a ética obriga que haja concordância dos escolhidos.

3.4 DISTRIBUIÇÕES AMOSTRAIS

O tópico que abordaremos agora é, de certa forma, uma ponte entre a Estatística Descritiva e a Estatística Indutiva. Sua apresentação é fundamental para a boa compreensão de como se controem os métodos estatísticos de análise e interpretação dos dados, ou seja, os métodos da Estatística Indutiva. É aqui que o Cálculo de Probabilidades vai se apresentar como a ferramenta básica de que se vale a Estatística Indutiva para a elaboração de sua metodologia.

Suporemos, doravante, que as amostras são representativas das populações, ou seja, que foram obtidas por processos probabilísticos ou equivalentes e, salvo menção em contrário, por amostragem casual simples. Ora, sendo a amostra aleatória, todos os seus elementos fornecerão valores aleatórios da variável de interesse. Ou seja, a amostra é, para todos os efeitos, constituída por um conjunto de n valores aleatoriamente obtidos de alguma variável.

O conceito de distribuição de probabilidade de uma variável aleatória, fornecido pelo Cálculo de Probabilidades, será agora utilizado para caracterizar a distribuição dos diversos valores de uma variável em uma população. Já comentamos que, quando pensamos em uma população, em verdade nos interessamos pelo conjunto total de valores de alguma variável de interesse. Esse conjunto total de valores encerra potencialmente uma variável aleatória, cujos valores se manifestam a partir do instante em que passamos a sortear elementos dessa população e verificar os valores correspondentes de nossa variável. Logo, o conceito de distribuição de probabilidade, muitas vezes apenas associado à idéia dinâmica de variável aleatória, pode ser estendido às populações, e efetivamente será usado para descrevê-las.

Ao retirar uma amostra aleatória de uma população, portanto, estaremos considerando cada valor da amostra como um valor de uma variável aleatória cuja distribuição de probabilidade é a mesma da população no instante da retirada desse elemento para a amostra. É claro que, se a amostragem for com reposição, todos os valores da amostra terão a mesma distribuição de probabilidade ou, em outras palavras, serão igualmente distribuídos.

Os valores da amostra também serão igualmente distribuídos se a população for infinita, pois, nesse caso, a retirada de alguns elementos não modificará a distribuição de probabilidade da população. Na prática, em verdade, não encontraremos populações infinitas que não sejam hipotéticas. No entanto, podemos considerar como infinita uma população suficientemente grande para que sua distribuição de probabilidade se mantenha inalterada durante a retirada da amostra.

Em conseqüência do fato de os valores da amostra serem aleatórios, decorre que qualquer quantidade calculada em função dos elementos da amostra também será uma variável aleatória.

Chamaremos os valores calculados em função dos elementos da amostra de *estatísticas*. As estatísticas, sendo variáveis aleatórias, terão alguma distribuição de probabilidade, com uma média, uma variância, etc. A distribuição de probabilidade de uma estatística chama-se comumente *distribuição amostral* ou *distribuição por amostragem*.

Outra maneira pela qual se pode interpretar a distribuição de probabilidade de uma estatística é considerando a distribuição da população de todos os valores que podem ser obtidos para essa estatística, em função de todas as amostras possíveis de ser retiradas da população original.[3]

Convencionaremos, doravante, usar símbolos não-indexados para os parâmetros populacionais, ao passo que os parâmetros correspondentes às distribuições amostrais conterão uma indicação quanto à estatística à qual se referem. Assim, μ irá indicar a média de uma população, ou seja, da distribuição de probabilidades da variável de interesse na população, enquanto que $\mu_{\bar{x}}$, $\mu(\bar{x})$ ou $E(\bar{x})$ denotarão a média da distribuição amostral da estatística $\bar{x}$. Da mesma forma, $\sigma^2_{\bar{x}}$ ou $\sigma^2(\bar{x})$ designam a variância da distribuição amostral de $\bar{x}$ e σ^2, a variância populacional. Note-se que utilizamos, propositalmente, símbolos diferentes para as medidas da amostra e os parâmetros da população, a fim de promover a indispensável caracterização de cada um.[4]

Veremos a seguir algumas distribuições amostrais que terão grande utilização nos capítulos seguintes. Outras serão mencionadas e comentadas em outros pontos do texto, sempre que necessário.

3.4.1 Distribuição amostral de $\bar{x}$

Determinemos as principais características da distribuição amostral da estatística $\bar{x}$, média de uma amostra de n elementos.

Sendo a população infinita ou a amostragem feita com reposição, resulta que os diversos valores da amostra podem ser considerados valores de variáveis aleatórias independentes, com a mesma distribuição de probabilidade da população, portanto com a mesma média μ e a mesma variância σ^2 da população. Do Cálculo de Probabilidades, sabemos que:[5]

a) multiplicando os valores de uma variável aleatória por uma constante, a média fica multiplicada por essa constante;

b) a média de uma soma de variáveis aleatórias é igual à soma das médias dessas variáveis.

Lembrando que

$$\bar{x} = \frac{\sum_{i=1}^{n} x_i}{n} = \frac{1}{n}(x_1 + x_2 + \cdots + x_n) \tag{3.1}$$

e usando as propriedades, temos

$$\mu(\bar{x}) = \frac{1}{n}[\mu(x_1) + \mu(x_2) + \cdots + \mu(x_n)] = \frac{1}{n}[\mu + \mu + \cdots + \mu] = \frac{1}{n}n\mu = \mu\,. \tag{3.2}$$

[3] Usando um conceito matemático freqüente, dada uma população de valores, através de sua distribuição de probabilidade, e uma estatística definida em função de uma amostra de n elementos, obtida por um processo de amostragem bem definido, teremos uma distribuição amostral *gerada* por essa população e por essa estatística.

[4] Neste texto, usamos μ para a média populacional, contrastando com a média amostral $\bar{x}$. Da mesma forma, σ^2 designa a variância populacional (e σ o desvio-padrão), ao passo que s^2 designa a variância amostral (e s o desvio-padrão).

[5] As quatro propriedades mencionadas em seguida são citadas no Ap.1, em A1.2.4 e A1.2.5. As propriedades *a* e *c* já foram também apresentadas no Cap. 2, em termos de distribuições de freqüências.

Vemos, portanto, que a média em torno da qual devem variar os possíveis valores da estatística $\bar{x}$ é a própria média μ da população. Um resultado que não deixa de ser intuitivo.

Esse resultado é extensivo ao caso de amostragem sem reposição de populações finitas, pois a aplicação da propriedade (b) não exige a independência das variáveis x_i e todas essas variáveis tem a mesma distribuição de probabilidade quando aprioristicamente consideradas em relação ao processo de amostragem.

Quanto à variância, o Cálculo de Probabilidades nos ensina que:

c) multiplicando os valores de uma variável aleatória por uma constante, a variância fica multiplicada pelo quadrado dessa constante;

d) a variância de uma soma de variáveis aleatórias *independentes* é igual à soma das variâncias.

Logo, lembrando (3.1) e usando as propriedades, temos

$$\sigma^2(\bar{x}) = \left(\frac{1}{n}\right)^2 [\sigma^2(x_1) + \sigma^2(x_2) + \cdots + \sigma^2(x_n)] = \frac{1}{n^2}[\sigma^2 + \sigma^2 + \cdots + \sigma^2] = \frac{1}{n^2} n\sigma^2 = \frac{\sigma^2}{n}. \quad (3.3)$$

Vemos, portanto, que a variância com que se dispersam os possíveis valores da estatística $\bar{x}$ é n vezes menor que a variância da população de onde é retirada a amostra. Isso se deve à própria essência do processo aleatório, que faz com que haja, dentro da amostra, uma natural compensação entre valores mais elevados e valores mais baixos, produzindo valores de $\bar{x}$ que tendem a ser tanto mais próximos da média μ da população quanto maior o tamanho da amostra n. Resulta imediatamente que

$$\sigma(\bar{x}) = \sigma_{\bar{x}} = \frac{\sigma}{\sqrt{n}} \quad (3.4)$$

No caso de amostragem sem reposição de populações finitas, em que a independência entre os valores x_i não se verifica, demonstra-se que

$$\sigma^2(\bar{x}) = \frac{\sigma^2}{n} \cdot \frac{N-n}{N-1}, \quad (3.5)$$

onde N é o número de elementos da população e o fator

$$\frac{N-n}{N-1}$$

é chamado *fator de população finita*. Note-se que esse fator tende à unidade quando o tamanho da população tende ao infinito. Além disso, sendo esse fator menor que 1, tem-se que $\sigma^2(\bar{x})$ será menor para populações finitas que para populações supostas infinitamente grandes.

Quanto à forma da distribuição amostral de $\bar{x}$, seremos também auxiliados por dois importantes resultados do Cálculo de Probabilidades. Esses resultados são dados pelo "teorema das combinações lineares (de variáveis normais independentes)" e pelo "teorema do limite central", ambos enunciados no Ap. 1 (item A1.4.3).

Assim, se a distribuição da população for normal, a distribuição amostral de $\bar{x}$ será também normal para qualquer tamanho de amostra, devido ao primeiro teorema, pois $\bar{x}$

Figura 3.1 Distribuição amostral de $\bar{x}$ — população normal.

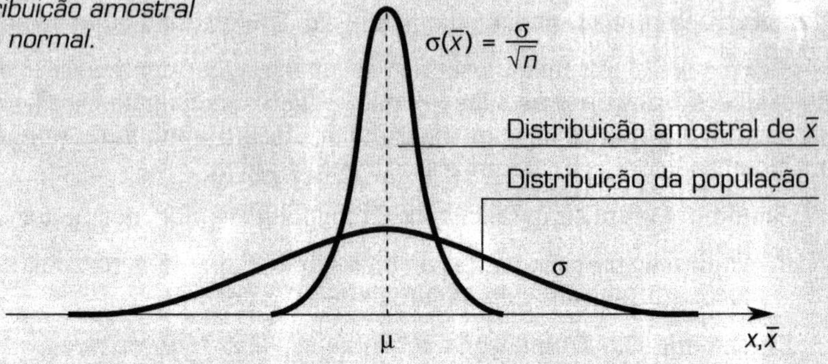

será, então, uma combinação linear de variáveis normais independentes.[6] Na Fig. 3.1, procuramos representar um caso genérico envolvendo a distribuição amostral de $\bar{x}$ no caso de população normal.

Por outro lado, se a distribuição da população não for normal, mas a amostra for suficientemente grande, resultará, do teorema do limite central, que, no caso de população infinita ou amostragem com reposição, a distribuição amostral de $\bar{x}$ será aproximadamente normal, pois o valor de $\bar{x}$ resultará de uma soma de um número grande de variáveis aleatórias independentes. Sendo aproximada, essa conclusão é extensível ao caso de amostragem sem reposição de populações finitas, porém razoavelmente grandes.

Na prática, uma amostra suficientemente grande para que já se possa aproximar a distribuição de $\bar{x}$ por uma normal não necessita ser muito grande, especialmente quanto mais simétrica ou próxima da normalidade for a distribuição da população. Em muitos casos, uma amostra de quatro ou cinco elementos já é suficiente.

Na Fig. 3.2 temos uma distribuição populacional não-normal e a correspondente distribuição amostral de $\bar{x}$ para um tamanho de amostra suficientemente grande.

Figura 3.2 Distribuição amostral de $\bar{x}$ — população não-normal e amostra suficientemente grande.

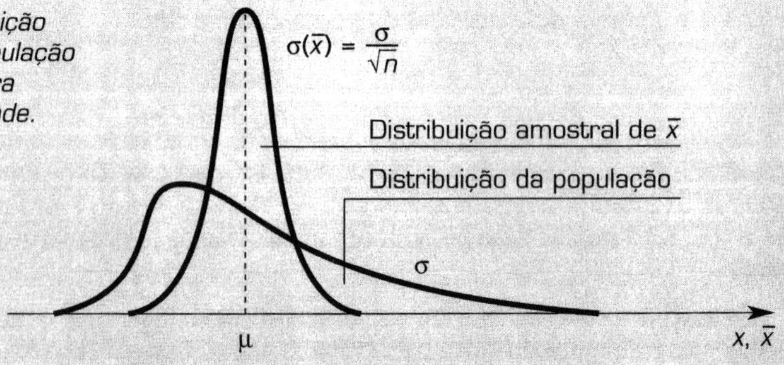

[6] Note-se que considerar normal a distribuição da população implica, a rigor, admitir que a população é infinita. Entretanto a aplicação desse resultado a populações finitas é válida, em termos práticos, em muitos casos.

3.4.2 Distribuições amostrais de f e p'

Consideremos agora a freqüência f com que foi observada alguma característica na amostra. Essa característica poderá ser uma das classificações de uma variável qualitativa, um ou mais valores de uma variável quantitativa discreta, ou o fato de um valor de uma variável quantitativa contínua cair em um dado intervalo. A freqüência f é uma estatística, pois é determinada em função dos elementos da amostra.

Evidentemente, podemos, para cada elemento da amostra, considerar a ocorrência de um sucesso, caso a característica desejada se verifique, e de um fracasso, em caso contrário. Seja p a probabilidade de ocorrência de sucesso para cada elemento da amostra. Se a população é infinita ou a amostragem é feita com reposição, p é constante para todos os elementos da amostra, e os resultados observados para todos eles serão independentes. Nessas condições, o Cálculo de Probabilidades nos ensina que a distribuição amostral de freqüência f será uma distribuição binomial de parâmetros n e p, seguindo-se, pelas propriedades da distribuição binomial, que

$$\mu(f) = np, \tag{3.6}$$

$$\sigma^2(f) = np(1-p). \tag{3.7}$$

A freqüência relativa p', por sua vez, sendo simplesmente o quociente de f pelo tamanho da amostra n, terá média e variância que são facilmente obtidas pela aplicação das propriedades (a) e (c), vistas em 3.4.1. Assim, temos

$$\mu(p') = \mu\left(\frac{f}{n}\right) = \frac{1}{n}\mu(f) = \frac{1}{n}np = p, \tag{3.8}$$

$$\sigma^2(p') = \sigma^2\left(\frac{f}{n}\right) = \frac{1}{n^2}\sigma^2(f) = \frac{1}{n^2}np(1-p) = \frac{p(1-p)}{n}. \tag{3.9}$$

O tipo de distribuição de p' continua, para todos os efeitos, sendo uma distribuição binomial, porém cujos possíveis valores foram comprimidos entre 0 e 1 com intervalos de $1/n$, ao invés de variarem de 0 a n segundo os números naturais, o que ocorre na distribuição binomial propriamente dita.

Sendo a amostra suficientemente grande, podemos aproximar as distribuições de f e p' por distribuições normais de mesma média e mesmo desvio-padrão. Em termos práticos, em geral, podemos considerar que a amostra será suficientemente grande, para efeito dessa aproximação, se $np \geq 5$ e $n(1-p) \geq 5$.

3.4.3 Graus de liberdade de uma estatística

Afirmamos em 2.3.3 que a variância de uma amostra deve ser calculada por

$$s^2(x) = \frac{\sum_{i=1}^{n}(x_i - \bar{x})^2}{n-1} \tag{3.10}$$

ou por expressões equivalentes. A razão pela qual se recomenda usar $n - 1$ ao invés de n no denominador da expressão será apresentada no Cap. 4. No entanto antecipamos que a necessidade dessa correção está relacionada com o número de graus de liberdade dessa estatística. A questão dos graus de liberdade é, possivelmente, abstrata, mas procuraremos ilustrá-la melhor a seguir.

Tomemos, por exemplo, as estatísticas $\bar{x} = \sum_{i=1}^{n} x_i/n$ e $\sum_{i=1}^{n}(x_i - \mu)^2/n$.[7] Essas estatísticas têm n graus de liberdade e tal fato pode ser entendido como indicando haver n valores x_i *livres* que devem ser considerados para podermos calcular o valor da estatística. Em outras palavras, se desconhecermos quaisquer dos valores x_i da amostra, não poderemos determinar o valor da estatística, pois todos os valores da amostra são livres, podendo variar aleatoriamente.

Já a estatística $s^2(x)$, conforme definida na expressão (3.10), por usar $\bar{x}$ ao invés do parâmetro populacional μ, tem um grau de liberdade a menos. Isso porque o cálculo dessa estatística pressupõe que anteriormente já se tenha calculado $\bar{x}$, para o que usamos já uma vez todos os valores da amostra, os quais estariam sendo usados pela segunda vez para o cálculo de s^2.[8] Ora, no momento de usarmos novamente os valores da amostra para o cálculo de s^2, esses valores têm apenas $n - 1$ graus de liberdade, pois, dados quaisquer $n - 1$ deles, o valor restante estará perfeitamente determinado, pelo fato de já conhecermos sua média aritmética $\bar{x}$, não sendo, portanto, livre.

Outra interpretação poderá ser dada geometricamente, se considerarmos os n valores de uma amostra como correspondendo a um ponto num espaço n-dimensional. O valor de uma estatística qualquer definida em função dos valores dessa amostra pode ser considerado função do ponto correspondente nesse espaço. Se, para o cálculo dessa estatística, vamos verificar pela primeira vez os valores da amostra, teremos n graus de liberdade, ou seja, o ponto correspondente tem a possibilidade de se deslocar conforme as n direções do espaço. Se, porém, como no caso de s^2, já conhecemos $\bar{x}$, isso implica uma restrição linear entre os n valores, pois

$$x_1 + x_2 + \cdots + x_n = n\bar{x}.$$

Ora, essa é a expressão de um hiperplano no espaço n-dimensional, significando que o ponto considerado deve estar sobre esse hiperplano, tendo, pois, um grau de liberdade a menos. A introdução de outras restrições levaria à perda de mais graus de liberdade. Por outro lado, torna-se claro que os valores da amostra podem ser usados para o cálculo de estatísticas independentes no máximo n vezes, após o que não haveria mais graus de liberdade e, portanto, qualquer consulta à amostra seria desnecessária. Adotaremos o símbolo ν para denotar o número de graus de liberdade de uma estatística.

3.4.4 Distribuição amostral de s^2 — distribuições χ^2 [9]

Já sabemos que a variância de uma amostra deve ser calculada por (3.10),

$$s^2(x) = \frac{\sum_{i=1}^{n}(x_i - \bar{x})^2}{n-1},$$

ou por outras expressões equivalentes.

A distribuição amostral da estatística $s^2(x)$, conforme definida em (3.10), está relacionada com uma família de distribuições de probabilidades de grande importância em diversos problemas de Estatística Indutiva, que são as distribuições tipo χ^2. Devemos,

---

[7] Essa estatística será comentada no capítulo seguinte.

[8] Na expressão citada no texto, a necessidade de conhecermos $\bar{x}$ está evidente, porém as demais expressões para o cálculo de s^2, como (2.12) e a (2.13) também contêm $\bar{x}$, embora implicitamente, conforme frisamos anteriormente.

[9] Pronuncia-se "qui quadrado".

portanto, preliminarmente, apresentar ao leitor essa família de distribuições. Diremos que a estatística

$$\chi_\nu^2 = \Sigma_{i=1}^{\nu}\left(\frac{x_i - \mu}{\sigma}\right)^2 = \Sigma_{i=1}^{\nu} z_i^2, \qquad (3.11)$$

onde x_i são valores aleatórios *independentemente retirados de uma população normal* de média μ e desvio-padrão σ, tem distribuição χ^2 com ν graus de liberdade. Tal denominação deve-se a Karl Pearson. Os valores z_i em (3.11) são os correspondentes valores da variável normal reduzida.[10] Podemos, portanto, considerar a distribuição da variável χ^2 com ν graus de liberdade como a soma dos quadrados de ν valores independentes da variável normal reduzida.

Do fato de que $\mu(z^2) = 1$,[11] segue-se que

$$\mu(\chi_\nu^2) = \mu\left(\Sigma_{i=1}^{\nu} z_i^2\right) = \nu\mu(z_i^2) = \nu. \qquad (3.12)$$

Poder-se-ia também mostrar que

$$\sigma^2(\chi_\nu^2) = 2\nu \qquad (3.13)$$

e que a moda da distribuição de χ_ν^2 é $\nu - 2$, para $\nu > 2$. Além disso, como a variável χ^2 resulta de uma soma de variáveis independentes e igualmente distribuídas, segue-se do teorema do limite central que a família de distribuições do tipo χ^2 tende à distribuição normal quando o número de graus de liberdade aumenta.

Outra importante propriedade das distribuições tipo χ^2 é sua aditividade. Essa propriedade significa que a soma de duas variáveis *independentes* com distribuições χ^2 com ν_1 e ν_2 graus de liberdade terá também distribuição χ^2 com $\nu_1 + \nu_2$ graus de liberdade. Essa propriedade decorre imediatamente da definição da distribuição χ^2, conforme expressa pela relação (3.11).

A Fig. 3.3 mostra algumas distribuições da família χ^2. Por outro lado, a Tab. A6.2 fornece valores das variáveis χ_ν^2, para $\nu = 1, 2, ..., 30$, em função de valores notáveis da probabilidade correspondente à cauda à direita determinada na respectiva distribuição.[12]

Assim, por exemplo, se entrarmos na Tab. A6.2 com $P = 10\%$ e $\nu = 3$, leremos o valor $\chi_3^2 = 6{,}251$. Isso significa que a probabilidade de um valor aleatório da variável χ_3^2 ser maior do que 6,251 é 10%. Para $\nu > 30$, os valores de χ_ν^2 poderão ser obtidos pelo uso de aproximações. Recomendamos a seguinte:

$$\chi_\nu^2 \cong \nu\left(1 - \frac{2}{9\nu} + z\sqrt{\frac{2}{9\nu}}\right)^3, \qquad (3.14)$$

[13]

[10] Veja A1.4.4, no Ap. 1.

[11] A demonstração desse fato consiste em provar, de acordo com (A1.29), que $\int_{-\infty}^{+\infty} \frac{z^2}{\sqrt{2\pi}} e^{-z^2/2} dz = 1$.

[12] A expressão analítica das funções densidade de probabilidade das distribuições χ^2 é dada no Ap. 4, juntamente com as das distribuições t e F, definidas a seguir.

[13] Essa aproximação é melhor que o outro método, proposto anteriormente por Fisher, que consiste em se tomar $\chi_\nu^2 \cong \frac{1}{2}(z + \sqrt{2\nu - 1})^2$.

Figura 3.3
Distribuições χ^2.

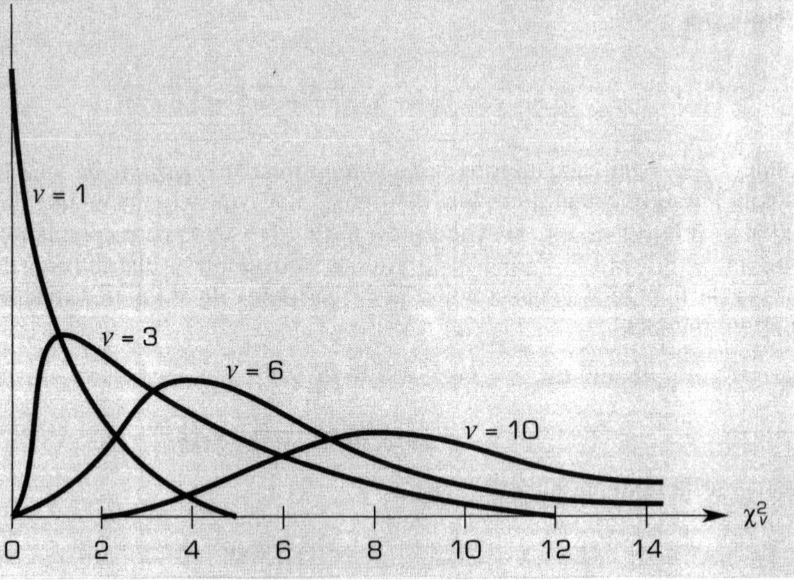

onde z é o valor da variável normal reduzida que corresponde em probabilidade ao χ^2_ν desejado, isto é, tal que a probabilidade à direita de z seja igual à probabilidade à direita de χ^2_ν, nas respectivas distribuições.

O conhecimento das distribuições χ^2 nos leva à determinação da distribuição amostral da estatística s^2, conforme segue. Pode-se demonstrar que a estatística

$$\Sigma_{i=1}^{n}\left(\frac{x_i - \bar{x}}{\sigma}\right)^2 = \frac{\Sigma_{i=1}^{n}(x_i - \bar{x})^2}{\sigma^2}, \tag{3.15}$$

obtida por substituição de μ por $\bar{x}$ na expressão (3.11), tem distribuição do tipo χ^2 com $n - 1$ graus de liberdade. Logo, podemos escrever

$$\chi^2_{n-1} = \frac{\Sigma_{i=1}^{n}(x_i - \bar{x})^2}{\sigma^2} = \frac{n-1}{\sigma^2} \cdot \frac{\Sigma_{i=1}^{n}(x_i - \bar{x})^2}{n-1} = \frac{(n-1)s_x^2}{\sigma^2}, \tag{3.16}$$

donde resulta

$$s_x^2 = \frac{\sigma^2}{n-1}\chi^2_{n-1}. \tag{3.17}$$

Vemos, pois, que, a menos de uma constante, a estatística s^2, variância de uma amostra extraída de população normalmente distribuída, se distribui conforme uma distribuição do tipo χ^2 com $n - 1$ graus de liberdade.

Examinando a expressão (3.17) e lembrando o resultado obtido em (3.12), comprovamos que s^2, conforme definido em (3.10), tem por média

$$\mu(s^2) = \frac{\sigma^2}{n-1}\mu(\chi^2_{n-1}) = \frac{\sigma^2}{n-1}(n-1) = \sigma^2. \tag{3.18}$$

Por outro lado, temos também, de (3.13) e da propriedade expressa em (A1.40), que

$$\sigma^2(s^2) = \frac{\sigma^4}{(n-1)^2}\sigma^2(\chi^2_{n-1}) = \frac{\sigma^4}{(n-1)^2}2(n-1) = \frac{2\sigma^4}{n-1}. \quad (3.19)$$

3.4.5 Distribuições *t* de Student [14]

Suponhamos que, a partir de uma amostra de n valores retirados de uma população normal de média μ e desvio-padrão σ, fosse definida a estatística

$$z = \frac{\bar{x} - \mu}{\sigma / \sqrt{n}} \quad (3.20)$$

Como a distribuição amostral de $\bar{x}$ seria precisamente normal, com média μ e desvio-padrão $\sigma/\sqrt{n}$, segue-se que essa estatística teria simplesmente distribuição normal reduzida, o que justifica o uso do símbolo z em (3.20).

Entretanto, se usarmos em (3.20) o desvio-padrão da amostra, obteremos uma estatística cuja distribuição não mais é normal. De fato, conforme mostrou Student, a estatística

$$t = \frac{\bar{x} - \mu}{s_x / \sqrt{n}} \quad (3.21)$$

distribui-se simetricamente, com média 0, porém não normalmente. É claro que, para amostras grandes, s_x deve ser próximo de σ, e as correspondentes distribuições t devem estar próximas da normal reduzida. Vemos, pois, que existe uma família de distribuições t cuja forma tende à distribuição normal reduzida quando n cresce. Note-se que a estatística definida em (3.21) tem $n - 1$ graus de liberdade, o que justificaria sua denotação por t_{n-1}.

A Fig. 3.4 procura ilustrar comparativamente uma distribuição t e a distribuição normal reduzida z. Vemos que uma distribuição t genérica é mais alongada que a normal reduzida.

Por outro lado, a Tab. A6.3 fornece valores de t em função de diversos valores do número de graus de liberdade ν e de probabilidades notáveis, correspondentes à cauda à

Figura 3.4 *Distribuição* t *e distribuição normal reduzida.*

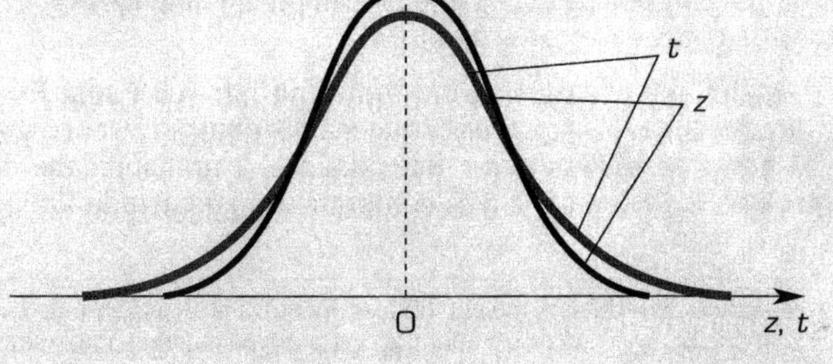

[14] W. S. Gosset, estatístico inglês que publicou seus trabalhos sob o pseudônimo de Student.

direita na respectiva distribuição.[15] Assim, por exemplo, entrando-se na tabela com a probabilidade $P = 0{,}025$ e $\nu = 50$, lemos o valor $t_{50} = 2{,}009$. Isso significa, dada a simetria das distribuições t, que $P(t_{50} > 2{,}009) = P(t_{50} < -2{,}009) = 0{,}025$. Note-se que esse valor de t_{50} é já muito próximo do correspondente valor $t_{\infty} = z = 1{,}960$.

É importante notar que a expressão (3.21) pode ser escrita

$$t_{n-1} = \frac{\bar{x} - \mu}{\sigma / \sqrt{n}} \cdot \frac{\sigma}{s_x} = z \frac{\sigma}{s_x}. \tag{3.22}$$

Relembrando (3.17), temos, portanto,

$$t_{n-1} = z \sqrt{\frac{n-1}{\chi^2_{n-1}}} \tag{3.23}$$

ou, mais genericamente,

$$t_{\nu} = z \sqrt{\frac{\nu}{\chi^2_{\nu}}}. \tag{3.24}$$

Essa expressão nos mostra o relacionamento existente entre as distribuições t de Student e χ^2.

3.4.6 Distribuições *F* de Snedecor

Suponhamos que duas amostras independentes retiradas de populações normais forneçam variâncias amostrais s_1^2 e s_2^2, e que desejemos conhecer a distribuição amostral do quociente s_1^2/s_2^2. Isso será possível através do conhecimento das distribuições F de Snedecor.[16]

Define-se a variável F com ν_1 graus de liberdade no numerador e ν_2 graus de liberdade no denominador, ou, simplesmente, F_{ν_1, ν_2}, por

$$F_{\nu_1, \nu_2} = \frac{\chi^2_{\nu_1} / \nu_1}{\chi^2_{\nu_2} / \nu_2} \tag{3.25}$$

onde, conforme a própria notação indica, $\chi^2_{\nu_i}$ designa uma variável aleatória com distribuição χ^2 com ν_i graus de liberdade. As distribuições χ^2 consideradas devem ser independentes.

Evidentemente, a definição geral precedente engloba uma família de distribuições de probabilidade para cada par de valores (ν_1, ν_2). Na Tab. A6.4, temos os valores da variável F que determinam caudas à direita com probabilidades 0,5; 1; 2,5; 5 e 10%, fornecidos para diversos pares de valores de ν_1 e ν_2.

Assim, por exemplo, se entrarmos na Tab. A6.4 com $P = 5\%$, $\nu_1 = 5$ e $\nu_2 = 20$, leremos o valor $F = 2{,}71$. Isso quer dizer que, na distribuição F com 5 graus de liberdade no numerador e 20 graus de liberdade no denominador, a probabilidade de se obter um valor aleatório superior a 2,71 é igual a 5%, conforme esquematizado na Fig. 3.5.

---

[15] São muito difundidas, também, tabelas em que a probabilidade de entrada refere-se a duas caudas simétricas da distribuição. Recomendamos ao leitor algum cuidado para evitar equívocos no uso das tabelas de t.

[16] G. Snedecor adaptou convenientemente essas distribuições, já estudadas antes sob outra forma por Fisher. Ele adotou a denotação F em homenagem ao grande estatístico inglês R. A. Fisher, que desenvolveu diversos métodos com vistas à aplicação em experimentos agrícolas.

Figura 3.5 Distribuição F de Snedecor.

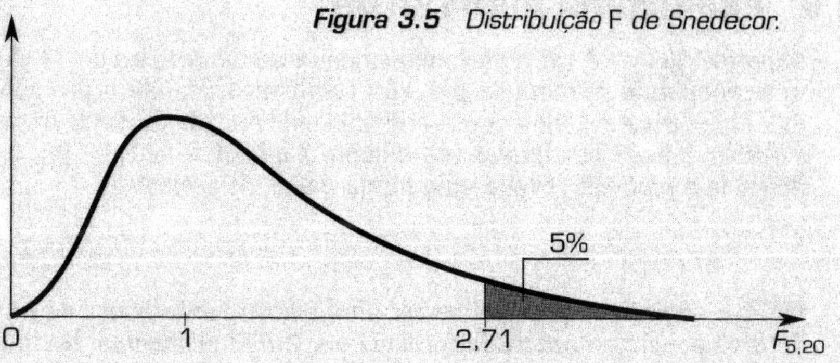

Imaginemos agora que *de duas populações normais com mesma variância* s^2 (ou, o que seria equivalente, de uma mesma população normal), sejam extraídas duas amostras independentes com, respectivamente, n_1 e n_2 elementos e tomemos o quociente s_1^2/s_2^2 das variâncias dessas amostras. Utilizando a expressão (3.17), podemos concluir que a distribuição amostral desse quociente será uma distribuição $F_{n_1-1,\,n_2-1}$, pois

$$\frac{s_1^2}{s_2^2}=\frac{[\sigma^2/(n_1-1)]\chi^2_{n_1-1}}{[\sigma^2/(n_2-1)]\chi^2_{n_2-1}}=\frac{\chi^2_{n_1-1}/(n_1-1)}{\chi^2_{n_2-1}/(n_2-1)}=F_{n_1-1,\,n_2-1}. \qquad (3.26)$$

As distribuições χ^2, t e F são de grande importância para a solução dos problemas de Estatística Indutiva, conforme veremos nos capítulos subseqüentes.

3.4.7 Relações particulares entre as distribuições z, t, χ^2 e F**

Vimos em 3.4.5 que a família de distribuições t de Student converge para a distribuição normal padronizada de z quando v cresce. Logo, a distribuição z equivale à distribuição t_∞. Esse fato é facilmente visível da observação dos valores de t_∞, dados na Tab. A6.3. Vimos também, em 3.4.4, que a distribuição de χ^2 surge de uma soma de v valores independentes de z^2. Logo, a distribuição de χ_1^2 equivale à distribuição do quadrado de z.

Quanto à distribuição F, temos, da definição (3.25), que

$$F_{1,\,v_2}=\chi_1^2\,\frac{v_2}{\chi^2_{v_2}}. \qquad (3.27)$$

Como $\chi_1^2=z^2$, temos, lembrando (3.24), que a distribuição F_{1,v_2} equivale à distribuição do quadrado de t_{v_2}.

Por outro lado, lembrando, de (3.12), que $\mu(\chi_v^2)=v$ e, aplicando à (3.25) um resultado do Cálculo de Probabilidades conhecido como a *lei forte dos grandes números*,[17] temos que, quando v_2 tende ao infinito, a distribuição de $F_{v_1,\,v_2}$ tende à de $\chi^2_{v_1}/v_1$:

$$F_{v_1,\,\infty}=\frac{\chi^2_{v_1}}{v_1} \qquad (3.28)$$

Em particular, a distribuição de $F_{1,\,\infty}$ equivale à de χ_1^2, ou z^2.

[17] Essa lei afirma que, em geral, quando n tende ao infinito, os valores de uma estatística tendem para a sua média teórica. No presente caso, $\chi^2_{v_2}\to v_2$ e o quociente $\chi^2_{v_2}/v_2$ tende a 1.

3.5 EXERCÍCIOS PROPOSTOS

1. Suponha que você vai retirar uma amostra casual simples de 30 elementos a partir de uma população constituída por 120 elementos, usando o procedimento descrito em 8.2.1. Levando em conta que a probabilidade de cada grupo de três algarismos precisar ser abandonado por formar um número superior a 120 é 0,88, o que retardaria em demasia o processo, sugira uma forma válida de acelerá-lo.

2. Indique como seria possível retirar uma amostra sistemática de 35 elementos a partir de uma população ordenada formada por 2.590 elementos. Na ordenação geral, qual dos elementos abaixo seria escolhido para pertencer à amostra, sabendo-se que o elemento de ordem 1.546 a ela pertence?

   1.028°;

   242°;

   636°;

   2.323°;

   1.841°. △

3. Uma população se encontra dividida em três estratos, com tamanhos, respectivamente, $N_1 = 80$, $N_2 = 120$ e $N_3 = 60$. Ao se realizar uma amostragem estratificada proporcional, doze elementos da amostra foram retirados do primeiro estrato. Qual o número total de elementos da amostra? △

4. Uma amostragem entre os moradores de uma cidade é realizada da seguinte forma: em cada subdistrito, sorteia-se um certo número de quarteirões proporcional à área do subdistrito; de cada quarteirão, são sorteadas cinco residências, cujos moradores são entrevistados.

   a) Essa amostra será representativa da população ou poderá apresentar algum vício?

   b) Que tipos de amostragem foram usados no procedimento?

5. Uma indústria especializada em montagem de grandes equipamentos industriais recebeu setenta dispositivos de controle do fornecedor A e outros trinta dispositivos do mesmo tipo do fornecedor B. O aspecto relevante que se deseja controlar, relativo a esses dispositivos, é a resistência elétrica de certo componente crítico. Vamos admitir que os cem dispositivos recebidos foram numerados de um a cem ao darem entrada no almoxarifado, e que os setenta primeiros foram os recebidos do fornecedor A. Vamos admitir, também, que os valores reais da variável de interesse (a resistência elétrica do componente crítico) dos cem dispositivos recebidos sejam os dados seguintes, respectivamente na ordem de entrada no almoxarifado (lê-se segundo as linhas, tal como se lê um livro):

33	38	34	34	34	31	36	35	32	37
35	34	30	37	36	33	34	34	32	39
35	33	33	34	31	32	36	33	29	36
34	35	34	33	31	35	35	35	37	32
34	34	36	35	34	33	32	38	34	33
33	32	34	35	37	35	35	30	35	34
36	36	33	34	33	32	31	37	35	34
39	40	40	42	39	38	40	40	40	40
40	41	45	41	40	39	41	41	40	42
39	40	41	40	40	42	39	39	38	40

a) Uma amostra simples ao acaso de dez dispositivos foi retirada da população de cem dispositivos, com auxílio dos números aleatórios da Tab. A6.5. O processo de utilização da tabela foi o usual, com início no dígito situado na interseção da quinta linha com a oitava coluna da referida tabela. A seguir, foi calculada a resistência elétrica média da amostra de dez dispositivos. Que valor você acha que foi obtido para essa média?

b) Suponha agora que se pensasse em fazer amostragem estratificada. Em sua opinião, seria isso razoável, no caso? Caso afirmativo, indique como você procederia, ainda utilizando os números aleatórios. Suponha que o número total de dispositivos a examinar na amostra continue sendo dez.

c) Suponha agora que tivesse sido utilizada amostragem estratificada uniforme, num total ainda de dez dispositivos examinados, e que tivessem sido obtidos, no primeiro e no segundo estratos, respectivamente, $\bar{x}_1 = 33,8$ e $\bar{x}_2 = 40,2$. Em quanto você estimaria a média da população de cem dispositivos?

d) Suponha agora que, dos setenta dispositivos provenientes do fornecedor A, tenha sido colhida uma amostra sistemática de dez dispositivos, sendo constante o período de retirada dos elementos para a amostra e sendo conhecido que o segundo dispositivo a entrar no almoxarifado (cujo valor da resistência elétrica é 38) pertencia a essa amostra. Calcule a média dos valores da resistência elétrica observados nessa amostra. △

6. A média e a variância de uma população eqüiprovável, cujos possíveis valores são os inteiros 1, 2, 3 e 4, são $\mu = 2,5$ e $\sigma^2 = 1,25$. Considere a distribuição amostral de $\bar{x}$ para amostras de $n = 2$ elementos e determine sua média e variância, supondo:

a) população infinita;

b) população finita formada por doze elementos e amostragem com reposição.

Verifique a validade das expressões (3.2) e (3.3) do texto.

7. Resolva o problema anterior supondo amostragem sem reposição e população finita formada por:

   a) doze elementos;

   b) quatro elementos.

   Verifique a validade das expressões (3.2) e (3.5) do texto, em cada caso.

8. Para qualquer um dos casos (a) ou (b) do exercício 6, construa a distribuição amostral de $\bar{x}$ supondo agora $n = 3$. Faça o gráfico dessa distribuição e interprete sua forma.

9. Para a mesma situação descrita no exercício 6, construa a distribuição amostral das amplitudes das amostras.

10. Uma população eqüiprovável de valores inteiros que podem variar de 0 a 99 tem média $\mu = 49{,}5$ e desvio-padrão $\sigma \cong 29$. Usando a tabela de números ao acaso para simular a obtenção de valores dessa população, retire uma amostra de $n = 25$. Calcule sua média e desvio-padrão. Obtenha, por processo análogo, mais cinco amostras aleatórias dessa população e calcule suas médias. Calcule o desvio-padrão da amostra formada pelos seis valores de $\bar{x}$ obtidos e compare com o desvio-padrão da primeira amostra retirada. Como interpretar o resultado dessa comparação?

Capítulo 4

Estimação de parâmetros

4.1 INTRODUÇÃO

Passamos, a partir de agora, a considerar problemas de Estatística Indutiva. Conforme vimos no Cap. 1, o objetivo da Estatística Indutiva é tirar conclusões probabilísticas sobre aspectos das populações, com base na observação de amostras extraídas dessas populações, visando a tomada de decisões. Para chegarmos ao ponto de poder abordar tais problemas, foi necessário que recorrêssemos a diversos conceitos básicos do Cálculo de Probabilidades e víssemos como tratar os conjuntos de dados através da Estatística Descritiva. Doravante, os conjuntos de dados disponíveis serão considerados como amostras representativas retiradas das populações de interesse. Essas amostras servirão de base para as inferências que serão feitas acerca das respectivas populações.

Os problemas de Estatística Indutiva podem ser considerados subdivididos em dois grandes grupos: os problemas de estimação e os de testes de hipóteses. Neste capítulo vamos nos ocupar dos primeiros apenas no que diz respeito à estimação de parâmetros de uma distribuição populacional. Outros tipos de problema de estimação serão vistos, por exemplo, no Cap. 8.

O Cálculo de Probabilidades nos fornece vários modelos de distribuição teórica, tais como binominal, hipergeométrica, de Poisson, normal, etc.[1] Tais modelos representam, em verdade, famílias de distribuições que dependem de um ou mais parâmetros básicos. Assim, por exemplo, uma distribuição normal só ficará perfeitamente caracterizada se conhecermos, direta ou indiretamente, seus dois parâmetros básicos, μ e σ. Ora, quando descrevemos uma população estatística, fazemos isso por meio de algum modelo teórico de distribuição de probabilidades, cujos parâmetros, portanto, devem ser estimados da melhor forma possível com base nos resultados amostrais.

Devemos notar que o próprio fato de tentarmos descrever uma população de valores por meio de um modelo teórico já implica um procedimento de natureza semelhante ao da estimação. Entretanto chamaremos a tentativa de se caracterizar a forma da distribuição da população de *problema de especificação*, terminologia introduzida por Fisher.[2]

---

[1] Ver o Ap. 1.

[2] Sir R. A. Fisher, estatístico inglês. Ver nota 16 na página 52.

Assim, quando admitimos que a população de todos os diâmetros das peças produzidas por uma máquina é convenientemente descrita por um modelo normal (o que nem sempre é verdade), estamos especificando a forma da distribuição dos valores da variável na população. Estamos procedendo analogamente quando admitimos que o número de defeitos por aparelho de televisão produzido em certa linha de montagem é uma variável que se comporta segundo um modelo de Poisson.

Evidentemente, a tarefa de especificação da forma da distribuição da população pode ser orientada pela conveniente representação gráfica dos dados da amostra disponível. Por outro lado, existem testes que permitem avaliar a representatividade do modelo teórico proposto para a população, os quais serão estudados no Cap. 6. Entretanto o que nos preocupa por ora é o problema da estimação dos parâmetros do modelo adotado para a representação da população, modelo que suporemos, em vários casos, conhecido.[3]

Tomemos o seguinte exemplo: suponhamos que, em uma cidade com N habitantes, exista uma proporção p de analfabetos. Se dessa cidade retirarmos uma amostra aleatória de n habitantes, saberemos, teoricamente, calcular a probabilidade de que haja entre eles x analfabetos. Isso seria feito pela aplicação do modelo hipergeométrico de distribuição de probabilidade ou, com boa aproximação, para $n << N$, pelo modelo binomial. Esse seria, tipicamente, um problema de Cálculo de Probabilidade. Note-se, porém, que, para resolver o problema, deveríamos conhecer o parâmetro populacional p.

O problema real que muitas vezes enfrentamos, entretanto, surge quando desconhecemos o parâmetro populacional. Devemos então estimá-lo, usando, para tanto, a evidência experimental. Assim, no exemplo citado, se a amostra de n habitantes apresentou x analfabetos, precisamos saber de que forma esse fato deverá ser usado no sentido de obtermos uma estimativa para p, ou a determinação de uma faixa de valores na qual p estará contido com certa probabilidade. Esse problema pode ser resolvido com base no conhecimento da distribuição de probabilidade da variável x.

Em resumo, vamos, no presente capítulo, supor que os valores na população se distribuam segundo um dado modelo de distribuição de probabilidade cujos parâmetros, entretanto, são desconhecidos e, portanto, necessitam ser estimados.

Vamos distinguir dois casos de estimação de parâmetros: por ponto e por intervalo. No primeiro caso, procederemos à estimativa do parâmetro populacional através de um único valor estimado, ao passo que, no segundo, construiremos um intervalo, o qual deverá, com probabilidade conhecida, conter o parâmetro. Uma suposição fundamental é a de que as amostras são probabilísticas. O processo de amostragem será, salvo menção em contrário, suposto como sendo o de amostragem casual simples ou equivalente.

4.2 ESTIMADOR E ESTIMATIVA

Chamamos de *estimador* a quantidade, calculada em função dos elementos da amostra, que será usada no processo de estimação do parâmetro desejado. O estimador é, como vemos, uma estatística. Será, portanto, uma variável aleatória caracterizada por uma distribuição de probabilidade e seus respectivos parâmetros próprios. E chamaremos de *estimativa* cada particular valor assumido por um estimador. Usaremos a seguinte notação:

θ = parâmetro a ser estimado; T = um estimador de θ; t = uma dada estimativa.

---

[3] Essa suposição é plausível, pois, em muitos casos, podemos antecipar, com razoável precisão, um modelo para a distribuição da população, quer por meio de considerações teóricas, quer pela experiência prática. Os exemplos citados no parágrafo anterior são típicos de distribuições em geral confirmadas pela prática.

A estimação por ponto consistirá simplesmente em, à falta de melhor informação, adotar a estimativa disponível como sendo o valor do parâmetro. A idéia é, em sua essência, extremamente simples, porém a qualidade dos resultados irá depender fundamentalmente da conveniente escolha do estimador. Assim, dentre os vários estimadores razoáveis que poderemos imaginar para um determinado parâmetro, deveremos ter a preocupação de escolher aquele que melhor satisfaça as propriedades de um bom estimador. As principais entre essas propriedades serão vistas a seguir.

4.2.1 Propriedades dos estimadores[4]

Justeza ou não-tendenciosidade

Diremos que um estimador T é justo (ou não-tendencioso, ou não-viciado, ou não-viesado) se sua média (ou expectância) for o próprio parâmetro que se pretende estimar, isto é,

$$\mu(T) = \theta \tag{4.1}$$

Isso significa que os valores aleatórios de T ocorrerão em torno do valor do parâmetro θ, o que é, obviamente, desejável.

A adoção de um estimador que não seja justo nos levará a incorrer no *vício de estimação*, ou *viés*. De fato, se a média da distribuição amostral do estimador não é igual ao valor do parâmetro, esse estimador fornecerá estimativas em torno de outro valor que não o parâmetro, configurando estimativas viciadas, ou viesadas.

Consistência

Diremos que um estimador T é consistente se

$$\lim_{n\to\infty} P\left(|\,T-\theta\,| \geq \varepsilon\right) = 0 \tag{4.2}$$

para todo $\varepsilon > 0$. Isso significa, em termos práticos, que, sendo o estimador consistente, pode-se, com amostras suficientemente grandes, tornar o erro de estimação tão pequeno quanto se queira. Por outro lado, se o estimador for justo, a condição de consistência equivale a dizer que sua variância tende a zero quando o tamanho da amostra tende a infinito, isto é,

$$\lim_{n\to\infty} \sigma^2(T) = 0\,. \tag{4.3}$$

Vemos que, para estimadores justos e consistentes, podemos obter estimativas tão próximas quanto desejamos do valor real do parâmetro, desde que aumentemos suficientemente o tamanho da amostra. Nessas condições, supondo o caso-limite de uma amostra infinitamente grande,[5] a estimativa obtida iria coincidir exatamente com o parâmetro estimado.

[4] Ao definir essas propriedades, estaremos pressupondo uma função de perda quadrática associada ao erro de estimação. Para maiores esclarecimentos, veja, por exemplo, a Ref. 15.

[5] Estamos imaginando, claro, o caso de uma população infinita. Sendo finita a população, uma estimativa exata seria teoricamente obtida apenas se fizéssemos a amostra se tornar igual à população inteira.

Eficiência

Dados dois estimadores, T_1 e T_2, a serem usados na estimação de um mesmo parâmetro θ, diremos que T_1 é mais eficiente que T_2 como estimador de θ se, para o mesmo tamanho de amostra,

$$\mu[(T_1-\theta)^2] < \mu[(T_2-\theta)^2]. \tag{4.4}$$

Se T_1 e T_2 forem estimadores justos de θ, essa condição indicará que a variância de T_1 é menor que a variância de T_2.

Se T_1 é mais eficiente que T_2 como estimador do parâmetro θ, podemos definir a relação

$$\frac{\mu[(T_1-\theta)^2]}{\mu[(T_2-\theta)^2]} \tag{4.5}$$

como sendo a eficiência de T_2 em relação a T_1 como estimador de θ. Se os estimadores T_1 e T_2 forem ambos justos, a eficiência relativa se reduzirá ao quociente das respectivas variâncias.

Uma medida absoluta da eficiência pode ser conseguida por meio da comparação com o estimador mais eficiente do parâmetro em questão. Logicamente, o estimador mais eficiente possível terá eficiência absoluta igual a 1, ou 100%. Tal estimador será dito simplesmente "eficiente".

Suficiência

Em poucas palavras, diremos que um estimador é suficiente se contém o máximo possível de informação com referência ao parâmetro por ele estimado.

Evidentemente, nos problemas de estimação devemos procurar trabalhar com estimadores justos, consistentes, da maior eficiência possível e, de preferência, suficientes.

4.2.2 Critérios para a escolha dos estimadores**

Alguns critérios têm sido propostos com a finalidade de resolver o problema de como escolher os estimadores mais adequados. Dentre eles, citaremos os métodos (ou princípios) da máxima verossimilhança, dos momentos e de Bayes.

Método da máxima verossimilhança

Esse método — possivelmente aquele que tem sido mais empregado — fornece em geral estimadores consistentes, assintóticamente eficientes e com distribuição assintoticamente normal.

A essência do método consiste em adotar para o parâmetro o valor que maximize a *função de verossimilhança* correspondente ao resultado obtido na amostra. Esclarecemos esse ponto a seguir.

Retirada uma amostra de uma população, a configuração dessa amostra irá, é claro, depender das características da população e, particularmente, do valor do parâmetro desconhecido θ que se deseja estimar. Consideremos agora a probabilidade, ou densidade de probabilidade, conforme o caso, de que uma particular amostra seja obtida. Essa probabilidade ou densidade de probabilidade irá depender, evidentemente, da amostra considerada e do valor do parâmetro θ da população. Fixada a amostra, essa probabilidade ou densidade de probabilidade será função de θ, dita função de verossimilhança correspondente a essa particular amostra. Essa função admite, em geral, um único ponto de máximo, o qual fornecerá a estimativa de máxima verossimilhança do parâmetro θ.

Suponhamos, por exemplo, que uma caixa contenha dez bolas, das quais S são pretas e $10 - S$ são brancas. Uma amostra de quatro bolas com reposição é retirada dessa caixa, verificando-se que ela contém três bolas brancas e uma bola preta. Vamos estimar o parâmetro S pelo método da máxima verossimilhança. Para tanto, devemos determinar a função de verossimilhança correspondente ao resultado amostral obtido, a qual será dada pelas probabilidades de, em uma amostra de $n = 4$, sair exatamente uma bola preta, dadas em função do parâmetro desconhecido S. Essas probabilidades podem ser obtidas pela aplicação da distribuição binomial, ou pelo cálculo direto. Designando por $\mathscr{L}(S)$ a função de verossimilhança, temos

$$\mathscr{L}(S) = 4\frac{S}{10}\left(\frac{10-S}{10}\right)^3 = \frac{1}{2.500}S(10-S)^3. \tag{4.6}$$

Na Tab. 4.1 temos os valores de $\mathscr{L}(S)$ calculados para todos os possíveis valores de S, verificando-se imediatamente que o valor de máxima verossimilhança é $S = 3$, o qual será, pois, a nossa estimativa.

Tabela 4.1 Função de verossimilhança

S	$\mathscr{L}(S)$	S	$\mathscr{L}(S)$
0	0	6	384/2.500
1	729/2.500	7	189/2.500
2	1.024/2.500	8	64/2.500
3	1.029/2.500	9	9/2.500
4	864/2.500	10	0
5	625/2.500		

Analisemos outro exemplo. Suponhamos que uma distribuição populacional é uniforme entre 0 e M. Desejando-se estimar o parâmetro M, uma amostra aleatória de n valores é retirada dessa população. Seja x_{max} o maior valor obtido nessa amostra. Evidentemente, $M \geq x_{max}$. A função densidade de probabilidade da distribuição uniforme que estamos considerando é

$$f(x) = \frac{1}{M}, \quad 0 \leq x \leq M. \tag{4.7}$$

Sendo a amostra aleatória, seus diversos valores serão independentes, a todos correspondendo a mesma densidade de probabilidade. Portanto a função de verossimilhança correspondente a uma amostra genérica será dada pelo produto puro e simples das densidades de cada valor da amostra, isto é,

$$\mathscr{L}(M) = \left(\frac{1}{M}\right)^n = \frac{1}{M^n}. \tag{4.8}$$

Essa função se maximiza para o menor valor possível de M; logo, concluímos que o estimador de máxima verossimilhança para M será x_{max}.

Nos exemplos precedentes, vimos como realizar a estimação aplicando o método da máxima verossimilhança. É importante notar que certas premissas a respeito da população foram utilizadas. Assim, no primeiro exemplo, partimos do conhecimento do número de bolas na caixa e do fato de que havia bolas brancas e pretas, e recaímos, ao considerar a função de verossimilhança, em uma distribuição binomial com parâmetros $N = 10$ e S a ser estimado. No segundo exemplo, partimos do conhecimento da forma da distribuição populacional e da hipótese adicional de que seu extremo inferior era conhecido.

Método dos momentos

Esse método foi o primeiro a ser proposto e usado (Pearson, 1894). Consiste em supor que os momentos da distribuição da população coincidem com os da amostra. Expressando os parâmetros populacionais a estimar em função dos momentos de menor ordem, obtém-se um sistema de equações cuja solução fornece as estimativas desejadas. Esse método produz, em geral, estimadores consistentes, mas que, muitas vezes, não são os mais eficientes.

Método de Bayes

Esse método baseia-se na existência de uma função de perda associada ao erro da estimativa, e também na consideração de uma distribuição *a priori* para os possíveis valores do parâmetro. Será adotada a estimativa que minimize o valor médio ou expectância da perda, calculado com base na distribuição resultante para o parâmetro após o conhecimento dos valores da amostra.

Em verdade, a filosofia embutida no Método de Bayes, por permitir a incorporação do conhecimento prévio em geral existente e também por permitir que se trabalhe com amostras muito pequenas, teve grande impulso nas últimas décadas, chegando-se mesmo a oferecer uma distinta visão da Estatística como ciência. Assim, fala-se em Estatística Bayesiana, em contrapartida à Estatística Clássica, conforme abordada neste livro. Em nossa visão há, na verdade, uma complementação de conceitos e situações, e não um conflito. Com efeito, a essência do método é bastante realística quanto a considerar sempre uma função de perda associada à estimativa, e ao admitir uma especificação do modelo de distribuição do parâmetro que pode ser afetada, até certo ponto, pela evidência amostral. A principal barreira para um desenvolvimento maior da chamada Indução Bayesiana tem sido as dificuldades teóricas resultantes da aplicação do método. Nossa opinião é de que a idéia contida no método é válida, mas que não se deve chegar ao extremo de alguns de seus mais entusiastas adeptos, que condenam todas as demais filosofias e procedimentos relacionados com o método estatístico em geral. A realidade prática é quem nos autoriza a emitir essa opinião.

Uma das principais aplicações das idéias contidas no Método de Bayes é a Análise Estatística da Decisão, com diversas aplicações no campo empresarial.[6]

Damos, no Ap. 3, uma ilustração da utilização do Método de Bayes, referente ao mesmo exemplo discreto utilizado para ilustrar o método da máxima verossimilhança.

---

[6] Ver, a respeito, a Ref. 1.

4.2.3 Exercícios de aplicação**

1. Modifique a expressão (4.6) para o caso de extrações sem reposição e determine, nesse caso, a estimativa de máxima verossimilhança para S.

2. Escreva as expressões genéricas das funções de verossimilhança de amostras de n elementos extraídas de populações com distribuição:

   a) binomial (n, p);
   b) de Poisson (μ);
   c) normal (μ, σ);
   d) exponencial (λ).

3. Mostre que, para populações normais: (a) se a variância σ^2 é conhecida, $\bar{x}$ é o estimador de máxima verossimilhança de μ; (b) se μ é conhecida, $\Sigma_i(x_i - \mu)^2/n$ é o estimador de máxima verossimilhança de σ^2. [*Sugestão*: maximize o logaritmo da função de verossimilhança, em cada caso.]

4. Sabe-se que, de quatro aparelhos retirados de uma linha de produção, três não apresentaram qualquer defeito. Admitindo-se que o número de defeitos por aparelho se distribua segundo o modelo de Poisson, qual a estimativa de máxima verossimilhança para o número médio de defeitos por aparelho produzido?

4.3 ESTIMAÇÃO POR PONTO

A estimação por ponto consiste em, conforme já mencionado, fornecer a melhor estimativa possível para o parâmetro. Este será, pois, estimado através de um valor único, o qual corresponde a um ponto sobre o eixo de variação da variável.

Para proceder à estimação por ponto, portanto, devemos escolher o melhor estimador possível, colher a amostra e, em função de seus elementos, verificar a estimativa obtida. Damos a seguir algumas considerações sobre os procedimentos para a estimação por ponto dos parâmetros usuais.

4.3.1 Estimação por ponto da média da população

O melhor estimador de que dispomos para a média da população é a média da amostra $\bar{x}$. Com efeito, $\bar{x}$ é um estimador justo de μ, pois, conforme vimos no Cap. 3, $\mu(\bar{x}) = \mu$. Sendo justo, $\bar{x}$ será também consistente, pois, no caso de população infinita ou amostragem com reposição, resulta de (3.3) que

$$\lim_{n\to\infty} \sigma^2(\bar{x}) = \lim_{n\to\infty} \frac{\sigma^2}{n} = 0 . \quad (4.9)$$

Por outro lado, no caso de amostragem sem reposição de população finita, chegamos a um resultado idêntico, pois, de (3.5), temos que

$$\lim_{n\to N} \sigma^2(\bar{x}) = \lim_{n\to N} \frac{\sigma^2}{n} \frac{N-n}{N-1} = 0 . \quad (4.10)$$

Pode-se também demonstrar que $\bar{x}$ é eficiente e suficiente como estimador de μ. Outros estimadores poderiam ser considerados para μ, todos, porém, de menor eficiência. Na prática, usa-se, às vezes, a mediana da amostra, especialmente quando a média $\bar{x}$ não pode ser calculada (caso de classes abertas nos extremos). A mediana da amostra é um estimador justo da mediana da população. Para populações simétricas, média e mediana coincidem, e a mediana da amostra é estimador justo da média da população. A consistência seria também verificada. Sua eficiência, porém, seria da ordem de 64%. Com efeito, para populações normais e amostras grandes, $\sigma^2(md) \cong \pi\sigma^2/2n$; logo, a eficiência de md como estimador de μ será

$$\frac{\sigma^2(\bar{x})}{\sigma^2(md)} = \frac{\sigma^2 / n}{\pi\sigma^2 / 2n} = \frac{2}{\pi} \cong 0{,}64 . \qquad (4.11)$$

4.3.2 Estimação por ponto da variância da população

Quando conhecemos a média μ da população, devemos estimar sua variância através da estatística

$$s^2 = \frac{\sum_{i=1}^{n}(x_i - \mu)^2}{n} = \frac{\sum_{i=1}^{n} x_i^2}{n} - \mu^2 , \qquad (4.12)$$

que será o estimador justo, consistente e eficiente, no caso. Da mesma forma, considerando as freqüências envolvidas, teríamos

$$s^2 = \frac{\sum_{i=1}^{k}(x_i - \mu)^2 f_i}{n} = \frac{\sum_{i=1}^{k} x_i^2 f_i}{n} - \mu^2 , \qquad (4.13)$$

Essa expressão seria também usada no cálculo da variância de toda uma população finita, caso em que a média dos dados, calculada pela expressão usual de $\bar{x}$, seria a própria média populacional.

Supondo agora que μ seja desconhecida, o que, em geral, ocorre na prática, devemos usar sua estimativa $\bar{x}$, média da amostra, recaindo nas expressões (2.10), (2.11), (2.12) ou (2.13), conforme o caso. Pode-se perceber agora a principal razão de se usar $n - 1$ no denominador dessas expressões, ao invés de simplesmente e naturalmente n (como já se fez, historicamente), pois isso leva à definição de um estimador justo para σ^2, devido ao resultado (3.18).

A consistência de s_x^2 segue-se diretamente do resultado (3.19), pois

$$\lim_{n\to\infty} \sigma^2(s_x^2) = \lim_{n\to\infty} \frac{2\sigma^4}{n-1} = 0 . \qquad (4.14)$$

4.3.3 Estimação por ponto do desvio-padrão da população

Embora s^2, conforme definido em (2.10), seja um estimador justo da variância populacional σ^2, sua raiz quadrada s não é estimador justo do desvio-padrão populacional σ. Esse fato pode ser facilmente demonstrado por absurdo, pois, se $\mu(s) = \sigma$, resultaria que

$$\sigma^2(s) = \mu(s^2) - [\mu(s)]^2 = \sigma^2 - \sigma^2 = 0, \text{ [7]} \qquad (4.15)$$

o que não tem sentido. A mesma coisa ocorre no caso em que μ é conhecida.

O vício de s como estimador de σ, entretanto, tende assintoticamente a zero. Logo, para amostras grandes, podemos, por simplificação, adotar como estimativa o próprio desvio-padrão da amostra, calculado pela raiz quadrada da variância amostral.

---

[7] Foi usada aqui a expressão (A1.36).

Para amostras pequenas, é conveniente corrigir o vício do estimador s mediante um coeficiente que designaremos por c_2'[8], adotando-se a estatística

$$s_x' = \frac{1}{c_2'}\sqrt{\frac{\sum_{i=1}^{n}(x_i - \bar{x})^2}{n-1}} \tag{4.16}$$

A Tab. 4.2 fornece alguns valores de c_2' e de seus inversos.

Tabela 4.2 Valores de c_2' e de seus inversos

n	c_2'	$1/c_2'$
2	0,399	2,506
3	0,591	1,693
4	0,691	1,447
5	0,752	1,329
6	0,793	1,261
7	0,822	1,216
8	0,844	1,185
9	0,852	1,160
10	0,875	1,143
12	0,896	1,115
15	0,917	1,091
20	0,937	1,067
25	0,950	1,052
50	0,975	1,025
100	0,998	1,002

4.3.4 Estimação por ponto de uma proporção populacional

Se desejarmos estimar a proporção p de elementos da população com uma dada característica, usaremos como estimador a proporção ou freqüência relativa p' com que essa característica foi observada na amostra. Tal procedimento, além de intuitivo, corresponde a adotar um estimador justo, consistente, eficiente e suficiente.

Que p' é estimador justo de p resulta imediatamente de que $\mu(p') = p$, conforme mostrado em (3.8). Por outro lado, a consistência de p' segue-se do resultado (3.9), pois

$$\lim_{n\to\infty} \sigma^2(p') = \lim_{n\to\infty} \frac{p(1-p)}{n} = 0. \tag{4.17}$$

O resultado (3.9) é válido para populações infinitas ou amostragem com reposição, mas a consistência de p' é verificada mesmo para o caso de amostragem sem reposição de população finita. Sendo a população finita, poderíamos querer estimar por ponto o número de elementos da população que apresentasse a característica em questão. É claro que esse número seria simplesmente estimado por Np', onde N é o tamanho da população.

[8] Utilizamos o símbolo c_2' para distinguir do coeficiente c_2, usado no Controle Estatístico da Qualidade, baseado em desvio-padrão com n no denominador.

4.3.5 Estimação por ponto com base em diversas amostras

Suponhamos que dispomos de k amostras. Cada amostra irá fornecer uma estimativa para um dado parâmetro, e essas estimativas irão diferir entre si, mesmo que as amostras sejam provenientes de uma mesma população, pois resultam de um processo aleatório. Entretanto podemos, em geral, combinar esses resultados, de modo a oferecer uma estimativa única para o parâmetro em questão, quando aplicável.

No caso de estimação da média μ ou de uma proporção p, só terá sentido combinar as estimativas se todas as amostras forem provenientes de uma mesma população, ou de populações infinitas com mesma média e mesma proporção p. Podemos então, simplesmente, fundir as diversas amostras em uma única amostra maior, usando a média $\bar{x}$ e a freqüência relativa p' fornecidas por essa amostra. Isso equivale a calcular a média ponderada das diversas médias e freqüências relativas amostrais tomando como pesos de ponderação os tamanhos das respectivas amostras, o que se pode perceber com fácilidade.[9]

No caso de estimação da variância σ^2 e do desvio-padrão σ, podemos também imaginar os dados originais reunidos em uma única amostra maior, desde que as amostras sejam provenientes de uma mesma população ou de populações de mesma média e variância. Entretanto o procedimento de se tomar a média (ponderada em relação aos tamanhos das amostras) dos diversos resultados das amostras individuais não iria mais fornecer um resultado final idêntico nem seria o mais adequado.

No caso de σ^2, se desejamos realizar a estimação usando as variâncias das diversas amostras, devemos realizar a ponderação usando como pesos os graus de liberdade de cada amostra (o que, afinal, também é feito nos casos de μ e p). Ou seja, adotamos como estimativa de σ^2 a quantidade s_p^2, dada por

$$s_p^2 = \frac{(n_1-1)s_1^2 + (n_2-1)s_2^2 + \cdots + (n_k-1)s_k^2}{n_1+n_2+\cdots+n_k-k}\,.^{[10]} \qquad (4.18)$$

Deve-se notar que também essa estimativa não será idêntica à que se obteria através da reunião dos dados em uma amostra única, embora ambos os processos sejam válidos nas condições mencionadas.

A estimativa s_p^2 tem a vantagem de poder ser utilizada se as diversas amostras provierem de populações com médias diferentes, porém com mesma variância σ^2. Nesse caso, evidentemente, não teria sentido reunir as diversas amostras em uma única amostra maior.

Se as amostras forem razoavelmente grandes, poderemos adotar $\sqrt{s_p^2}$ como uma boa estimativa para o desvio-padrão σ, nos casos discutidos. Por outro lado, se tivermos amostras pequenas de mesmo tamanho, a estimativa justa de σ será simplesmente a média aritmética dos desvios-padrão corrigidos, calculados pela expressão (4.16).

---

[9] Deixamos a demonstração dessa afirmativa a cargo dos leitores interessados.

[10] A razão para esse procedimento está em valer para s_p^2 a relação, expressa por (3.16) e (3.17), com a família de distribuições χ^2. De fato, s_p^2 é um estimador justo de σ^2, o que resulta de $\mu(s_i^2) = \sigma^2$ e das propriedades da média. Por outro lado, a expressão (4.18) pode ser escrita

$$\frac{s_p^2(n_1+n_2+\cdots+n_k-k)}{\sigma^2} = \sum_{i=1}^{k} \frac{(n_i-1)s_i^2}{\sigma^2},$$

onde, de acordo com (3.16), as parcelas do segundo membro têm distribuições $\chi^2_{n_i-1}$ e são independentes. Portanto, devido à aditividade do χ^2, o primeiro membro tem distribuição χ^2_{n-k}, onde $n = \sum n_i$. Inversamente, podemos escrever a relação

$$s_p^2 = \frac{\sigma^2}{n-k}\cdot \chi^2_{n-k}.$$

4.4 ESTIMAÇÃO POR INTERVALO

Vimos no item precedente como se procede para obter boas estimativas por ponto dos parâmetros da população. As estimativas por ponto são, em geral, utilizadas quando necessitamos, ao menos aproximadamente, conhecer o valor do parâmetro para utilizá-lo em uma expressão analítica qualquer. Entretanto, se a determinação de um dado parâmetro é a meta final do estudo estatístico em pauta, a estimação por ponto será, em geral, insuficiente, pois a probabilidade de a estimativa adotada vir a coincidir com o verdadeiro valor do parâmetro é nula ou praticamente nula. Isso decorre de os estimadores serem variáveis aleatórias, muitas vezes contínuas; logo, as estimativas obtidas quase certamente serão distintas do valor do parâmetro. Ou seja, é quase certo que estejamos cometendo um *erro de estimação*, quando procedemos à estimação por ponto de um parâmetro populacional.

É, pois, ao contrário do vício de amostragem, que pode ser evitado pelo uso de amostragem probabilística, e do vício de estimação, que se elude adotando um estimador justo, praticamente inevitável que tenhamos que conviver com o erro de estimação.

Devido a esse fato, surge a idéia de se construir um intervalo em torno da estimativa por ponto, de modo a que esse intervalo tenha uma probabilidade conhecida de conter o verdadeiro valor do parâmetro. Essa é a idéia da estimação por intervalo, a qual configura um problema típico de Estatística Indutiva, pois iremos fazer afirmações probabilísticas acerca dos possíveis valores de um parâmetro da população.

Ao intervalo que, com probabilidade conhecida, deverá conter o valor real do parâmetro chamaremos *intervalo de confiança* para esse parâmetro. À probabilidade, que designaremos por $1 - \alpha$, de que um intervalo de confiança contenha o valor do parâmetro chamaremos *nível* ou *grau de confiança* do respectivo intervalo. Vemos que α será a probabilidade de erro na estimação por intervalo, isto é, a probabilidade de errarmos ao afirmar que o valor do parâmetro está contido no intervalo de confiança.

Salvo menção em contrário, suporemos os intervalos de confiança simétricos em probabilidade, isto é, tais que a probabilidade de o parâmetro ficar fora do intervalo à sua esquerda é igual à probabilidade de ficar fora à direita, ambas iguais a $\alpha/2$. Entretanto deve ficar claro que a construção de intervalos de confiança assimétricos em probabilidade é perfeitamente possível (e a maneira de fazê-lo tornar-se-á evidente a quem acompanhar a dedução que segue), podendo-se inclusive chegar ao caso extremo de considerar toda a probabilidade a de erro de um único lado do intervalo, quando se estará adotando um valor mínimo ou um valor máximo para o parâmetro, com a confiança adotada.

Deve-se frisar também que o intervalo de confiança, sendo construído com base na estimativa por ponto, é aleatório, ao, passo que o parâmetro é suposto uma constante da população. Assim, o intervalo *conterá* ou não o parâmetro, com probabilidades $1 - \alpha$ e α, sendo, a rigor, incorreto falarmos em "probabilidade de o parâmetro *cair* no intervalo".

Veremos em seguida como construir intervalos de confiança para os parâmetros usuais. Consideraremos, em nossa exposição, apenas os casos de população infinita. Por aproximação, os resultados serão válidos para os casos de população finita bastante grande e fração de amostragem pequena. Os casos de população finita poderão, em geral, ser tratados aplicando-se à expressão de variância amostral o fator de população finita visto em (3.5).

4.4.1 Intervalo de confiança para a média da população quando σ é conhecido

Vamos subdividir o estudo do intervalo de confiança para a média μ da população em dois casos: quando σ, desvio-padrão da população, é conhecido, e quando σ é desconhecido. Iniciemos pelo primeiro caso.

Suporemos que a distribuição amostral do estimador $\bar{x}$ é normal. Conforme vimos em 3.4.1, isso ocorrerá se a população for normalmente distribuída ou, caso contrário, com boa aproximação, se a amostra for suficientemente grande.

Devemos construir um intervalo em torno de $\bar{x}$ de forma tal que esse intervalo contenha o valor do parâmetro com confiança $1 - \alpha$.[11] Esse intervalo, sendo simétrico em probabilidade, será também geometricamente simétrico em relação a $\bar{x}$, devido à simetria da distribuição amostral, no caso. Os símbolos empregados serão:

μ, média da população;
$\bar{x}$, média da amostra;
σ, desvio-padrão da população;
n, tamanho da amostra;
e_0, semi-amplitude do intervalo de confiança.

Adotaremos também, doravante, a convenção segundo a qual z_P denotará o particular valor da variável normal reduzida z que determina uma cauda à direita de sua distribuição com probabilidade P. Essa convenção é extensível a qualquer outra variável considerada. A Fig. 4.1 ilustra graficamente a convenção aqui introduzida.

O intervalo que desejamos construir será de forma $\bar{x} \pm e_0$. Necessitamos apenas determinar e_0 de modo tal que esse intervalo tenha nível de confiança $1 - \alpha$. Para tanto, imaginemos, na distribuição por amostragem de $\bar{x}$, dois pontos, $\mu - e_0$ e $\mu + e_0$, simétricos em relação à média μ da distribuição, de tal modo que a probabilidade de $\bar{x}$ situar-se entre esses dois pontos seja igual a $1 - \alpha$. Embora μ seja o parâmetro desconhecido, podemos representar graficamente essa situação, o que é feito na Fig. 4.2. Logo, por construção,

$$P(\mu - e_0 \leq \bar{x} \leq \mu + e_0) = 1 - \alpha. \tag{4.19}$$

Figura 4.1 *Significado de z_p.*

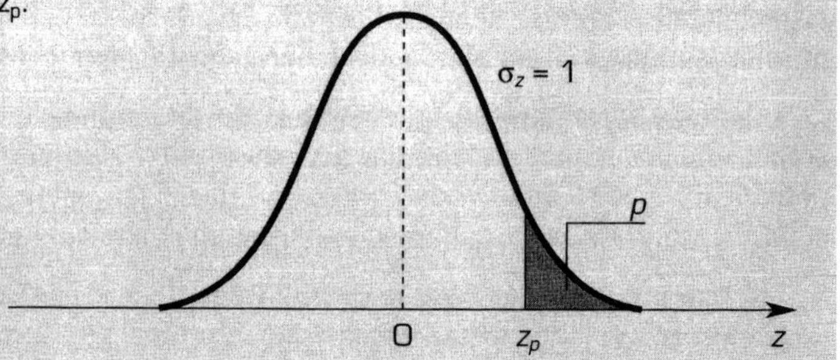

[11] A confiança, como vimos, traduz a probabilidade de que o intervalo de confiança contenha o parâmetro. Para enfatizar que se trata de uma estimação por intervalo, damos preferência ao uso do termo *confiança* ao invés de *probabilidade*.

Figura 4.2 Distribuição amostral de $\bar{x}$.

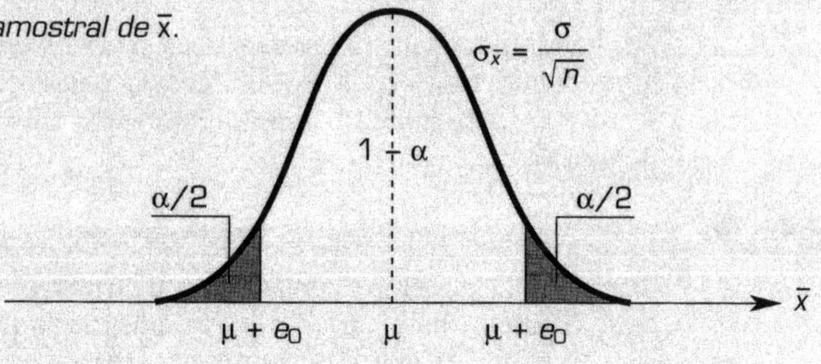

A desigualdade entre parênteses implica

$$\mu - e_0 \leq \bar{x} \quad \text{e} \quad \bar{x} \leq \mu + e_0;$$

$$\therefore \quad \mu \leq \bar{x} + e_0 \quad \text{e} \quad \bar{x} - e_0 \leq \mu;$$

$$\therefore \quad \bar{x} - e_0 \leq \mu \leq \bar{x} + e_0;$$

$$\therefore \quad P(x - e_0 \leq \mu \leq \bar{x} + \ell_0) = 1 - \alpha. \tag{4.20}$$

Logo, $\bar{x} - e_0$ e $\bar{x} + e_0$ são os limites do intervalo de confiança simétrico em probabilidade que desejávamos obter. A determinação de e_0 se resume num problema elementar de aplicação dos conceitos do Cálculo de Probabilidades envolvendo o uso da variável normal padronizada z.[12] De fato, refererindo-nos ao ponto $\mu + e_0$ da distribuição amostral de $\bar{x}$, cujo desvio-padrão, conforme sabemos, é $\sigma/\sqrt{n}$, temos

$$\frac{(\mu + e_0) - \mu}{\sigma / \sqrt{n}} = z_{\alpha/2},$$

$$\therefore e_0 = z_{\alpha/2} \frac{\sigma}{\sqrt{n}}. \tag{4.21}$$

Portanto a expressão do intervalo de confiança para a média μ da população, ao nível de confiança $1 - \alpha$, é dada por

$$\bar{x} \pm z_{\alpha/2} \frac{\sigma}{\sqrt{n}}. \tag{4.22}$$

A interpretação desse intervalo está consubstanciada na expressão (4.20), onde e_0 é dado pela (4.21), ou seja,

$$P\left(\bar{x} - z_{\alpha/2} \frac{\sigma}{\sqrt{n}} \leq \mu \leq \bar{x} + z_{\alpha/2} \frac{\sigma}{\sqrt{n}} \right) = 1 - \alpha. \text{[13]} \tag{4.23}$$

[12] Veja a expressão (A1.63).

[13] A expressão entre parênteses é comumente apresentado como a *fórmula* do intervalo de confiança. A mesma observação se aplica aos intervalos adiante considerados.

Exemplo

Considerando-se que uma amostra de cem elementos extraída de uma população aproximadamente normal, cujo desvio-padrão é igual a 2,0, forneceu média $\bar{x} = 35,6$, construir um intervalo de 95% de confiança para a média dessa população.

Solução

Sem dúvida, podemos considerar a distribuição de $\bar{x}$ como praticamente normal. O único dado faltante para aplicarmos a expressão (4.22) seria $z_{\alpha/2}$. Na Tab. A6.1 da distribuição normal reduzida vemos, porém, imediatamente, que $z_{\alpha/2} = z_{2,5\%} = 1,96$. Logo,

$$e_0 = 1,96 \frac{2,0}{\sqrt{100}} = 0,392$$

e o intervalo de confiança será $35,6 \pm 0,392$, indicando que

$$P(35,208 \leq \mu \leq 35,992) = 0,95.$$

4.4.2 Intervalo de confiança para a média da população quando σ é desconhecido

Vejamos agora como proceder para construir o intervalo de confiança para a média μ da população quando o desvio-padrão populacional é também desconhecido, o que, em geral, ocorre nos problemas práticos.

Ora, se desconhecemos σ, devemos estimar seu valor com base na amostra disponível. Devemos adotar como estimativa o desvio-padrão da amostra, definido por

$$s_x = \sqrt{\frac{\sum_{i=1}^{n}(x_i - \bar{x})^2}{n-1}}. \tag{4.24}$$

Entretanto a subtituição pura e simples de σ por s_r na expressão 4.22 certamente levaria a um grau de incerteza maior na construção do intervalo de confiança, pois s_r é apenas uma estimativa de σ, sujeito, portanto, à incidência do erro de estimação. Há, portanto, que se proceder a uma correção desse intervalo, a qual, certamente, fará o intervalo crescer em amplitude, para compensar o efeito dessa maior incerteza. Essa correção é feita mediante o uso da distribuição t de Student com $n - 1$ graus de liberdade, apresentada em 3.4.5.[14] De fato, a expressão (3.22) fornece o seguinte relacionamento entre as variáveis t e z:

$$t_{n-1,\,P} = z_P \frac{\sigma}{s}, \tag{4.25}$$

onde $n - 1$ é o número de graus de liberdade da estatística s.

[14]Antes de W. S. Gosset haver dado sua importante contribuição à teoria estatística com a introdução da distribuição t de Student, considerava-se, pelo conhecimento empírico, que o intervalo de confiança para μ quando σ é desconhecido podia ser, com boa aproximação, calculado pela expressão (4.22) substituindo-se σ por s_x para amostras grandes, assim entendidas se $n \geq 30$. De fato, vemos na Tab. A.6.3 que, nessa condição, os valores do t de Student já são bastante próximos dos de z, justificando esse procedimento. Consideramos, entretanto, que, após a introdução da distribuição t de Student, essa distinção entre amostras grandes e pequenas deixou de fazer sentido.

Ora, a expressão (4.22) pode ser escrita

$$\bar{x} \pm z_{\alpha/2} \frac{\sigma}{s_x} \frac{s_x}{\sqrt{n}}. \tag{4.26}$$

Logo, do anteriormente exposto, resulta de imediato a expressão do intervalo de confiança para μ quando σ é desconhecido:

$$\bar{x} \pm t_{n-1,\, \alpha/2} \frac{s_x}{\sqrt{n}}. \tag{4.27}$$

Assim, o fato de sermos obrigados a usar o desvio-padrão da amostra ao invés de σ leva-nos a trabalhar com t_{n-1} ao invés de z. A interpretação do intervalo obtido é que:

$$P\left(\bar{x} - t_{n-1,\, \alpha/2} \frac{s_x}{\sqrt{n}} \leq \mu \leq \bar{x} + t_{n-1,\, \alpha/2} \frac{s_x}{\sqrt{n}}\right) = 1 - \alpha. \tag{4.28}$$

Exemplo

Considerando-se que uma amostra de quatro elementos extraída de uma população com distribuição normal forneceu média $\bar{x} = 8{,}20$ e desvio-padrão $s_x = 0{,}40$, construir um intervalo de 99% de confiança para a média dessa população.

Solução

Na Tab. A6.3, temos $t_{n-1,\, \alpha/2} = t_{3;\, 0{,}5\%} = 5{,}841$. Logo,

$$e_0 = t_{n-1,\, \alpha/2} \frac{s_x}{\sqrt{n}} = 5{,}841 \frac{0{,}40}{\sqrt{4}} \cong 1{,}168$$

e o intervalo de confiança será

$$8{,}20 \pm 1{,}168,$$

indicando que

$$P(7{,}032 \leq \mu < 9{,}368) = 0{,}99.$$

4.4.3 Intervalo de confiança para a variância da população

Consideremos agora o problema da construção do intervalo de confiança ao nível $1 - \alpha$ para a variância σ^2 da população. O conhecimento das distribuições χ^2, vistas no capítulo anterior, será fundamental para esse propósito.

Consideremos, na distribuição χ^2_{n-1}, os dois particulares valores $\chi^2_{n-1,\, 1-\alpha/2}$ e $\chi^2_{n-1,\, \alpha/2}$. Por construção, esses valores são tais que

$$P(\chi^2_{n-1,\, 1-\alpha/2} \leq \chi^2_{n-1} \leq \chi^2_{n-1,\, \alpha/2}) = 1 - \alpha. \tag{4.29}$$

Ora, a relação (3.16) permite escrever as desigualdades entre parênteses como

$$\chi^2_{n-1,\,1-\alpha/2} \le \frac{(n-1)s^2}{\sigma^2} \le \chi^2_{n-1,\,\alpha/2}. \qquad (4.30)$$

Vamos dividir todos os membros pela quantidade positiva $(n-1)s^2$, e, após, tomar os inversos. Lembrando que as desigualdades devem ser invertidas, temos

$$\frac{(n-1)s^2}{\chi^2_{n-1,\,\alpha/2}} \le \sigma^2 \le \frac{(n-1)s^2}{\chi^2_{n-1,\,1-\alpha/2}}, \qquad (4.31)$$

o que acontecerá com probabilidade $1-\alpha$. Logo, as quantidades expressas em (4.31) são os limites do intervalo de confiança para σ^2, ao nível de confiança $1-\alpha$. A expressão (4.31) pode também ser escrita na forma

$$\frac{\sum_{i=1}^{n}(x_i-\bar{x})^2}{\chi^2_{n-1,\,\alpha/2}} \le \sigma^2 \le \frac{\sum_{i=1}^{n}(x_i-\bar{x})^2}{\chi^2_{n-1,\,1-\alpha/2}}. \qquad (4.32)$$

As expressões (4.31) e (4.32) são exatas no caso de populações normalmente distribuidas, conforme imposto na definição da distribuição χ^2_ν, vista em (3.11).

Exemplo

Uma amostra de onze elementos, extraída de uma população com distribuição normal, forneceu variância $s^2 = 7{,}08$. Construir um intervalo de 90% de confiança para a variância dessa população.

Solução

Na Tab. A6.2, para 10 graus de liberdade, temos:

$$\chi^2_{n-1,\,1-\alpha/2} = \chi^2_{10;\,95\%} = 3{,}940,$$

$$\chi^2_{n-1,\,\alpha/2} = \chi^2_{10;\,5\%} = 18{,}307.$$

Logo, os limites do intervalo de confiança, dados na expressão (4.31), serão:

$$\frac{10\cdot 7{,}08}{18{,}307} = 3{,}87,$$

$$\frac{10\cdot 7{,}08}{3{,}940} = 18{,}0,$$

indicando que

$$P(3{,}87 \le \sigma^2 \le 18{,}0) = 0{,}90.$$

4.4.4 Intervalo de confiança para o desvio-padrão da população

Vimos em 4.3.3 que o desvio-padrão da amostra, s, não é um estimador justo do desvio-padrão da população, σ, e que, por essa razão, deveríamos introduzir uma correção, especialmente no caso de amostras pequenas. Entretanto, se desejarmos um intervalo de confiança ao nível $1-\alpha$, para o parâmetro σ, não será necessário investigar a distribuição por amostragem do correto estimador de σ, pois decorre imediatamente do resultado obtido em 4.4.3 que, com probabilidade $1 - \alpha$, temos

$$\sqrt{\frac{(n-1)s^2}{\chi^2_{n-1,\,\alpha/2}}} \leq \sigma \leq \sqrt{\frac{(n-1)s^2}{\chi^2_{n-1,\,1-\alpha/2}}} \tag{4.33}$$

Um método aproximado pode ser usado, alternativamente, no caso de amostras grandes ($n > 30$, digamos). Consiste em construir o intervalo de confiança para σ usando a expressão

$$s \pm z_{\alpha/2}\frac{s}{\sqrt{2(n-1)}}\,.\tag{4.34}$$ [15]

4.4.5 Intervalo de confiança para uma proporção populacional

Foi visto em 3.4.2 que uma freqüência relativa amostral p' apresenta uma distribuição do tipo binomial, cuja média é o próprio parâmetro populacional p e cuja variância é dada por $p(1-p)/n$. Sendo $np \geq 5$ e $n(1-p) \geq 5$, podemos em geral aproximar essa distribuição pela distribuição normal. Como desconhecemos p, adotaremos como condições de aproximação $np' \geq 5$ e $n(1-p') \geq 5$.

Portanto, sendo a amostra suficientemente grande para satisfazer as condições precedentes e considerando-se que p' é o estimador que usaremos para p, podemos chegar à expressão do intervalo de confiança para p. O intervalo será da forma $p' \pm e_0$ e, por um raciocínio semelhante ao que foi feito no caso da estimação de μ, chega-se facilmente a

$$e_0 = z_{\alpha/2}\sqrt{\frac{p(1-p)}{n}}\,.\tag{4.35}$$

Note-se que essa expressão é em tudo análoga à (4.22), pois $\sigma/\sqrt{n}$ é o desvio-padrão do estimador $\bar{x}$, e $\sqrt{p(1-p)/n}$ é o desvio-padrão do estimador p'.

O único obstáculo ainda existente para o cálculo de e_0 está em que o parâmetro desconhecido p aparece na expressão (4.35). Podemos, entretanto, simplesmente, substituir p por sua estimativa p'. Isso se justifica com boa aproximação, pois, sendo a amostra já razoavelmente grande para haver satisfeito as condições de aproximação pela normal, a estimativa deve ser razoavelmente próxima do valor real do parâmetro. Ademais, o eventual erro a mais que poderíamos cometer ao substituir p por p' seria em boa parte compensado pelo erro a menos que, então, cometeríamos ao substituir $1-p$ por $1-p'$, e vice-versa, o que torna ainda mais justificável a aproximação feita[16].

[15] Uma justificativa dessa expressão pode ser encontrada, por exemplo, na Ref. 22.

[16] Se as condições de aproximação pela normal não forem satisfeitas, deve-se, em princípio, construir o intervalo de confiança com base na distribuição binomial. Não nos detivemos na análise desse caso por ser de menor importância na prática. Por outro lado, Fisher apresenta uma alternativa para a obtenção do intervalo na qual se consegue a aproximação pela normal com menores tamanhos de amostra, através da transformação $\theta = \text{arc sen}\sqrt{p'}$. O intervalo é então construído em termos de θ, cujo desvio-padrão pode ser considerado como praticamente dado por $\sqrt{820{,}7/n}$, realizando-se a transformação inversa, a seguir. Note-se também que aqui caberia, a rigor, uma correção de continuidade, conforme mencionado em A1.4.5, no Ap. 1. Entretanto tal correção não foi considerada, nem tanto por simplicidade, porém mais porque podem ser desprezados seus efeitos para amostras grandes e do ponto de vista da manutenção do nível de confiança do intervalo.

Dessa forma, podemos considerar o intervalo de confiança para p, ao nível de confiança $1 - \alpha$, como sendo praticamente dado por

$$p' \pm z_{\alpha/2}\sqrt{\frac{p'(1-p')}{n}}, \tag{4.36}$$

significando que

$$P\left(p' - z_{\alpha/2}\sqrt{\frac{p'(1-p')}{n}} \leq p \leq p' + z_{\alpha/2}\sqrt{\frac{p'(1-p')}{n}}\right) \cong 1-\alpha. \tag{4.37}$$

Exemplo

Retirada uma amostra de 1.000 peças da produção de uma máquina, verificou-se que 35 eram defeituosas. Dar um limite máximo ao nível de 95% para a proporção de defeituosos fornecida por essa máquina.

Solução

As condições de aproximação da distribuição binomial pela normal estão satisfeitas. A questão do limite máximo, mencionada em 4.4, se resolve jogando todo o risco de erro α para apenas um lado, no caso o superior. Sendo

$$n = 1.000,$$
$$p' = \frac{f}{n} = \frac{35}{1.000} = 0{,}035,$$
$$z_\alpha = z_{5\%} = 1{,}645,$$

temos

$$e_0 \cong z_\alpha\sqrt{\frac{p'(1-p')}{n}} = 1{,}645\sqrt{\frac{0{,}035 \cdot 0{,}965}{1.000}} = 0{,}0096.$$

e o limite máximo de confiança será

$$0{,}035 + 0{,}0096,$$

significando que

$$P(p \leq 0{,}0446) \cong 0{,}95.$$

4.5 TAMANHO DAS AMOSTRAS

Vimos na seção anterior como construir intervalos de confiança para os principais parâmetros popu-lacionais. Em todos os casos, supusemos dado o nível de confiança desses intervalos. Evidentemente, o nível de confiança deve ser fixado de acordo com a probabilidade de acerto que se deseja ter na estimação por intervalo. Sendo conveniente, o nível de confiança pode ser aumentado até tão próximo de 100% quanto se queira, mas isso resultará em intervalos de amplitude cada vez maiores, o que significa perda de precisão na estimação.

É claro que seria desejável termos intervalos com alto nível de confiança e pequena amplitude, o que corresponderia a estimarmos o parâmetro em questão com pequena probabilidade de erro e grande precisão. Isso, porém, requer uma amostra suficientemente grande, pois, para n fixo, confiança e precisão variam em sentidos opostos.

Veremos a seguir como determinar o tamanho das amostras necessárias nos casos de estimação da média ou de uma proporção populacional.

Vimos, em 4.4.1, que o intervalo de confiança para a média μ da população quando σ é conhecido tem semi-amplitude dada pela expressão (4.21), a qual reproduzimos aqui:

$$e_0 = z_{\alpha/2}\frac{\sigma}{\sqrt{n}}.$$

Ora, o problema então resolvido foi, fixados α e n, determinar e_0. Mas é evidente, da expressão (4.21), que podemos também resolver dois outros problemas. Assim, fixados e_0 e n, podemos determinar α, o que equivale a determinar a confiança de um intervalo de amplitude conhecida. Podemos também, fixados α e e_0, determinar n, que é o problema da determinação do tamanho da amostra necessária para se realizar a estimação por intervalo com a confiança e a precisão desejadas. Vemos imediatamente que

$$n = \left(\frac{z_{\alpha/2}\,\sigma}{e_0}\right)^2. \tag{4.38}$$

Essa será a expressão usada para a determinação do tamanho da amostra necessária, se σ for conhecido.

Não se conhecendo o desvio-padrão da população, deveríamos substituí-lo por sua estimativa s e usar t de Student na expressão (4.38). Ocorre, porém, que, não tendo ainda sido retirada a amostra, não dispomos do valor de s. Temos, então, duas alternativas para resolver a questão. Uma delas consiste em trabalhar com um limitante superior para o valor de σ que, colocado na expressão (4.38), nos leva a um tamanho de amostra suficiente, em geral superdimensionada. A alternativa será colher uma amostra-piloto de n' elementos para, com base nela, obtermos uma estimativa s, empregando, a seguir, a expressão

$$n = \left(\frac{t_{n'-1,\alpha/2}\,s}{e_0}\right)^2. \tag{4.39}$$

Se $n \leq n'$, a amostra-piloto já terá sido suficiente para a estimação. Caso contrário, deveremos retirar, ainda, da população, os elementos necessários à complementação do tamanho mínimo de amostra.[17]

[17] A rigor, nesse último caso, a amostra total poderia fornecer uma nova estimativa de s superior à usada na expressão supra, o que obrigaria a uma nova iteração no processo, etc.

Procedemos de forma análoga se desejamos estimar uma proporção populacional com determinada confiança e dada precisão. No caso de população suposta infinita, da expressão (4.35), podemos obter

$$n = \left(\frac{z_{\alpha/2}}{e_0}\right)^2 p(1-p). \tag{4.40}$$

O obstáculo à determinação do tamanho da amostra por meio da expressão (4.40) está em desconhecermos p e tampouco dispormos de sua estimativa p', pois a amostra ainda não foi colhida. Essa dificuldade pode ser resolvida através de uma amostra-piloto, analogamente ao caso descrito para a estimação de μ, ou analisando-se o comportamento do fator $p(1 - p)$ para $0 \leq p \leq 1$. Vê-se facilmente que $p(1 - p)$ é a expressão de uma parábola cujo ponto de máximo é $p = 1/2$, conforme ilustrado na Fig. 4.3.

Figura 4.3
Gráfico de p(1 − p).

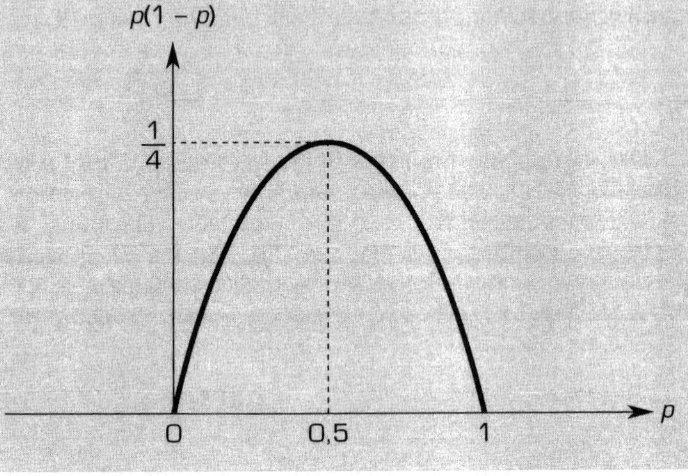

Ora, se substituirmos, na expressão (4.40), $p(1 - p)$ por seu máximo valor, 1/4, seguramente o tamanho de amostra obtido será suficiente para a estimação, qualquer que seja p. Isso equivale a considerar

$$n = \left(\frac{z_{\alpha/2}}{e_0}\right)^2 \frac{1}{4} = \left(\frac{z_{\alpha/2}}{2e_0}\right)^2. \tag{4.41}$$

Pelo mesmo raciocínio, se sabemos que seguramente $p \leq p_0 < 0{,}5$ ou $p \geq p_0 > 0{,}5$, podemos usar o limitante p_0 ao invés de p, na expressão (4.40), obtendo um tamanho de amostra suficiente, pois teremos então $p(1-p) \leq p_0(1-p_0)$, conforme se percebe facilmente da Fig. 4.3.

Evidentemente, usando-se a expressão (4.41), corre-se o risco de dimensionar uma amostra bem maior do que a realmente necessária. Isso ocorrerá se p for, na realidade, próximo de 0 ou 1. Se o custo envolvido for elevado e proporcional ao tamanho da amostra, será desejável evitar que tal fato ocorra, sendo mais prudente a tomada de uma amostra-piloto. Inversamente, em muitos casos, é preferível, por simplificação, proceder conforme indicado, com base em uma limitação superior para o fator $p(1 - p)$.

Exemplo

Qual o tamanho de amostra necessária para se estimar a média de uma população infinita cujo desvio-padrão é igual a 4, com 98% de confiança e precisão de 0,5?

Solução

Ao definir a precisão da estimativa desejada, estamos estabelecendo o erro máximo que desejamos cometer, com a confiança dada. Logo, essa precisão equivale numericamente à própria semi-amplitude do intervalo de confiança. Portanto

$$n = \left(\frac{z_{1\%}\sigma}{e_0}\right)^2 = \left(\frac{2{,}326 \cdot 4}{0{,}5}\right)^2 = 346{,}3$$

Logo, necessitamos de uma amostra de 347 elementos.

Exemplo

Qual o tamanho de amostra suficiente para estimarmos a proporção de defeituosos fornecidos por uma máquina, com precisão de 0,02 e confiança de 95%, sabendo que essa proporção seguramente não é superior a 0,20?

Solução

De acordo com o anteriormente exposto, temos

$$n = \left(\frac{z_{2,5\%}}{e_0}\right)^2 p_0(1-p_0) = \left(\frac{1{,}960}{0{,}02}\right)^2 0{,}20 \cdot 0{,}80 = 1.536{,}64$$

Logo, será suficiente uma amostra de 1.537 elementos.

4.6 EXERCÍCIOS PROPOSTOS

1. A distribuição dos diâmetros de parafusos produzidos por uma certa máquina é normal, com desvio-padrão igual a 0,17 mm. Uma amostra de seis parafusos retirada ao acaso da produção apresentou os seguintes diâmetros (em milímetros):

   25,4 25,2 25,6 25,3 25,0 25,4

   Construa intervalos de 90, 95 e 99,74% de confiança para o diâmetro médio da produção dessa máquina. △

2. Suponha que o diâmetro médio da produção da máquina citada no exercício 1 tenha sido modificado e que uma amostra de vinte peças tenha sido submetida a um calibre constituído por um orifício com 20 mm de diâmetro. Se sete das peças da amostra passaram por esse orifício, dê uma estimativa por ponto para o diâmetro médio fornecido pela máquina. △

3. Uma amostra de quinze elementos retirada de uma população normalmente distribuída forneceu $\bar{x} = 32,4$ e $s^2 = 2,56$. Construa intervalos de 95 e 99% de confiança para:
   a) a média da população;
   b) a variância da população;
   c) o desvio-padrão da população. △

4. A cronometragem de certa operação forneceu os seguintes valores para diversas determinações (em segundos):

14	16	13	13	15	15
17	14	15	14	16	14

Construa um intervalo de 98% de confiança para o tempo médio dessa operação. Suponha que os tempos medidos tenham distribuição normal.

5. Uma amostra extraída de população normal forneceu os seguintes valores:

3,0 3,2 3,4 2,8 3,1 2,9 3,0 3,2.

Construa:
   a) IC de 95% para a variância da população;
   b) IC de 99% para a variância da população;
   c) IC de 95% para a média da população;
   d) IC de 99% para a média da população;
   e) se a variância da população é 0,01, como ficarão (c) e (d)? △

6. Os valores de uma amostra foram agrupados em classes, resultando a seguinte distribuição de freqüências:

Classes	Freqüências
100 ⊢— 110	3
110 ⊢— 120	8
120 ⊢— 130	12
130 ⊢— 140	4
140 ⊢— 150	2
150 ⊢— 160	1

   a) Construa um intervalo de 95% de confiança para a média da população.
   b) Comente a validade desse intervalo, de vez que pode-se facilmente observar que a distribuição populacional parece não ser simétrica.
   c) Dê um limite mínimo com 95% de confiança para a proporção populacional de valores maiores que 130.

7. Um universo é unimodal e fortemente assimétrico. Uma amostra de 120 elementos tirada desse universo forneceu as seguintes estimativas para sua média e desvio-padrão:

$\bar{x} = 30,1i$; $s = 3,5$

É possível estimar-se, com 95% de confiança, um limite mínimo para a média real do universo? Caso afirmativo, calcule o limite. △

8. Considere a frase que segue como uma amostra de palavras da língua portuguesa e, com base nela, construa um intervalo de 99% de confiança para o número médio de letras por palavra usada nessa língua. Admitindo a amostra como representativa da população, o intervalo obtido é exato ou aproximado?

"Se não for possível a correção imediata, o fato deve ser comunicado ao Controle de Produção e suspenso o envio de peças até o recebimento de novas instruções." △

9. Considerando o conjunto de dados como amostra proveniente de população normal, construa os intervalos de 95 e 99% de confiança para a média da população para os dados dos exercícios 3, 4 e 9 do Cap. 2.

10. Considerando o conjunto de dados como amostra proveniente de população normal, construa os intervalos de 95 e 99% de confiança para a variância da população para os dados dos exercícios 3, 4, 9 e 17 do Cap. 2.

11. Compare os resultados fornecidos pelas expressões (4.33) e (4.34) do intervalo de confiança para o desvio-padrão da população nos casos $n = 10$, $n = 30$ e $n = 100$. Em outras palavras, verifique, nesses casos, o comportamento da aproximação

$$1-\frac{z_p}{\sqrt{2(n-1)}} \cong \sqrt{\frac{n-1}{\chi^2_{n-1,\,P}}}$$

12. É dada a seguinte distribuição de freqüência, representativa dos dados de uma amostra de cinqüenta elementos:

10 ⊢ 20	3
20 ⊢ 30	9
30 ⊢ 40	15
40 ⊢ 50	10
50 ⊢ 60	8
60 ⊢ 70	5
	50

a) Calcule a média e o desvio-padrão da amostra.

b) Construa um intervalo de 90% de confiança para a média da população.

c) Construa um intervalo de 99% de confiança para a proporção populacional de valores maiores que 45. △

13. Sabe-se que a variação das dimensões fornecidas por uma máquina independem dos ajustes do valor médio. Duas amostras de dimensões das peças produzidas forneceram:

amostra 1 —	12,2	12,4	12,1	12,0	12,7	12,4;
amostra 2 —	14,0	13,7	13,9	14,1	13,9.	

Estabeleça um intervalo de 95% de confiança para o desvio-padrão com que a máquina opera. △

14. Uma moeda abaulada foi jogada 400 vezes, obtendo-se 136 "caras". Construa intervalos de 95 e 99% de confiança para a probabilidade do resultado "cara" nessa moeda. △

15. Uma moeda, reconhecidamente sem vício, será lançada 400 vezes. Construa intervalos de 95 e 99% de confiança para o número de "caras" a ser obtido nesse experimento. Você percebe a diferença de situações entre o caso deste problema e o do problema anterior?

16. Numa pesquisa de mercado bem conduzida, 57 dentre 150 entrevistados afirmaram que seriam compradores de certo produto a ser lançado. Sendo a população de compradores em potencial formada por 2.000 elementos, dê um limite com 95% de confiança para o número mínimo de pessoas que comprarão o produto. △

17. Qual o tamanho da amostra necessária para se estimar a média de uma população com precisão de um décimo do desvio-padrão, e confiança:

a) 95; b) 99%? △

18. Foram feitas vinte medidas do tempo total gasto para a precipitação de um sal, em segundos, numa dada experiência, obtendo-se:

13	15	12	14	17	15	16	15	14	16
17	14	16	15	15	13	14	15	16	15

Esses dados são suficientes, para estimar o tempo médio gasto na preci-pitação com precisão de meio segundo e 95% de confiança? Caso negativo, qual o tamanho da amostra adicional necessária?. △

19. Deseja-se estimar a resistência média de certo tipo de peça com precisão de 2 kg e 95% de confiança. Desconhecendo-se a variabilidade dessa resistência, romperam-se cinco peças, obtendo-se para elas os seguintes valores de sua resistência (em kg):

50	58	52	49	55

Com base no resultado obtido, determinou-se que deveriam ser rompidas mais quinze peças, a fim de se conseguir o resultado desejado. Qual sua opinião a respeito dessa conclusão?

20. O erro relativo de estimação é definido como o erro absoluto dividido pelo valor do parâmetro a ser estimado.

a) Mostre que, se desejarmos estimar uma proporção populacional com o erro relativo fixado, a expressão (4.40) do texto passa a ser

$$n = \left(\frac{z_{\alpha/2}}{e_r}\right)^2 \frac{1-p}{p},$$

onde e_r é o erro relativo.

b) Qual o tamanho da amostra suficiente para estimar uma proporção populacional que sabemos estar contida entre 0,30 e 0,70, com erro relativo máximo de 10% e 95% de confiança?

c) Responda à pergunta anterior admitindo que se exija erro absoluto (e não-relativo) máximo de 10%.

d) Interprete a diferença observada entre as respostas dos itens (b) e (c).

21. Uma máquina apresenta, no mínimo, 90% de peças boas em sua produção. Deseja-se, através de uma única amostra, estimar o diâmetro médio das peças produzidas, com 99,9% de certeza de se ter um erro máximo de estimação igual a 0,1 do desvio-padrão dos diâmetros, bem como estimar a verdadeira proporção de defeituosos da máquina com precisão de 0,02 e, no mínimo, 95% de confiança. Qual o tamanho da amostra necessária para tanto? △

22. Um automobilista que atravessa freqüentemente uma ponte notou, após duzentas travessias, que, em sessenta delas, o último algarismo de seu odômetro (marcador de quilometragem) havia mudado sobre a ponte.

a) Dê, com 95% de confiança, um valor máximo para o comprimento da ponte.

b) Se ele atravessa a ponte sempre a 60 km/h, estime o tempo gasto na travessia com 96% de confiança.

c) Quantas travessias seriam necessárias para se estimar o comprimento da ponte com 98% de confiança e precisão de 30 metros? △

23. Uma amostra de dez peças forneceu os seguintes valores de certa dimensão (em milímetros):

80,1 80,0 80,1 79,8 80,0 80,3 79,7 80,0 80,2 80,4.

Deseja-se estimar a dimensão média com erro máximo de 0,05 mm e 98% de confiança, bem como a proporção de peças com dimensão acima de 80 mm, com precisão de 5% e 90% de confiança. Dimensione a amostra total que se deverá tomar. Essa amostra é necessária? É suficiente?

24. Certa produção de pinos metálicos é submetida a um processo de cementação, no qual uma camada externa de maior resistência se forma. Sessenta pinos não-cementados tiveram seus pesos medidos em gramas (precisão de décimos) e forneceram a distribuição de freqüências (após agrupamento em classes) correspondente à tabela que segue.

x_i	65,2	65,7	66,2	66,7	67,2	67,7	68,2	68,7
f_i	2	6	9	15	16	7	4	1

a) Construa um intervalo de 95% de confiança para a variância dos pinos não-cementados.

b) Estime o erro máximo que seria cometido ao se fazer a estimação do número de pinos com mais de 67,2 g existentes em um lote de 10.000, com 96% de grau de confiança.

c) Supondo que uma amostra de cem pinos cementados tenha fornecido média de 69,20 g e desvio-padrão de 1,80 g, estime, com 90% de confiança, o aumento médio de peso por pino devido à cementação.

Capítulo 5

Testes de hipóteses

5.1 INTRODUÇÃO

Vamos agora abordar o segundo tipo de problema de Estatística Indutiva, o dos testes de hipóteses referentes à população. Neste capítulo trataremos dos testes ditos *paramétricos*, pois se referem a hipóteses sobre parâmetros populacionais.

Ao contrário do que ocorria nos problemas de estimação, vamos agora supor que exista uma hipótese, a qual será considerada válida até prova em contrário, acerca de um dado parâmetro da população. Essa hipótese será testada com base em resultados amostrais, sendo aceita ou rejeitada, conforme veremos a seguir.

A questão de como são formuladas hipóteses faz parte do próprio processo de aquisição de conhecimento científico, Não nos alongaremos a esse respeito neste livro, mas ilustraremos alguns casos possíveis. Há hipóteses provindas de considerações teóricas, como a de que a probabilidade de dar "cara" no lançamento de uma moeda seja igual a 0,5. Outras surgem de considerações empíricas, como a de que o diâmetro de certas peças se distribua normalmente. Pode haver hipóteses associadas a valores aceitos por tradição, como outras oriundas de especificações fornecidas por fabricantes de produtos ou fornecedores de serviços. Podemos também, como se verá adiante, formular hipóteses em função de situações que desejamos comprovar estatisticamente.

Por partir da consideração de uma hipótese considerada vigente, o problema dos testes de hipóteses é, sob diversos aspectos, oposto ao problema de estimação, em que se parte do desconhecimento de um certo aspecto da realidade. Entretanto há também vários pontos que são comuns aos dois tipos de problemas.

Vimos que a estimação é feita com base em uma variável convenientemente escolhida, função dos elementos da amostra, a qual denominamos estimador. Vimos também critérios para a escolha de bons estimadores. Ora, também nos problemas de teste de hipóteses, vamos basear nossas conclusões em variáveis calculadas a partir da amostra ou amostras disponíveis. E os mesmos critérios que indicam a conveniência de um estimador em problemas de estimação vão agora nos orientar na escolha da *variável aleatória de teste* adequada, não sendo necessário repeti-los.

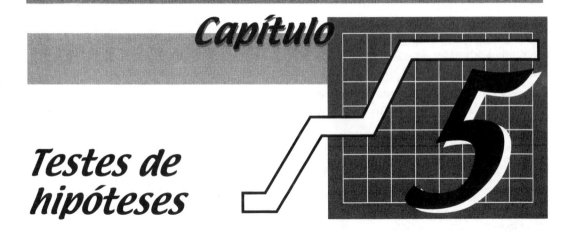

Assim, por exemplo, vimos que a média da amostra $\bar{x}$ é o melhor estimador da média populacional μ. Então, pelas mesmas razões, se desejarmos testar uma hipótese referente ao verdadeiro valor da média μ da população, a variável aleatória de teste mais adequada será $\bar{x}$.

Por outro lado, as mesmas pressuposições acerca da forma da distribuição da população e do processo de amostragem, usadas ao analisar o problema de estimação, serão também consideradas aqui.

5.2 CONCEITOS FUNDAMENTAIS

Vamos designar por H_0 a hipótese existente, a ser testada, e por H_1 a hipótese alternativa. Nos casos que examinaremos, vamos considerar H_1 como hipótese complementar a H_0. O teste irá levar à aceitação ou rejeição da hipótese H_0, o que corresponde, portanto, respectivamente, à negação ou afirmação de H_1. Entretanto, para manter uniformidade, enunciaremos o resultado final sempre em termos da hipótese H_0, ou seja, de aceitar ou rejeitar H_0.

Tomemos um exemplo. Suponhamos que uma indústria compre de certo fabricante parafusos cuja carga média de ruptura por tração é especificada em 50 kg. O desvio-padrão das cargas de ruptura é suposto igual a 4 kg e independente do valor médio. O comprador deseja verificar se um grande lote de parafusos recebidos deve ser considerado satisfatório. Entretanto existe alguma razão para se temer que esse lote possa ser formado por parafusos cuja carga média de ruptura seja algo inferior a 50 kg, o que seria indesejável. Por outro lado, o fato de a carga média de ruptura ser eventualmente superior a 50 kg não preocupa o comprador, pois, nesse caso, os parafusos seriam de qualidade superior à especificada.

O comprador pode, por exemplo, adotar o seguinte critério para decidir se concorda em aceitar o lote ou se prefere devolvê-lo ao fabricante: tomar uma amostra aleatória de 25 parafusos do lote e submetê-los a ensaio de ruptura; se a carga média de ruptura observada nessa amostra for maior ou igual a 48 kg, ele comprará o lote; caso contrário, ele se recusará a comprar.

Esse comprador está testando a hipótese de que a carga média de ruptura dos parafusos do lote seja 50 kg, contra a alternativa de que ela seja inferior a 50 kg. Ele está excluindo, para simplificar, a hipótese de que a carga média de ruptura seja superior a 50 kg, por contrariar sua suspeita e porque, ademais, esse fato não é o que o preocupa, e sua ocorrência, se comprovada, levaria também à decisão de comprar o lote.[1]

Em resumo, as hipóteses objeto de teste são

$$H_0: \quad \mu = 50 \text{ kg},$$
$$H_1: \quad \mu < 50 \text{ kg}.$$

Suponhamos que a hipótese H_0 seja verdadeira, isto é, a população dos valores da carga de ruptura tem realmente $\mu = 50$ kg. Logo, conforme sabemos, a média $\bar{x}$ da amostra

[1] A citada simplificação é adotada no texto por representar uma facilitação (de forma e de raciocínio) que pode ser feita sem perda de generalidade. Diversos autores, entretanto, preferem não utilizá-la. Para eles, a formulação do teste descrito a seguir seria:

$$H_0: \mu \geq 50 \text{ kg},$$
$$H_0: \mu < 50 \text{ kg}.$$

Figura 5.1 *Distribuição amostral de $\bar{x}$, se μ = 50 kg.*

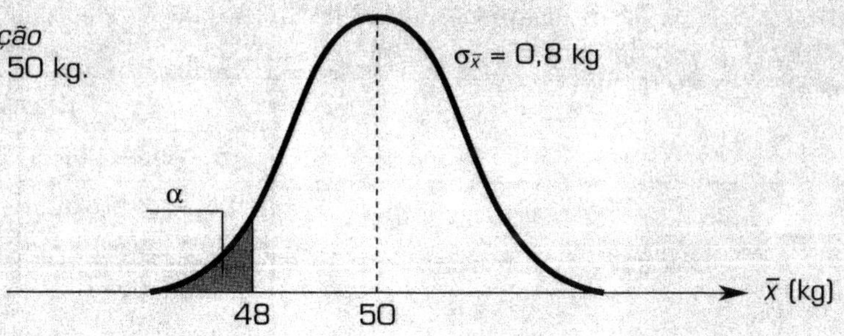

aleatória de 25 valores será uma variável aleatória com média também de 50 kg e cujo desvio-padrão será

$$\sigma_{\bar{x}} = \frac{\sigma}{\sqrt{n}} = \frac{4}{\sqrt{25}} = 0{,}8 \text{ kg}.$$

Sabemos também que podemos considerar a distribuição por amostragem de $\bar{x}$ como praticamente normal. Temos então a situação indicada na Fig. 5.1, onde α indica a probabilidade de se obter para $\bar{x}$ um valor inferior a 48 kg. A probabilidade α pode ser facilmente determinada através de

$$z = \frac{48 - 50}{0{,}8} = -2{,}50,$$

valor para o qual a tabela de áreas sob a curva normal reduzida (Tab. A6.1) fornece a área 0,4938; logo, α = 0,5 − 0,4938 = 0,0062. Vemos, pois, que existe uma probabilidade α = 0,0062 de que, mesmo sendo a hipótese H_0 verdadeira, $\bar{x}$ assuma valor na faixa que leva à rejeição de H_0, de acordo com o critério adotado. Nesse caso, o comprador iria rejeitar a hipótese H_0 sendo ela verdadeira, o que consiste no *erro tipo I*. Sua conseqüência, no caso, seria deixar de adquirir um lote perfeitamente satisfatório.

Por outro lado, poderiam ocorrer situações em que a hipótese H_0 fosse falsa, ou seja, na realidade $\mu < 50$ kg, e a média da amostra assumisse um valor maior que 48 kg, levando a aceitação de H_0. O comprador iria, nesse caso, cometer o *erro tipo II*, que consiste em aceitar a hipótese H_0 sendo ela falsa. Sua conseqüência, no caso, seria adquirir um lote insatisfatório, com prejuízo para a produção. Em resumo, em um teste de hipótese, podem ocorrer dois tipos de erro:

erro tipo I - rejeitar H_0, sendo H_0 verdadeira;
erro tipo II - aceitar H_0, sendo H_0 falsa.

As probabilidades desses dois tipos de erro serão designadas, respectivamente, por α e β. A probabilidade α do erro tipo I é denominada *nível de significância* do teste, por motivos que discutiremos adiante.

Os resultados da aplicação de um teste de hipóteses e as respectivas probabilidades de ocorrência estão condensados na Tab. 5.1.

Deve-se notar que α e β são probabilidades condicionadas à realidade. Fica também claro, da Tab. 5.1, que o erro tipo I só poderá ser cometido se H_0 for verdadeira, e o erro tipo II, se H_0 for falsa. Da mesma forma, o erro tipo I só poderá ser cometido se se rejeitar H_0, e o erro tipo II, se se aceitar H_0.

Tabela 5.1 Possíveis resultados de um teste de hipóteses e suas probabilidades condicionadas à realidade

		Realidade	
		H_0 verdadeira	H_0 falsa
Decisão	Aceitar H_0	Decisão correta $(1 - \alpha)$	Erro tipo II (β)
	Rejeitar H_0	Erro tipo I (α)	Decisão correta $(1 - \beta)$

A faixa de valores da variável de teste que leva à rejeição de H_0 é denominada *região crítica* (R.C.) do teste. A faixa restante constitui a *região de aceitação.*

Note-se que, em nosso exemplo, a idéia aparentemente natural de se rejeitar H_0 caso $\bar{x} < 50$ kg não seria, em verdade, recomendável, pois, nesse caso, a probabilidade α do erro tipo I seria 50%.

Vimos como, no exemplo, fixada a região crítica do teste, determinamos a probabilidade α do erro tipo I através de uma simples manipulação da distribuição normal. Inversamente, dado α, podemos determinar o limite da região crítica. Isso e o que em geral se faz na prática, direta ou indiretamente, sendo os valores usualmente adotados $\alpha = 5\%$ e $\alpha = 1\%$.

Assim, no mesmo exemplo, se for fixado $\alpha = 5\%$, teremos a situação dada na Fig. 5.2. Resulta que $\bar{x}_1$ será determinado de

$$-z_{5\%} = -1,645 = \frac{\bar{x}_1 - 50}{0,8},$$

$$\therefore \bar{x}_1 = 50 - 1,645 \cdot 0,8 = 48,684 \text{ kg}.$$

Da mesma forma, se for fixado $\alpha = 1\%$, o limite $\bar{x}_1$ da região crítica será determinado de

$$-z_{1\%} = -2,326 = \frac{\bar{x}_1 - 50}{0,8},$$

$$\therefore \bar{x}_1 = 50 - 2,326 \cdot 0,8 = 48,139 \text{ kg}.$$

Portanto, se o valor observado da média da amostra $\bar{x}$ for inferior a 48,139 kg, rejeitaremos a hipótese H_0 ao nível $\alpha = 1\%$ de significância. (Isso implica automaticamente que H_0 será também rejeitada se o nível de significância adotado for $\alpha = 5\%$.) Se $\bar{x}$ for

Figura 5.2 *Distribuição amostral de $\bar{x}$ se $\mu = 50$ kg.*

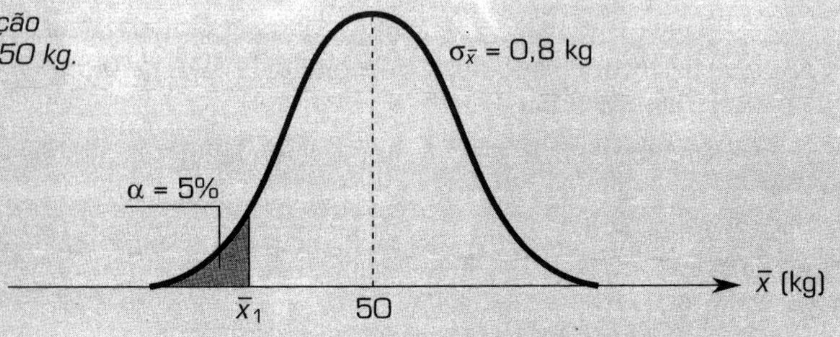

superior a 48,684 kg, aceitaremos a hipótese H_0 ao nível $\alpha = 5\%$ de significância. (Isso implica automaticamente que H_0 será também aceita se o nível de significância adotado for $\alpha = 1\%$.) Se, por outro lado, tivermos $48{,}139 \text{ kg} < \bar{x} < 48{,}684 \text{ kg}$, a hipótese H_0 será rejeitada ao nível $\alpha = 5\%$, porém não o será ao nível $\alpha = 1\%$. Isso significa que, se admitimos realizar o teste sujeitos a um risco de 5% de probabilidade de cometer o erro tipo I, a evidência amostral terá sido *significativa* no sentido de permitir a rejeição da hipótese H_0. Se, porém, houvéssemos exigido um risco de apenas 1% de probabilidade de cometer o erro tipo I, essa evidência, embora talvez sugestiva, ainda não teria sido significativa a esse nível de significância.

Vemos, através do exemplo anterior, como a decisão de se aceitar ou rejeitar a hipótese testada H_0 pode depender do nível de significância adotado. Um resultado experimentalmente obtido pode ser ou não significante, dependendo do α fixado, daí o chamarmos de nível de significância. Um resultado significativo a um determinado nível α nos levará à rejeição da hipótese H_0, pois admitiremos que, a menos de um risco pré-fixado α, ele é incompatível com a hipótese H_0.[2]

Por outro lado, se o valor experimental da variável de teste cair na região de aceitação, não terá havido, no nível α considerado, evidência significativa suficiente para a rejeição da hipótese H_0, a qual deverá, portanto, ser aceita. Note-se que, nesse caso, estaríamos sujeitos a cometer o erro tipo II, cuja probabilidade é um certo β de que ainda não tratamos. Se providências não tiverem sido tomadas, conforme veremos em 5.3.3, no sentido de controlar a probabilidade β do erro tipo II, então a aceitação da hipótese H_0 não será acompanhada de uma avaliação probabilística da possibilidade de erro, conforme sempre ocorre no caso de chegar-se à rejeição de H_0 (pois o nível de significância α será sempre pré-fixado). A aceitação de H_0, portanto, corresponde, em geral, à insuficiência de evidência experimental, ao nível de significância desejado, para se chegar à sua rejeição. Essa aceitação, como o próprio termo sugere, não deve ser entendida como uma afirmação de H_0.

Esse caso ocorre freqüentemente na prática. Tendo em vista isso, a própria terminologia adotada vem de encontro ao exposto, pois *rejeitar* é um verbo forte, ao passo que *aceitar* é um verbo fraco. Se rejeitamos H_0, é porque estamos estatisticamente convencidos, ao nível de significância α, de que estamos certos, ao passo que, se aceitamos H_0, em geral essa aceitação não representa uma afirmação estatisticamente forte.

Uma análise qualitativa, entretanto, pode ser feita. No nosso exemplo, considerada a Fig. 5.2, onde $\bar{x} = 48{,}139$ kg, aceitaríamos H_0 quer $\bar{x}$ fosse igual a 48,2, a 48,9 ou a 53,4. No primeiro caso, a aceitação se daria em uma situação em que ficaríamos desconfiando de estarmos cometendo o erro tipo II; no segundo, essa aceitação praticamente corresponderia a uma comprovação de H_0 pela igualdade e, no terceiro, a uma situação em que aceitaríamos H_0 tendo uma forte sugestão de que, de fato, temos $\mu > 50$ *kg*.

Deve-se notar, também, que a gravidade relativa de cada tipo de erro depende do problema real existente em cada caso. Assim, em nosso exemplo, se o estoque de parafusos fosse baixo, poderia ser mais grave perder a oportunidade de ficar com um lote bom do que aceitar um lote não muito longe de estar dentro da especificação. Inversamente, deve ser mais grave aceitar-se um lote bastante fora da especificação do que injustiçar o fornecedor rejeitando de um lote correto.

---

[2] A idéia implícita nessa frase pode, em termos possivelmente mais simples, ser colocada da seguinte forma: sendo verdadeira a hipótese H_0, a probabilidade de se obter um valor experimental significativamente incompatível com H_0 (ou seja, um valor experimental que caia na região crítica) é pequena, fixada em α. Logo, se obtivermos um valor experimental que caiu na região crítica, será pouco provável que a hipótese H_0 seja verdadeira; rejeitamos então H_0 com bastante convicção, a qual será tanto maior quanto menor o nível α adotado. Deve-se notar que, a rigor, α não é a probabilidade de erro ao se rejeitar H_0.

O exemplo introdutório corresponde a uma situação freqüentemente encontrada na prática, em problemas de aceitação ou rejeição de lotes submetidos a *inspeção por amostragem*. O assunto é abordado com mais pormenores nos textos que tratam do Controle Estatístico de Qualidade. O exemplo ilustra a razão pela qual, em tais situações, as probabilidades α e β dos erros tipo I e II são denominadas, respectivamente, *risco do produtor* e *risco do consumidor*. (Com efeito, α é o risco do produtor de ver rejeitado um bom lote fornecido, e β é o risco do consumidor de aceitar um lote fora da especificação.)

5.3 TESTES DE UMA MÉDIA POPULACIONAL

Vamos agora generalizar as idéias expostas no item anterior, aplicando-as aos casos que podem ocorrer ao se testarem hipóteses sobre a média de uma população.

É conveniente lembrar que todos os testes de médias que serão vistos neste capítulo pressupõem a normalidade da distribuição amostral da variável de teste $\bar{x}$. Como sabemos de 3.4.1, essa suposição será rigorosamente válida se a distribuição da população for normal e a amostragem aleatória, e será válida, em geral, com boa aproximação, se a amostra for suficientemente grande.

5.3.1 Testes de uma média com σ conhecido

No exemplo introdutório, foi apresentado um teste de média em que se admitiu conhecido o desvio-padrão σ da população. Testes semelhantes podem ser generalizados sob a forma:

$$H_0: \quad \mu = \mu_0, \text{ [3]}$$
$$H_1: \quad \mu < \mu_0.$$

A região crítica irá corresponder aos valores $\bar{x} < \bar{x}_1$, sendo $\bar{x}_1$, para α fixado, determinado por

$$\bar{x}_1 = \mu_0 - z_\alpha \frac{\sigma}{\sqrt{n}}. \tag{5.1}$$

Isso significa que a hipótese H_0 deverá ser rejeitada se

$$\bar{x} < \mu_0 - z_\alpha \frac{\sigma}{\sqrt{n}} \tag{5.2}$$

ou, o que é análogo, se

$$\frac{\bar{x} - \mu_0}{\sigma / \sqrt{n}} < -z_\alpha. \tag{5.3}$$

[3] Conforme frisado anteriormente, ao adotar essa formalização, estamos excluindo deliberadamente e por simplificação a possibilidade $\mu > \mu_0$, com base no conhecimento de que tal fato levaria à mesma decisão que a aceitação pura e simples da hipótese H_0. Diversos autores preferem formalizar o mesmo teste como

$$H_0: \quad \mu \geq \mu_0,$$
$$H_1: \quad \mu < \mu_0.$$

Ver, a propósito, a nota [5] deste capítulo.

Chamando

$$z = \frac{\bar{x} - \mu_0}{\sigma / \sqrt{n}},\ ^{[4]} \tag{5.4}$$

chegamos à conclusão que devemos rejeitar H_0 se

$$z < -z_\alpha.$$

Vemos que a quantidade definida em (5.4) resulta da padronização do valor $\bar{x}$ experimentalmente obtido. E a decisão pode ser tomada simplesmente mediante a comparação desse valor padronizado com o valor $-z_a$, o qual depende unicamente do nível de significância adotado e é obtido diretamente nas tabelas da distribuição normal. A vantagem de se formalizar dessa maneira o teste de hipóteses visto será evidenciada na seqüência do texto. Veremos que os demais testes, por mais complexos que aparentem ser, resumir-se-ão a uma comparação de um valor obtido em função dos dados experimentais (uma estatística, portanto) e um valor crítico tabelado em função de α.

Nos exemplos de testes de média até agora vistos, consideramos apenas casos em que a hipótese alternativa H_1 era do tipo $\mu < \mu_0$. É claro que poderemos, simetricamente, considerar as hipóteses

$$H_0:\quad \mu = \mu_0,$$
$$H_1:\quad \mu > \mu_0.$$

A perfeita simetria de situações nos indica que a região crítica será, nesse caso, correspondente aos valores $\bar{x} > \bar{x}_2$, sendo $\bar{x}_2$, para α fixado, determinado por

$$\bar{x}_2 = \mu_0 + z_\alpha \frac{\sigma}{\sqrt{n}} \tag{5.5}$$

e, por um raciocínio semelhante ao anteriormente feito, chegamos à conclusão de que devemos rejeitar H_0 se

$$z > z_\alpha,$$

onde z é calculado, analogamente ao caso anterior, pela expressão (5.4).

Os dois testes considerados até agora são ditos testes *monocaudais* ou *unilaterais*, pois a hipótese H_1 admitia um único sentido para as possibilidades do parâmetro testado como alternativa a H_0. Já foi comentado que tais tipos de teste são úteis quando apenas nos interessa identificar um desvio do valor real do parâmetro essencialmente para menos ou essencialmente para mais, em relação ao valor testado.

Há muitos casos, porém, em que há interesse em identificar um desvio do valor real do parâmetro para menos ou para mais, em relação ao valor testado. O teste a ser feito deve ser, então, *bicaudal* ou *bilateral*. No caso do teste de uma média populacional, as hipóteses a testar serão, então,

$$H_0:\quad \mu = \mu_0,$$
$$H_1:\quad \mu \neq \mu_0.$$

---

[4] Note-se que o denominador $\sigma/\sqrt{n}$ é o desvio-padrão da variável de teste $\bar{x}$. Ou seja, poderíamos ter escrito $z = (\bar{x} - \mu_0)/\sigma(\bar{x})$. Comentário análogo pode em geral ser feito em todos os testes que recaem no uso da variável normal reduzida.

Figura 5.3 Região crítica do teste bilateral.

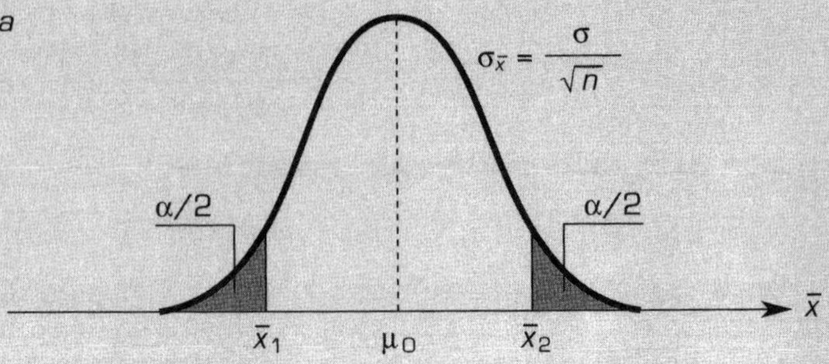

Obviamente, nesse caso, rejeitaremos H_0 se a variável de teste $\bar{x}$ assumir um valor significativamente distinto de μ_0, para menos ou para mais.

Sendo α a probabilidade do erro tipo I, essa probabilidade α deverá corresponder à região crítica, a qual será formada por duas caudas da distribuição amostral de $\bar{x}$, supondo-se H_0 verdadeira. Temos, então, a situação da Fig. 5.3, sendo $\bar{x}_1$ e $\bar{x}_2$ os limites das duas partes que formam a região crítica. É fácil verificar que, nesse caso, os dois limites da região crítica serão dados por

$$\bar{x}_1 = \mu_0 - z_{\alpha/2}\frac{\sigma}{\sqrt{n}}, \tag{5.6}$$

$$\bar{x}_2 = \mu_0 + z_{\alpha/2}\frac{\sigma}{\sqrt{n}}. \tag{5.7}$$

A hipótese H_0 será rejeitada se ocorrer $\bar{x} < \bar{x}_1$ ou $\bar{x} > \bar{x}_2$. Ou seja, se

$$\bar{x} < \mu_0 - z_{\alpha/2}\frac{\sigma}{\sqrt{n}}$$

ou

$$\bar{x} > \mu_0 + z_{\alpha/2}\frac{\sigma}{\sqrt{n}}.$$

Levando em consideração o valor z, conforme definido pela expressão (5.4), vemos que essas duas desigualdades equivalem a

$$z < -z_{\alpha/2} \quad \text{ou} \quad z > z_{\alpha/2}.$$

Logo, se uma das desigualdades se verificar, rejeitaremos H_0 ou, o que é o mesmo, rejeitaremos H_0 se

$$|z| > z_{\alpha/2}.$$

Os três casos vistos acham-se resumidos na Tab. 5.2, sendo z dado, em todos eles, pela expressão (5.4).

Tabela 5.2 Testes de uma média com σ conhecido

Hipóteses	Rejeita-se H_0 se
H_0: $\mu = \mu_0$ H_1: $\mu < \mu_0$	$z < -z_\alpha$
H_0: $\mu = \mu_0$ H_1: $\mu > \mu_0$	$z > z_\alpha$
H_0: $\mu = \mu_0$ H_1: $\mu \neq \mu_0$	$\lvert z \rvert > z_{\alpha/2}$

Exemplo

O desvio-padrão de uma população é conhecido e igual a 22 unidades. Se uma amostra de cem elementos, retirada dessa população, forneceu $\bar{x} = 115{,}8$, podemos afirmar que a média dessa população é inferior a 120 unidades, ao nível de 5% de significância? Qual a significância do resultado obtido, face às hipóteses testadas?

Solução

Vamos testar as hipóteses

$$H_0: \quad \mu = 120,$$
$$H_1: \quad \mu < 120,$$

pois, se rejeitarmos H_0, poderemos afirmar que a média da população será inferior a 120, no nível desejado.

Conforme a expressão (5.4), temos:

$$z = \frac{115{,}8 - 120}{22/\sqrt{100}} = \frac{-4{,}2}{2{,}2} = -1{,}91.$$

Ora, $z_{5\%} = 1{,}645$, logo, como $z < -z_{5\%}$, rejeitamos H_0 ao nível $\alpha = 5\%$. Portanto podemos afirmar, nesse nível de significância, que a média da população é inferior a 120 unidades.

A significância do resultado obtido deverá, obviamente, ser inferior a 5%, e corresponderá à probabilidade da cauda à esquerda definida na distribuição normal reduzida pelo valor $z = -1{,}91$. Consultando a Tab. A6.1, vemos que a significância é de 2,81%. Para níveis α menores que esse valor, o resultado experimental obtido não seria significativo.

5.3.2 Testes de uma média com σ desconhecido

É muito freqüente, na prática, o caso em que desejamos testar hipóteses referentes à média de uma população cujo desvio-padrão nos é desconhecido. Se dispomos apenas de uma amostra de n elementos extraídos dessa população, com base na qual iremos realizar o teste, devemos então usar essa mesma amostra para estimar o desvio-padrão σ da população.

Por outro lado, vimos em 3.4.5 que, ao substituir σ por s_x na expressão (5.4), a variável resultante terá distribuição t de Student com $n - 1$ graus de liberdade. A expressão a ser usada será, portanto,

$$t_{n-1} = \frac{\bar{x} - \mu_0}{s_x / \sqrt{n}}. \tag{5.8}$$

Vemos que a única diferença resultante do fato de desconhecermos σ está em que iremos trabalhar com valores de t de Student ao invés de z. Como sabemos manipular as distribuições t de Student, o problema está resolvido. A Tab. 5.3 resume o procedimento a ser seguido, que é semelhante ao anteriormente visto.

Tabela 5.3 Testes de uma média com σ desconhecido

Hipóteses	Rejeita-se H_0 se
H_0: $\mu = \mu_0$ H_1: $\mu < \mu_0$	$t_{n-1} < -t_{n-1,\alpha}$
H_0: $\mu = \mu_0$ H_1: $\mu > \mu_0$	$t_{n-1} > t_{n-1,\alpha}$
H_0: $\mu = \mu_0$ H_1: $\mu \neq \mu_0$	$\lvert t_{n-1} \rvert > t_{n-1,\alpha/2}$

Exemplo

Em indivíduos sadios, o consumo renal de oxigênio distribui-se normalmente em torno de 12 cm^3/min. Deseja-se investigar, com base em cinco indivíduos portadores de certa moléstia, se esta tem influência no consumo renal médio de oxigênio. Os consumos medidos para os cinco pacientes foram:

14,4 12,9 15,0 13,7 13,5

Qual é a conclusão, ao nível de 1% de significância?

Solução

Admitindo que também entre os portadores da moléstia o consumo renal de oxigênio se distribua normalmente, vamos testar, para os pacientes, as hipóteses

$$H_0: \quad \mu = 12 \text{ cm}^3/\text{min}$$

$$H_1: \quad \mu \neq 12 \text{ cm}^3/\text{min}$$

Note-se que o teste deve ser bilateral, face ao que se deseja investigar. É oportuno lembrar que *os resultados experimentais não devem, em caso algum, influenciar a decisão quanto às hipóteses a testar.*

O leitor poderá verificar que a amostra de $n = 5$ valores fornece $\bar{x} = 13{,}90$ e $s_x^2 = 0{,}665$. Logo, conforme (5.8):

$$t_{n-1} = t_4 = \frac{13{,}90 - 12}{\sqrt{0{,}665/5}} \cong 5{,}21.$$

Como o valor crítico é $t_{4;\,0,5\%} = 4,604$, rejeitamos H_0. A evidência amostral indica, ao nível de 1% de significância, que a referida moléstia tem influência no consumo renal médio de oxigênio.

5.3.3 Poder do teste; curvas características de operação; tamanho da amostra*

No estudo feito até aqui, operamos exclusivamente com a probabilidade α do erro tipo I, ou nível de significância do teste. Veremos agora como, fixado α, é possível controlar também a probabilidade β do erro tipo II.

Admitamos, como exemplo, que estão sendo testadas as hipóteses

$$H_0: \quad \mu = 20,$$
$$H_1: \quad \mu > 20,$$

sendo $\sigma = 5$ e $n = 25$. Logo, $\sigma_{\bar{x}} = \sigma/\sqrt{n} = 5/\sqrt{25} = 1$. Supondo-se fixado $\alpha = 5\%$, teremos $z_\alpha = 1,645$ e, de acordo com a expressão (5.5), vemos que o limite da região crítica será

$$\bar{x}_2 = 20 + 1,645 \cdot 1 = 21,645.$$

A hipótese H_0 será, pois, rejeitada se a amostra fornecer $\bar{x} > 21,645$ (o que resultaria em $z > 1,645$, é claro).

Como nos interessa agora analisar a probabilidade β do erro tipo II, vamos supor que, em realidade, a hipótese testada H_0 seja falsa, ou seja, em realidade, $\mu > 20$. Ora, essa suposição corresponderá a uma infinidade de valores possíveis de μ; para cada um desses possíveis valores que podemos imaginar, irá resultar uma diferente probabilidade de se cometer o erro tipo II.

A Fig. 5.4 ilustra graficamente as distribuições amostrais de $\bar{x}$ e as probabilidades β do erro tipo II para os valores $\mu = 21$, $\mu = 22$ e $\mu = 23$, que correspondem a três dos possíveis casos de falsidade da hipótese H_0. Note-se que, sendo falsa H_0, os valores de β correspondem à probabilidade de se obter $\bar{x}$ fora da região crítica. Os valores β representados na figura foram calculados de acordo com as respectivas distribuições normais.

Vemos que a probabilidade do erro tipo II depende do valor real suposto para o parâmetro μ, sendo grande para pequenos afastamentos em relação ao valor testado e diminuindo à medida que o valor real do parâmetro se afasta dele.

Plotando os valores de β em função de μ para o exemplo analisado, temos a curva mostrada na Fig. 5.5, denominada *curva característica de operação* (CCO) do teste.

A Fig. 5.5 mostra a particular CCO válida apenas para o exemplo analisado. Genericamente, a curva característica de operação para testes desse tipo costuma ser dada, para α fixado, em função da distância $\mu - \mu_0$ padronizada, isto é, medida em termos do desvio-padrão da população. Ou seja, designando por d essa distância padronizada, temos

$$d = \frac{\mu - \mu_0}{\sigma}. \tag{5.9}$$

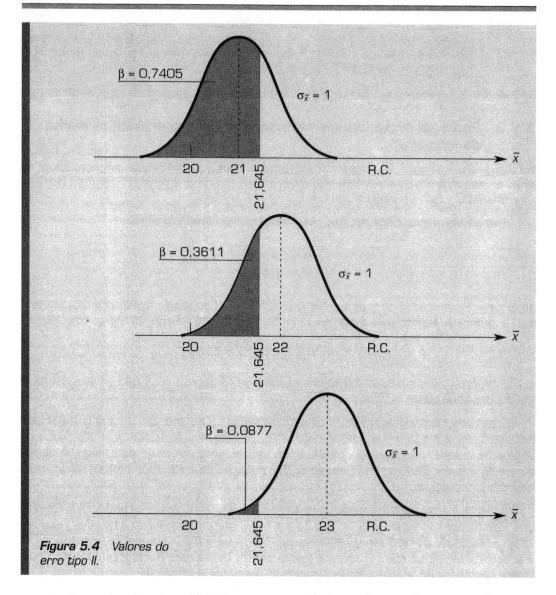

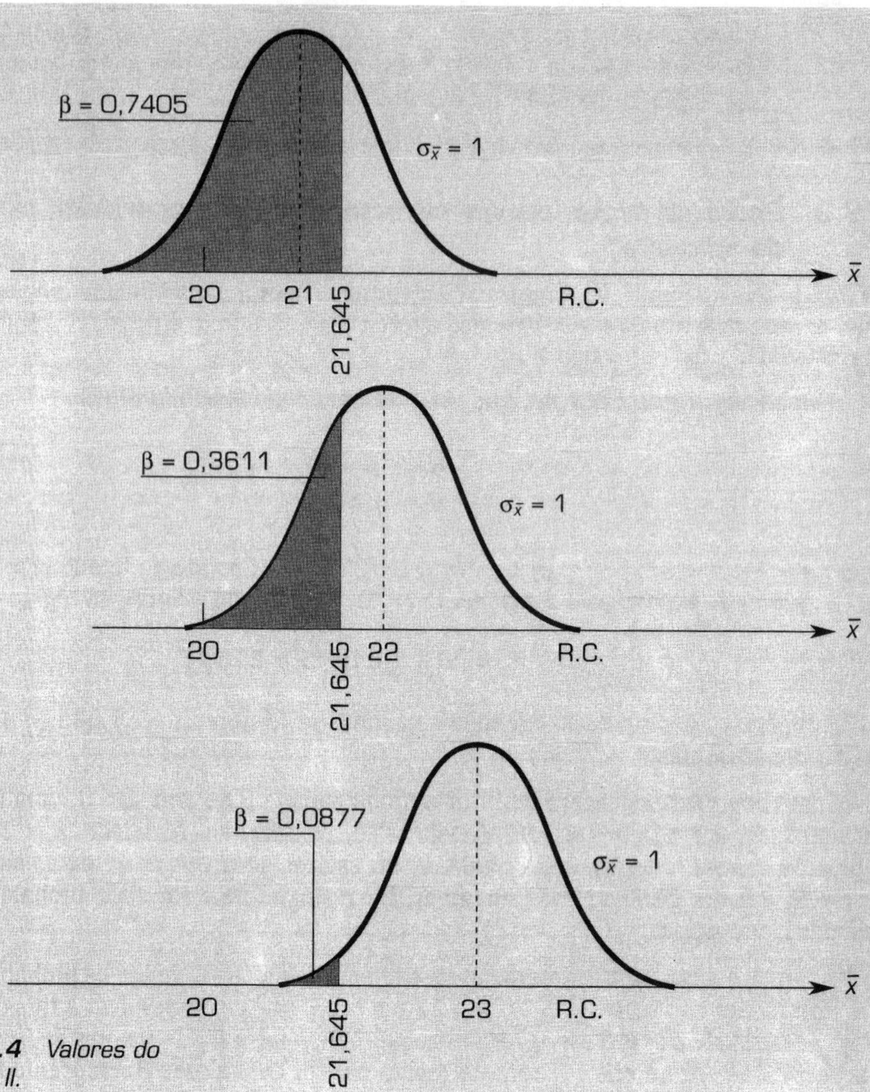

Figura 5.4 *Valores do erro tipo II.*

Em suma, o que se pretende é quantificar o afastamento entre o valor real do parâmetro e o valor testado. Assim, quando temos H_1: $\mu > \mu_0$, a expressão (5.9) exprime precisamente como obter d. Dentro dessa idéia, teríamos, para os demais casos,

$$H_1: \quad \mu < \mu_0 \rightarrow d = \frac{\mu_0 - \mu}{\sigma}, \tag{5.10}$$

$$H_1: \quad \mu \neq \mu_0 \rightarrow d = \left|\frac{\mu - \mu_0}{\sigma}\right|. \tag{5.11}$$

Dessa forma, $d > 0$ exprime a falsidade de H_0, e $d \leq 0$ a sua veracidade.

A fim de tornar gerais as CCO, vamos também substituir β pela probabilidade de aceitar H_0, a qual designaremos por $L(d)$. Essa probabilidade, ao contrário de β, faz sentido para

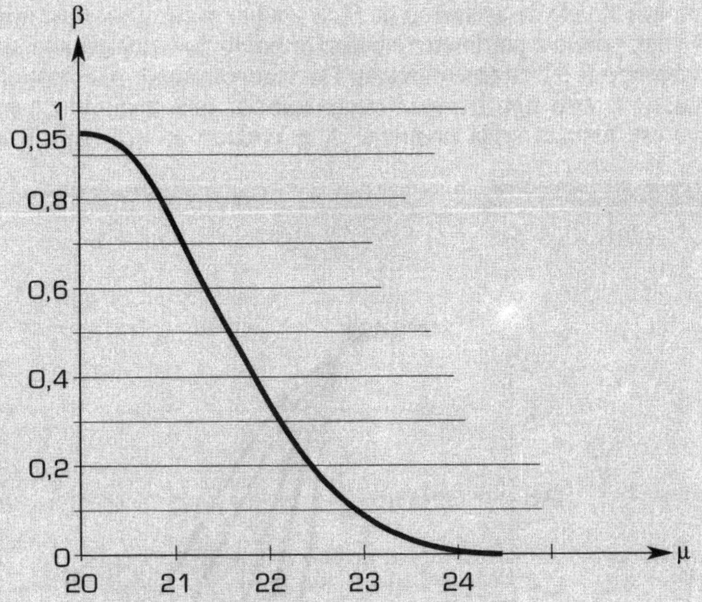

Figura 5.5 Curva característica de operação.

valores positivos ou negativos de d. Tal generalização tem a vantagem de tornar a curva utilizável, independentemente dos particulares valores de μ_0 ou σ.

Entretanto devemos considerar ainda que a variação de β ou $L(d)$ em função de d depende também, fundamentalmente, do tamanho da amostra n. É fácil verificar que, aumentando n, as curvas da Fig. 5.4 ficariam mais concentradas em torno das respectivas médias, obtendo-se menores valores de β.

Temos, portanto, a rigor, para α fixado, uma família de curvas características de operação, cujos aspectos variam com o tamanho da amostra n. Para os testes unilaterais de uma média com σ conhecido, algumas curvas características de operação para $\alpha = 5\%$ e $\alpha = 1\%$ são dadas na Fig. 5.6.[5]

Para os correspondentes testes bilaterais, podem-se obter também curvas semelhantes, apenas ligeiramente diferentes, como conseqüência de ser a região crítica formada por duas partes. Tais curvas, para $\alpha = 5\%$ e $\alpha = 1\%$, são dadas na Fig. 5.7.

Analogamente, temos também curvas características de operação para os testes de média com σ desconhecido. As Figs. 5.8 e 5.9 fornecem essas curvas, para $\alpha = 5\%$ e $\alpha = 1\%$, nos casos unilateral e bilateral.

---

[5] Note-se que os gráficos incluem valores de $L(d)$ na faixa para a qual $d < 0$, o que corresponde a casos em que o valor real do parâmetro seria distinto do valor testado, porém coerente com a hipótese H_0. Ao formalizar os testes monocaudais na forma = *versus* < ou >, excluímos implicitamente tais casos, mas, conforme anteriormente frisado, tal exclusão se deve em grande parte à simplicidade de apresentação do problema. Não há dúvida de que a consideração da faixa de valores $d < 0$ se coaduna melhor com a formalização que apresenta as hipóteses H_0 e H_1 nas formas ≤ *versus* > ou ≥ *versus* <, conforme mencionado na nota [1] deste Capítulo. De qualquer forma, porém, seja H_0 caracterizada exclusivamente por $d = 0$ ou $d \leq 0$, fica garantido que a probabilidade de erro tipo I é, no máximo, α, conforme se pode perceber da própria análise das curvas. Já nos testes bicaudais, estas considerações deixam de ter sentido, mesmo porque uma única formulação existirá, e a probabilidade do erro tipo I será igual a α.

Uma análise das curvas vistas mostra que, nas proximidades do valor testado ($d = 0$), a probabilidade de aceitação de H_0 é sempre muito alta, bastante próxima de $1 - \alpha$. Logo, se H_1 vale, porém o parâmetro é muito próximo do valor testado, a probabilidade de se cometer o erro tipo II é bastante elevada. Em compensação, não haveria em geral gravidade em se cometer o erro tipo II nessa circunstância, pois a diferença prática entre a realidade e a hipótese testada seria pequena. A gravidade do erro tipo II se acentua à medida que o

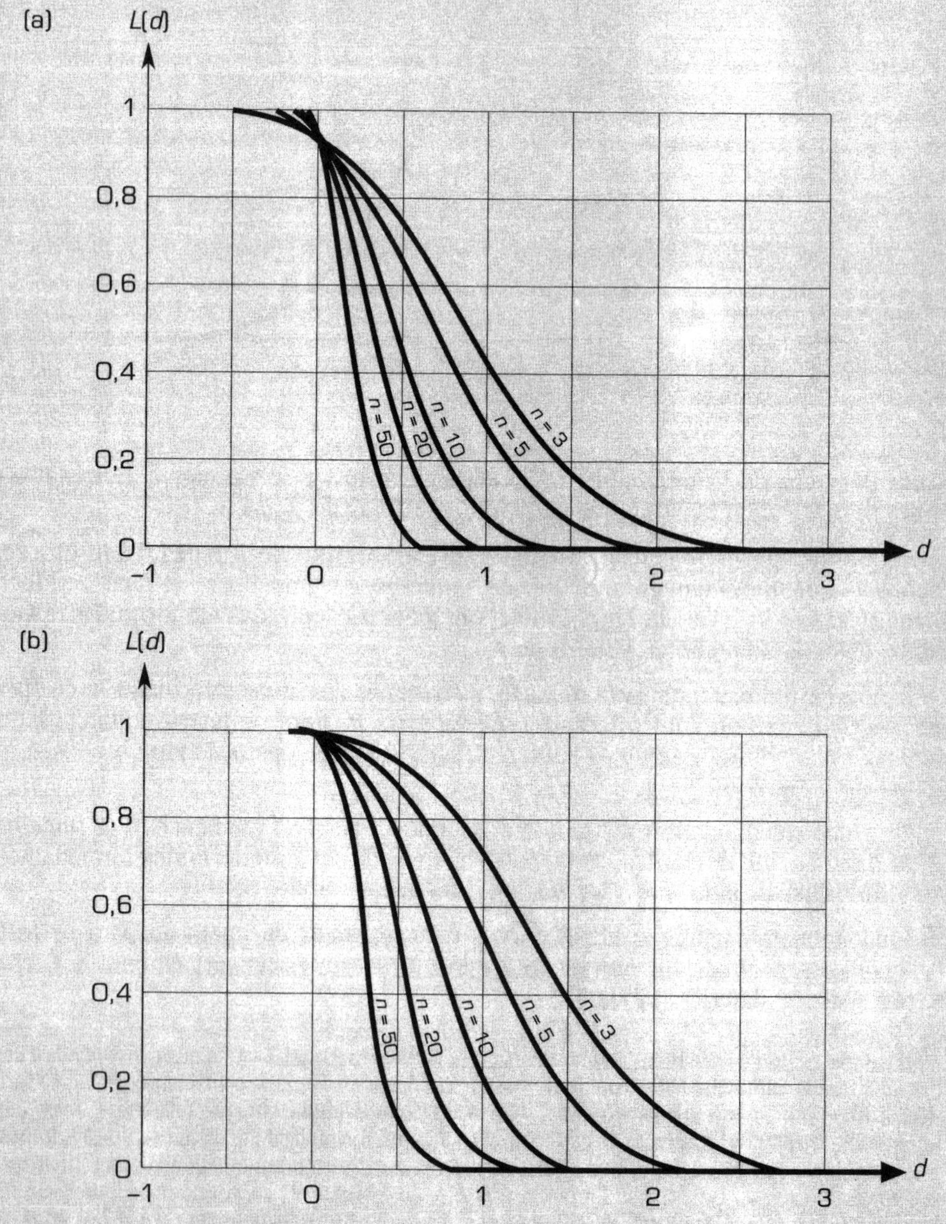

Figura 5.6 *Curvas características de operação para o teste de média unilateral com σ conhecido; (a) α = 5%, (b) α = 1%.*

verdadeiro valor do parâmetro se afasta do valor testado pressuposto em H_0. Nessas condições, aceitar H_0 pode ser altamente indesejável, mas, para tais casos, a probabilidade do erro tipo II tende a diminuir.

Devemos, pois, estabelecer tecnicamente até que ponto uma divergência entre a realidade e H_0 pode ser tolerada. Seja μ' esse ponto e d' a distância padronizada correspondente. Fixamos, então, uma probabilidade β máxima de se cometer o erro tipo II se $d \geq d'$, caso em

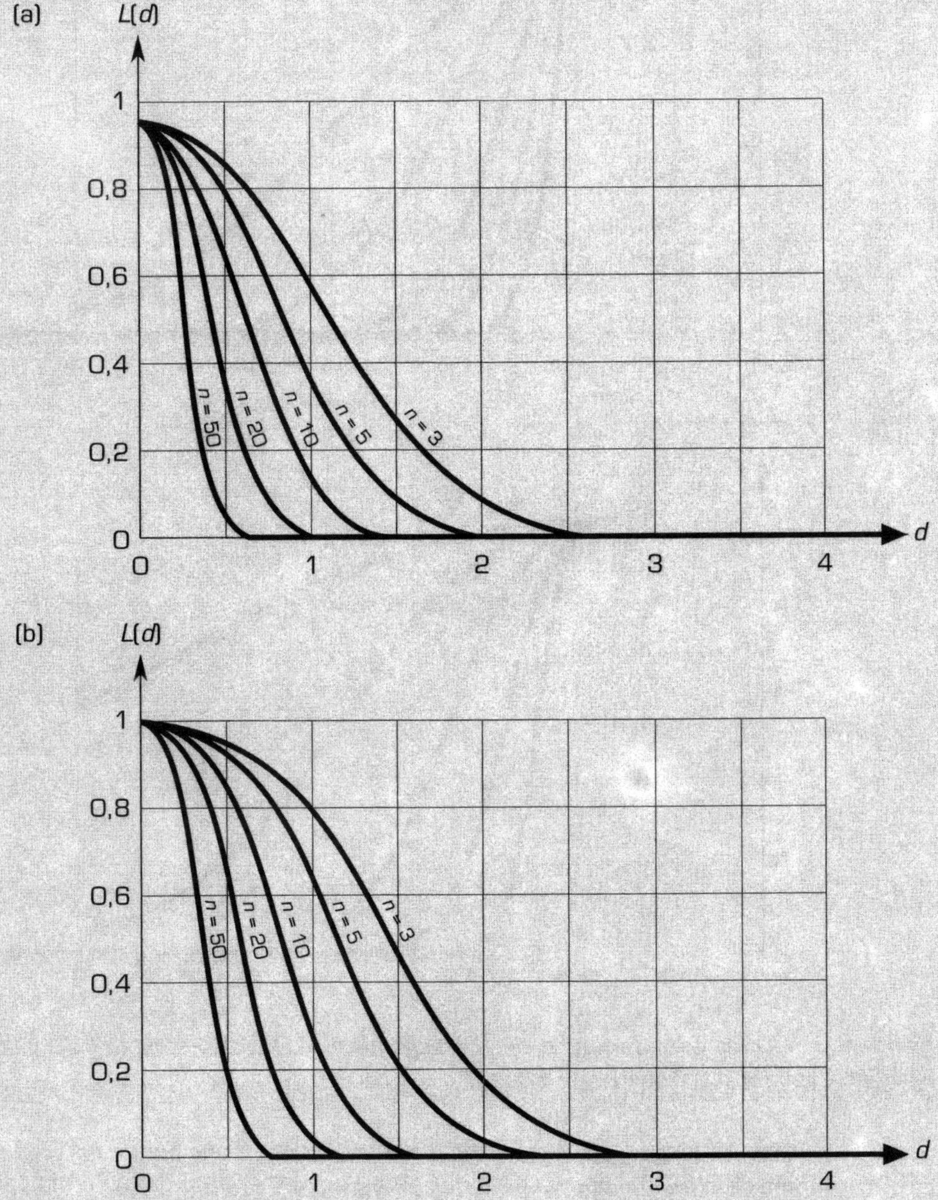

Figura 5.7 *Curvas características de operação para o teste de média bilateral com σ conhecido; (a) α = 5%, (b) α = 1%.*

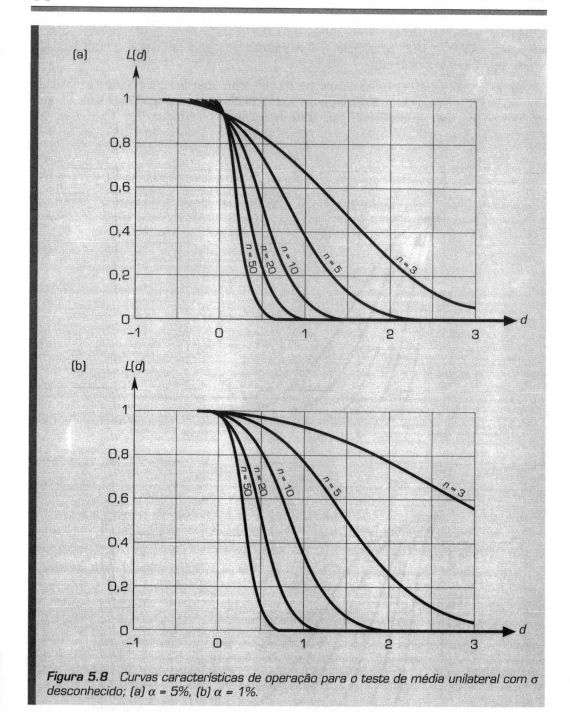

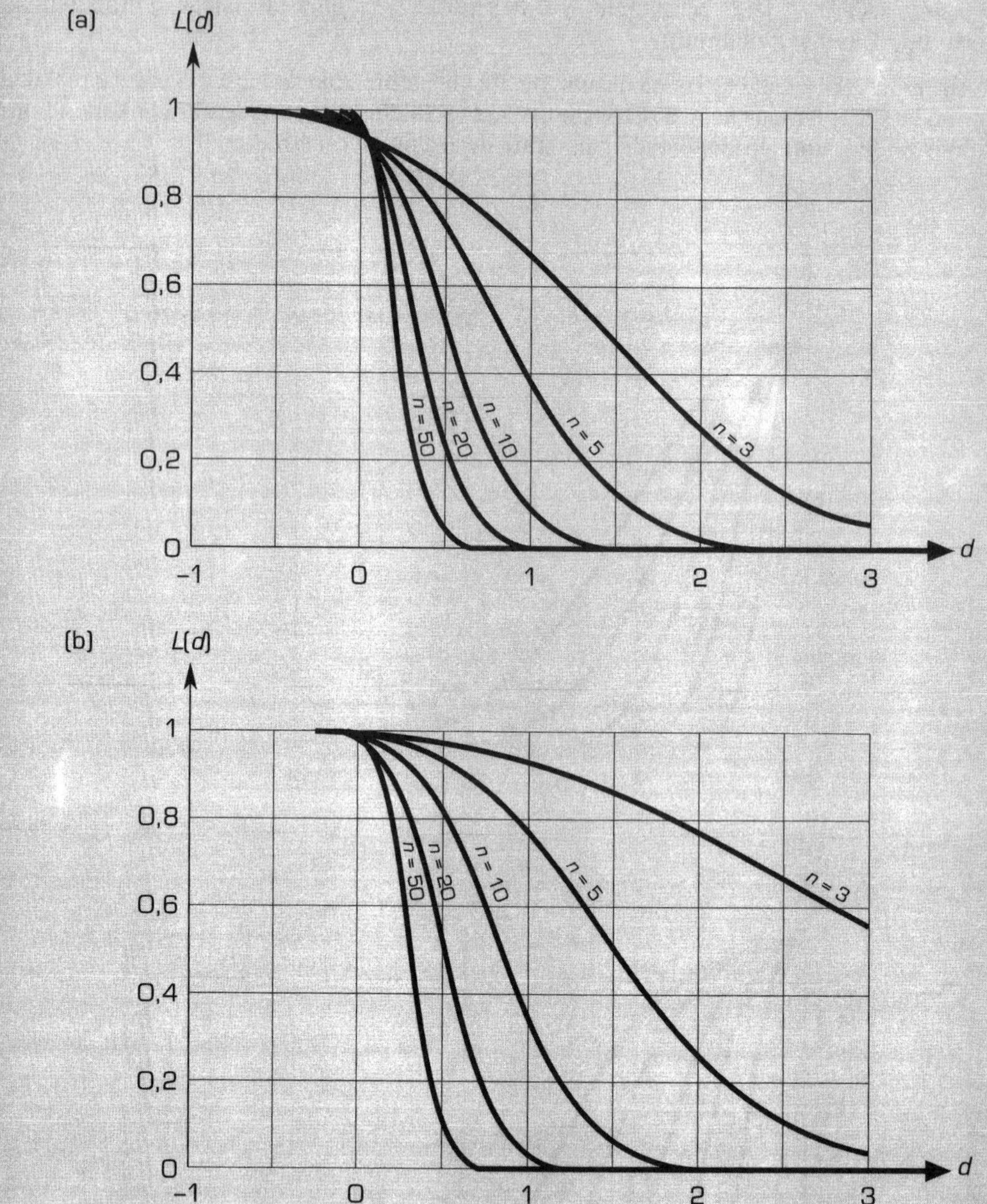

Figura 5.8 *Curvas características de operação para o teste de média unilateral com σ desconhecido; (a) α = 5%, (b) α = 1%.*

que esse erro causa preocupação. Com d' e β, caracterizamos um ponto no gráfico das curvas características de operação. A curva que passa por esse ponto define o tamanho da amostra necessária à realização do teste com α, β e d' fixados.

As curvas características de operação indicam o poder discriminatório dos testes. Assim, pela análise de suas figuras, vimos que, quanto maior a amostra, mais factível será

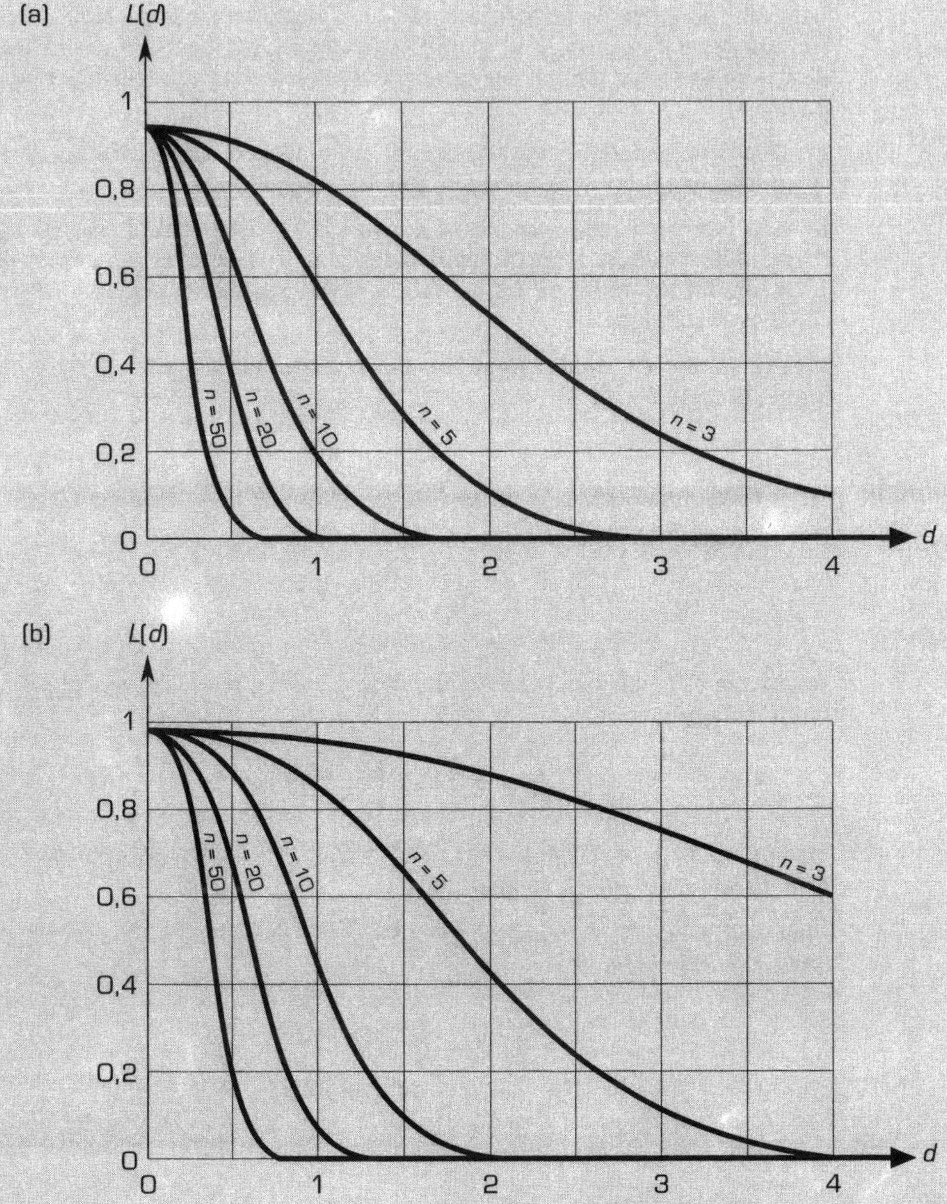

Figura 5.9 *Curvas características de operação para o teste de média bilateral com σ desconhecido; (a) α = 5%, (b) α = 1%.*

distinguirmos, com probabilidade de erro fixada, uma pequena diferença entre o valor real do parâmetro e o valor testado. Graficamente, as curvas que correspondem aos testes mais poderosos são as que apresentam maior inclinação.

Diversos autores preferem apresentar as curvas características de operação sob a forma de *curvas de poder do teste*, nas quais se plotam valores de $1 - L(d)$ em função de d.

Exemplo

Voltando ao exemplo introdutório deste capítulo, em que a carga média de ruptura especificada para os parafusos é de 50 kg, sendo o desvio-padrão dessas cargas igual a 4 kg, suponhamos que o comprador especifique também que:

a) se o lote satisfaz à especificação, o comprador deseja limitar a 5% a probabilidade de concluir que o lote é insatisfatório;

b) se o lote tiver uma resistência média ligeiramente menor que 50 kg, tal fato não causa preocupação, porém deseja-se que, se a verdadeira resistência média for inferior a 48 kg, tal fato seja identificado com pelo menos 90% de probabilidade.

Nessas condições, qual o tamanho da amostra mínima necessária e qual o limite da região crítica?

Solução

O teste a ser feito será

$$H_0: \quad \mu = 50 \text{ kg}$$
$$H_1: \quad \mu < 50 \text{ kg}$$

sendo que as condições (a) e (b) indicam $\alpha = 5\%$ e $\beta = 10\%$, este associado a um d' tal que

$$d' = \frac{\mu_0 - \mu'}{\sigma} = \frac{50 - 48}{4} = 0{,}5.$$

Entrando na Fig. 5.6 com $\beta = 0{,}10$ e $d' = 0{,}5$, vê-se que a amostra deverá ter pelo menos cerca de 35 elementos.

Dimensionada a amostra, podemos, através da expressão (5.1), determinar o limite da região crítica:

$$\bar{x}_1 = \mu_0 - z_{5\%}\frac{\sigma}{\sqrt{n}} = 50 - 1{,}645\frac{4}{\sqrt{35}} =$$
$$\cong 50 - 1{,}11 = 48{,}89 \text{ kg}.$$

5.3.4 Expressões analíticas para n^*

Expressões analíticas para a determinação do tamanho da amostra podem ser também usadas, alternativamente às Figs. 5.6 e 5.7. Derivemos uma dessas expressões. Sejam as hipóteses

$$H_0: \quad \mu = \mu_0,$$
$$H_1: \quad \mu > \mu_0,$$

com σ conhecido e fixados α, β e μ'. Conforme vimos, a fixação de $\mu' > \mu_0$ equivale a admitir que, se o valor real do parâmetro μ for, em verdade, superior a μ_0, porém não ultrapassando μ', não nos importaremos em cometer o erro tipo II, pois a aceitação de H_0

em tais casos não trará conseqüências consideráveis. Se, porém, tivermos, em realidade, $\mu \geq \mu'$, desejaremos limitar a probabilidade de aceitar H_0 nessas condições a um valor máximo fixado β. Essa probabilidade será associada ao ponto μ' e, assim, garantimos que, se $\mu \geq \mu'$, $L(d) \leq \beta$.

Temos então que, se $\mu = \mu_0$, a probabilidade de se rejeitar H_0 deverá ser α, e, se $\mu = \mu'$, a probabilidade de se aceitar H_0 deverá ser β. Admitindo-se que σ seja constante com μ, tal situação está mostrada na Fig. 5.10, onde $\bar{x}_2$ é o limite da região crítica e as curvas apresentadas representam as distribuições amostrais de $\bar{x}$ se $\mu = \mu_0$ e se $\mu = \mu'$.

A expressão (5.5), já vista, fornece

$$\bar{x}_2 = \mu_0 + z_\alpha \frac{\sigma}{\sqrt{n}}.$$

Por outro lado, vemos na Fig. 5.10, que também podemos escrever

$$\bar{x}_2 = \mu' - z_\beta \frac{\sigma}{\sqrt{n}}. \tag{5.12}$$

Logo,

$$\mu' - z_\beta \frac{\sigma}{\sqrt{n}} = \mu_0 + z_\alpha \frac{\sigma}{\sqrt{n}},$$

$$\therefore \mu' - \mu_0 = (z_\alpha + z_\beta) \frac{\sigma}{\sqrt{n}},$$

$$\therefore n = \left(\frac{z_\alpha + z_\beta}{d'} \right)^2, \tag{5.13}$$

onde

$$d' = (\mu' - \mu_0) / \sigma .$$

Essa expressão nos fornece o tamanho mínimo da amostra para satisfazer às condições impostas.

É evidente que a expressão (5.13) pode ser usada indistintamente para testes unilaterais à direita ou à esquerda. Expressão semelhante pode ser deduzida para o caso dos testes bilaterais, obtendo-se

$$n \cong \left(\frac{z_{\alpha/2} + z_\beta}{d'} \right)^2 \tag{5. 14}$$

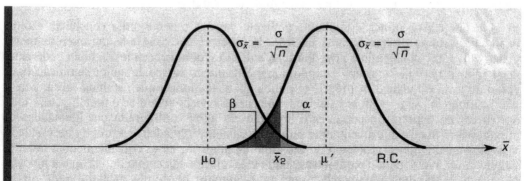

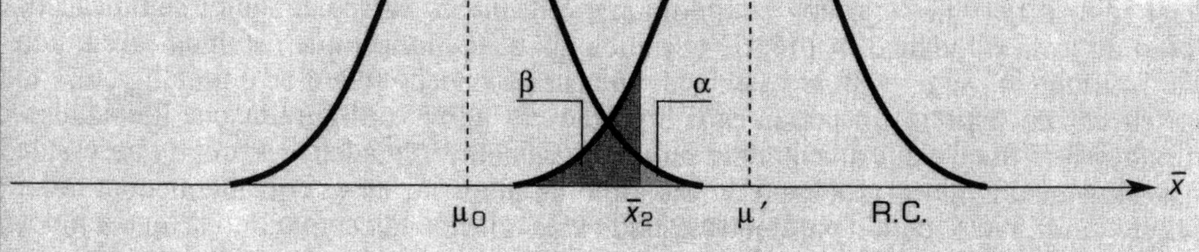

Figura 5.10 Distribuições amostrais de $\bar{x}$ se $\mu = \mu_0$ e $\mu = \mu'$.

Sendo desconhecido σ, poder-se-ia tomar uma amostra-piloto de n' elementos, obtendo-se uma estimativa s. Far-se-ia, então, $d' = (\mu' - \mu_0)/s$, utilizando-se, conforme o caso, as expressões (5.13) ou (5.14), em termos de t de Student com $n' - 1$ graus de liberdade.

Exemplo

Utilizar a expressão (5.13) para a solução do problema proposto no exemplo anterior.

Solução

Já vimos que, no problema citado, tinhamos $\alpha = 5\%$ e $\beta = 10\%$ e $d' = 0{,}5$. Logo, utilizando a expressão (5.13), temos

$$n = \left(\frac{z_{5\%} + z_{10\%}}{d'}\right)^2 = \left(\frac{1{,}645 + 1{,}282}{0{,}5}\right)^2 \cong 34{,}3$$

Portanto a amostra deverá ter pelo menos 35 elementos.

5.3.5 Considerações importantes

Vimos, nos itens anteriores, os aspectos técnicos da realização dos testes de uma média populacional, em seus diversos casos. Neste item faremos algumas considerações adicionais de grande importância, as quais o estatístico deve ter sempre em mente a fim de não prejudicar seu trabalho. Essas considerações são válidas para todos os testes em geral.

Foi visto no item 5.3.3 como é possível, no caso do teste de uma média, determinar o tamanho da amostra tendo-se em vista o controle dos dois tipos de erros. Entretanto são muito comuns os casos em que o tamanho ideal da amostra não é ou não pode ser determinado com antecipação. Resulta então, conforme já mencionado anteriormente, que apenas teremos controle sobre o erro tipo I, cuja probabilidade α é geralmente fixada de início.

Já o controle sobre o erro tipo II muitas vezes não pode ser exercido, ou por não ter havido a determinação conveniente do tamanho da amostra ou mesmo porque, em testes mais complicados, a própria técnica de controle do erro tipo II não raro é desconhecida.

Em tais casos, nunca é demais repetir que apenas teremos uma conclusão estatisticamente forte se o teste levar à rejeição da hipótese H_0, caso em que eventualmente poderemos estar cometendo o erro tipo I. Se a decisão for a de aceitar H_0, nada poderemos dizer sobre o risco de estarmos errando; logo, o resultado carece de maior significação, do ponto de vista estatístico. A própria terminologia usada indica que estamos "aceitando" e não "afirmando" algo. Note-se, ademais, que essa aceitação refere-se a uma hipótese ideal acerca de um aspecto da população, hipótese em geral configurada por igualdades ou afirmações estritas, o que dificilmente será rigorosamente verdadeiro. A própria necessidade, vista ao se examinar o problema do tamanho da amostra, de se considerar uma faixa de valores "aceitáveis" para o parâmetro testado está relacionada com o fato de que a hipótese H_0 é, em geral, uma idealização, com praticamente nenhuma probabilidade de ser rigorosamente verdadeira.

Um caso freqüente que se inclui entre os considerados é aquele em que a amostra já existia quando se teve a idéia de submetê-la a um teste. Um cuidado especial que se deve ter em tais casos está em *evitar que haja influência dos resultados verificados na amostra sobre a maneira de formular as hipóteses a testar.*

É extremamente importante frisar que a montagem das hipóteses deve depender apenas das conclusões que se deseja obter ou, o que é o mesmo, dos fatos que se deseja apurar, e jamais de evidência amostral já disponível.

Por outro lado, a metodologia dos testes de hipóteses, até agora apresentada como uma ferramenta para a tomada imediata de uma decisão entre aceitar ou rejeitar H_0, muitas vezes é usada, mormente em pesquisas, para determinar a significância de certo resultado, ou mesmo, dentre diversos resultados, quais os mais significantes.[6] Os próprios *softwares* computacionais, quando tratam dos testes de hipóteses, informam a significância dos resultados encontrados, deixando ao arbítrio do usuário utilizá-la como melhor lhe convier.

5.4 TESTES DE UMA VARIÂNCIA POPULACIONAL*[7]

As mesmas idéias apresentadas no caso do teste de uma média podem ser utilizadas para se realizarem testes envolvendo a variância da população. Assim, vamos testar as hipóteses

$$H_0: \quad \sigma^2 = \sigma_0^2,$$
$$H_1: \quad \sigma^2 > \sigma_0^2.$$

A variável de teste deverá ser a variância da amostra, definida conforme (2.10), pois é o estimador justo da variância populacional, conforme visto.

Se a variância da amostra s^2 for próxima do valor testado σ_0^2, iremos aceitar H_0. Somente rejeitaremos a hipótese H_0 se s^2 for significativamente superior a σ_0^2. Isso ocorrerá se s^2 cair na região crítica, a qual correspondera à cauda à direita, com probabilidade α na distribuição por amostragem de s^2, suposta verdadeira a hipótese H_0. Ou seja, sendo s_2^2 o limite da região crítica, rejeitamos H_0 se

$$s^2 > s_2^2.$$

Por outro lado, vimos, pela relação (3.16) que, sendo normal a distribuição da população, a quantidade $(n-1)s^2/\sigma^2$ tem distribuição χ^2 com $n-1$ graus de liberdade. Logo, supondo verdadeira a hipótese H_0, ou seja, admitindo que a variância da população é igual ao valor testado s_0^2, podemos escrever

$$\frac{(n-1)s^2}{\sigma_0^2} = \chi_{n-1}^2. \tag{5.15}$$

Essa quantidade, sendo calculada em função da variância da amostra, será por nós denominada χ_{n-1}^2 experimental.

A expressão (5.15) estabelece a relação existente entre valores de s^2 e a distribuição χ_{n-1}^2, suposta verdadeira a hipótese H_0. Logo, se nessa expressão fizermos $s^2 = s_2^2$, o χ^2

---

[6] Ver, a propósito, a observação final referente ao exemplo dado em 5.3.1.

[7] Um modo alternativo de realizar esses testes é apresentado em 5.7.

correspondente será o valor χ^2 que determina sobre sua distribuição uma cauda à direita com probabilidade α, ou seja, $\chi^2_{n-1,\,\alpha}$, isto é:

$$\frac{(n-1)s_2^2}{\sigma_0^2} = \chi^2_{n-1,\,\alpha}\,. \tag{5.16}$$

Das relações precedentes, é imediato que $s^2 > s_2^2$ equivale a $\chi^2_{n-1} > \chi^2_{n-1,\,\alpha}$; logo, podemos formalizar a condição de rejeição de H_0 como sendo

$$\chi^2_{n-1} > \chi^2_{n-1,\,\alpha},$$ [8]

onde o χ^2_{n-1} experimental e dado pela expressão (5.15} e o valor crítico $\chi^2_{n-1,\,\alpha}$ é obtido na Tab. A6.2 diretamente em função de $v = n - 1$ e α.

De modo análogo, se as hipóteses testadas forem

$$H_0:\quad \sigma^2 = \sigma_0^2,$$
$$H_1:\quad \sigma^2 < \sigma_0^2,$$

rejeitaremos H_0 se

$$\chi^2_{n-1} < \chi^2_{n-1,\,1-\alpha}.$$

Tratando-se do teste bilateral, ou seja,

$$H_0:\quad \sigma^2 = \sigma_0^2,$$
$$H_1:\quad \sigma^2 \neq \sigma_0^2,$$

rejeitaremos H_0 se

$$\chi^2_{n-1} < \chi^2_{n-1,\,1-\alpha/2} \qquad \text{ou} \qquad \chi^2_{n-1} > \chi^2_{n-1,\,\alpha/2}.$$

Exemplo

Uma amostra de dez elementos extraída de uma população suposta normal forneceu variância igual a 12,4. Pergunta-se: esse resultado é suficiente para se concluir, ao nível $\alpha = 5$ % de significância, que a variância dessa população é inferior a 25?

Solução

Devemos testar as hipóteses

$$H_0:\quad \sigma^2 = 25,$$ [9]
$$H_1:\quad \sigma^2 < 25.$$

---

[8] Ao formalizar assim esse teste, estamos, analogamente ao que foi feito anteriormente com z e t, realizando a comparação entre um valor "padronizado" e um valor tabelado diretamente em função de α.

[9] É claro que isso equivale a testar as seguintes hipóteses sobre o desvio-padrão da população:

$$H_0:\quad \sigma = 5,$$
$$H_1:\quad \sigma < 5.$$

Temos

$$\chi^2_{n-1} = \chi^2_9 = \frac{(n-1)s^2}{\sigma_0^2} = \frac{9 \cdot 12{,}4}{25} = 4{,}464.$$

O valor crítico com o qual esse valor experimental deve ser comparado é

$$\chi^2_{9;\,95\%} = 3.325.$$

Como o valor experimental não foi inferior ao valor crítico, devemos aceitar H_0 e não podemos concluir, ao nível de 5% de significância, que a variância dessa população seja inferior a 25.

5.5 TESTES DE UMA PROPORÇÃO POPULACIONAL

Já sabemos que, ao realizar induções sobre uma proporção populacional p, devemos nos basear na proporção observada na amostra p'. Sabemos também que, se $np \geq 5$ e $n(1-p) \geq 5$,[10] podemos aproximar a distribuição amostral de p' pela distribuição normal de média p e desvio-padrão $\sqrt{p(1-p)/n}$. Isso nos permite realizar facilmente testes envolvendo proporções populacionais, de forma análoga ao que foi visto para os testes de uma média. Assim, por exemplo, sejam as hipóteses

$$H_0: \quad p = p_0,$$
$$H_1: \quad p < p_0.$$

Satisfeitas as condições $np_0 \geq 5$ e $n(1-p_0) \geq 5$, a distribuição da freqüência relativa p' será aproximadamente normal, com média (pela hipótese H_0) igual a p_0 e desvio-padrão $\sqrt{p_0(1-p_0)/n}$. Logo, padronizando o valor experimental p', teremos o z experimental, dado por

$$z = \frac{p' - p_0}{\sqrt{p_0(1-p_0)/n}}. \tag{5.17}$$

Evidentemente, o mesmo teste pode ser feito também diretamente, em termos da freqüência observada f, por meio da expressão equivalente

$$z = \frac{f - np_0}{\sqrt{np_0(1-p_0)}}. \tag{5.18}$$

A hipótese H_0 será rejeitada se

$$z < -z_\alpha.$$

De modo análogo ao já anteriormente visto, no caso dos testes unilateral à direita e bilateral, as condições de rejeição de H_0 seriam, respectivamente, $z > z_\alpha$ e $|z| > z_{\alpha/2}$.

[10] Conforme visto no Cap. 3 (item 3.4.2) e utilizado no Cap. 4 (item 4.4.5).

Exemplo

Desconfiando-se de que uma moeda fosse viciada, realizou-se um experimento que consistiu em lançar essa moeda cem vezes. Obtiveram-se 59 caras e 41 coroas. Ao nível de 5% de significância, pode-se afirmar a existência de vício na moeda?

Solução

As hipóteses a testar referem-se à proporção p de vezes (ou probabilidade) em que a moeda dá, por exemplo, cara. Se ela não possui vício, tal proporção deve ser igual a 0,5. Logo, as hipóteses a testar são:

$$H_0: \quad p = 0{,}5,$$
$$H_1: \quad p \neq 0{,}5.$$

A freqüência relativa de caras observadas foi

$$p' = \frac{f}{n} = \frac{59}{100} = 0{,}59.$$

Pela expressão (5.17), temos

$$z = \frac{0{,}59 - 0{,}50}{\sqrt{0{,}50(1-0{,}50)/100}} = 1{,}80.$$

Como $z_{\alpha/2} = z_{2,5\%} = 1{,}960$, devemos aceitar a hipótese H_0. Logo, ao nível $\alpha = 5\%$, não ficou comprovada a existência de vício na moeda.

5.5.1 Correção de continuidade

O fato de se aproximar a distribuição binomial, que é discreta, por uma normal, que é contínua, ao se realizar o teste de uma proporção populacional, sugere que, para maior precisão, seja feita uma *correção de continuidade.*[11]

Essa correção consiste em escrever as expressões (5.17) e (5.18), respectivamente, nas formas dadas por (5.19) e (5.20),

$$z = \frac{(p' - p_0) \pm 1/(2n)}{\sqrt{p_0(1-p_0)/n}}, \tag{5.19}$$

$$z = \frac{f - np_0 \pm 0{,}5}{\sqrt{np_0(1-p_0)}}. \tag{5.20}$$

Essas expressões resumem o procedimento segundo o qual, se $p' - p_0 > 0$ ou $f - np_0 > 0$, a correção deverá ser subtraída do numerador e, se $p' - p_0 < 0$ ou $f - np_0 < 0$, deverá ser somada. A idéia é evitar que a rejeição de H_0 seja resultante da aproximação feita, o que poderia ocorrer eventualmente quando z fosse bastante próximo do valor crítico.

A necessidade dessa correção será, evidentemente, tanto menor quanto maior o tamanho da amostra n.

[11] Ver, a respeito, o Ap. 1, item A1.4.5.

5.5.2 Tamanho da amostra

Procedimento análogo ao visto em 5.3.4 e ilustrado através da Fig. 5.10 pode ser usado para se obter uma expressão para o dimensionamento da amostra no caso do teste de uma proporção populacional. Admitindo-se que o tamanho da amostra será suficiente para se poder usar a aproximação pela normal, chega-se, no caso de testes unilaterais, a

$$n = \left(\frac{z_\alpha \sqrt{p_0(1-p_0)} + z_\beta \sqrt{p'(1-p')}}{p' - p_0} \right)^2, \tag{5.21}$$

onde p' é o valor da proporção populacional além do qual fixamos em, no máximo, β a probabilidade de cometer o erro tipo II.

A demonstração da validade da expressão (5.21) é deixada a cargo do leitor. No caso bilateral, usar $z_{\alpha/2}$ e $\cong$.

5.6 COMPARAÇÃO DE DUAS MÉDIAS

Vamos agora, nos itens finais deste capítulo, estender a teoria dos testes de hipóteses para os casos em que temos duas ou mais amostras, em princípio provenientes de populações distintas. Com base nessas amostras, iremos comparar parâmetros equivalentes das populações envolvidas.[12] Veremos que as idéias fundamentais expostas nos itens precedentes não sofrerão alteração; apenas a técnica de realização dos vários testes se modificará convenientemente.

Nesta seção analisaremos os diversos casos possíveis de ocorrer ao se compararem as médias de duas populações. Em termos gerais, testaremos hipóteses referentes ao valor real da diferença entre duas médias populacionais, ou seja,

$$H_0: \quad \mu_1 - \mu_2 = \Delta,$$

tendo, em geral, especial interesse o caso $\Delta = 0$, em que se testa a hipótese da igualdade das duas médias, ou seja, $\mu_1 = \mu_2$.

Temos dois casos a considerar: dados emparelhados (ou *populações correlacionadas*) e dados não-emparelhados (ou *populações não-correlacionadas*). Além disso, o caso de dados não-emparelhados será subdividido em três subcasos:

a) quando os desvios-padrão das populações são conhecidos;

b) quando os desvios-padrão das populações são desconhecidos, mas podem ser supostos iguais;

c) quando os desvios-padrão das populações são desconhecidos e não podem ser supostos iguais.

---

[12] Eventualmente, tais testes podem ser usados para verificarmos se as amostras podem ser consideradas como provenientes de uma mesma população.

5.6.1 Dados emparelhados

Os resultados das duas amostras constituem dados emparelhados quando estão relacionados dois a dois segundo algum critério que introduz uma influência marcante entre os diversos pares, que supomos, porém, influir igualmente sobre os valores de cada par.

Assim, por exemplo, suponhamos que vinte cobaias sejam submetidas durante uma semana a uma dieta com certo tipo de ração. Os pesos das cobaias são medidos no início e no fim do tratamento, e desejamos tirar conclusões sobre o aumento médio de peso verificado. Se os animais forem perfeitamente identificados, teremos duas amostras de valores do tipo "antes e depois", e os dados serão emparelhados, pois cada valor da primeira amostra estará perfeitamente associado ao respectivo valor da segunda amostra. O critério que garante o emparelhamento é a identidade de cada cobaia. Note-se que é razoável esperar que a identidade de cada animal tenha influência nos valores observados de seu peso, porém essa influência deve exercer-se de forma aproximadamente igual dentro de cada par de valores "antes e depois"; logo, ao se tomarem as diferenças entre os vários pares de valores, a influência individual de cada animal tende a desaparecer, restando apenas os efeitos produzidos pela ração.

No mesmo exemplo, se os animais não fossem identificados, não haveria como associar os valores das duas amostras, e os dados seriam não-emparelhados.

É claro que, sempre que possível e justificável, devemos promover o emparelhamento dos dados, pois teremos uma informação a mais que nos levará a resultados estatisticamente mais fortes. Entretanto, se o emparelhamento for promovido sem haver condições físicas que o justifiquem, poderá resultar em perda do poder do teste, sendo, portanto, indesejável.

Ora, se os dados das duas amostras estão emparelhados, tem sentido calcularmos as diferenças d_i correspondentes a cada par de valores, reduzindo assim os dados a uma única amostra de n diferenças. Por outro lado, testar a hipótese de que a diferença entre as médias das duas populações emparelhadas seja igual a um certo valor Δ equivale a testar a hipótese de que a média de todas as diferenças (referentes às populações) seja igual a Δ, o que decorre diretamente das propriedades da média. Ou seja, vamos testar simplesmente a hipótese

$$H_0: \quad \mu_d = \Delta$$

contra uma alternativa H_1 que poderá corresponder a um teste unilateral ou bilateral, conforme seja de interesse.

É fácil perceber que, ao tomar as diferenças d_i, reduzimos o problema ao teste de única média, recaindo no caso resolvido em 5.3.2. Logo, a expressão (5.8) pode ser aplicada à amostra das diferenças, realizando-se o teste simplesmente através da comparação do t de Student experimental com o valor crítico obtido em função de α com $n - 1$ graus de liberdade. Ou seja, calculamos

$$t_{n-1} = \frac{\bar{d} - \Delta}{s_d / \sqrt{n}}, \tag{5.22}$$

sendo

- $\bar{d}$ a média da amostra das diferenças;
- Δ o valor testado da média das diferenças nas populações;
- s_d o desvio-padrão da amostra das diferenças;
- n o tamanho da amostra das diferenças;

e testamos esse valor conforme acima indicado.[13]

[13] Está implícito que a distribuição das diferenças é suposta normal. Entretanto o teste é robusto, no sentido de ser pouco afetado por desvios da normalidade.

Exemplo

Dez cobaias adultas foram submetidas ao tratamento com certa ração durante uma semana. Os animais foram perfeitamente identificados, tendo sido mantidos, para tanto, em gaiolas individuais. Os pesos, em gramas, no princípio e no fim da semana, designados respectivamente por x_i e y_i, são dados a seguir.

Ao nível de 1% de significância, podemos concluir que o uso da ração contribuiu para o aumento do peso médio dos animais?

Cobaia	x_i	y_i
1	635	640
2	704	712
3	662	681
4	560	558
5	603	610
6	745	740
7	698	707
8	575	585
9	633	635
10	669	682

Solução

Considerando $d = y - x$, devemos testar as hipóteses

$$H_0: \quad \mu_d = 0,$$
$$H_1: \quad \mu_d > 0.$$

Usaremos as diferenças $d_i = y_i - x_i$, as quais, juntamente com seus quadrados, são apresentadas na Tab. 5.4. Podemos, portanto, calcular

$$\bar{d} = \frac{\sum_{i=1}^{n} d_i}{n} = \frac{66}{10} = 6,6,$$

$$s_d^2 = \frac{\sum_{i=1}^{n} d_i^2 - \frac{(\sum_{i=1}^{n} d_i)^2}{n}}{n-1} = \frac{882 - \frac{(66)^2}{10}}{9} = 49,60,$$

$$\therefore \quad s_d = \sqrt{49,60} \cong 7,043,$$

$$\therefore \quad t_{n-1} = t_9 = \frac{\bar{d} - 0}{s_d / \sqrt{n}} = \frac{6,6}{7,043 / \sqrt{10}} \cong 2,96.$$

Tabela 5.4 Valores de d_i e d_i^2

x_i	y_i	d_i	d_i^2
635	640	5	25
704	712	8	64
662	681	19	361
560	558	-2	4
603	610	7	49
745	740	-5	25
698	707	9	81
575	585	10	100
633	635	2	4
669	682	13	169
		66	882

Como $t_{9;\,1\%} = 2{,}821$, rejeitamos H_0 ao nível de 1% de significância. Logo, concluímos, a esse nível, que o uso da ração contribui para o aumento do peso médio dos animais.

5.6.2 Dados não-emparelhados — primeiro caso

Se os dados não são emparelhados, não terá sentido calcular as diferenças entre os valores das duas amostras, e o teste deverá, portanto, ser baseado na diferença $\bar{x}_1 - \bar{x}_2$ entre as médias das duas amostras. Nesse caso, as duas amostras podem ter tamanhos diferentes, que denotaremos por n_1 e n_2.

Supomos, neste primeiro caso, que são conhecidos os desvios-padrão σ_1 e σ_2 das duas populações envolvidas. Ora, sendo válida a hipótese

$$H_0: \quad \mu_1 - \mu_2 = \Delta,$$

podemos, devido à propriedade referente à média de uma diferença a de variáveis[14] e ao resultado (3.2), concluir que

$$\mu(\bar{x}_1 - \bar{x}_2) = \mu(\bar{x}_1) - \mu(\bar{x}_2) = \mu_1 - \mu_2 = \Delta. \tag{5.23}$$

Por outro lado, admitindo populações infinitas, sabemos, de (3.3), que

$$\sigma^2(\bar{x}_1) = \frac{\sigma_1^2}{n_1} \quad \text{e} \quad \sigma^2(\bar{x}_2) = \frac{\sigma_2^2}{n_2}.$$

Não havendo emparelhamento, as duas amostras devem ser independentes. Logo, devido à propriedade referente à variância de uma diferença de variáveis independentes,[15] temos

$$\sigma^2(\bar{x}_1 - \bar{x}_2) = \frac{\sigma_1^2}{n_1} + \frac{\sigma_2^2}{n_2}, \tag{5.24}$$

[14] Ver a expressão (A1.32), no Ap. 1.
[15] Ver a expressão (A1.41), no Ap. 1.

ou, em termos do desvio-padrão,

$$\sigma(\bar{x}_1 - \bar{x}_2) = \sqrt{\sigma_1^2 / n_1 + \sigma_2^2 / n_2}\,. \tag{5.25}$$

Estamos, como sempre, admitindo a normalidade das distribuições amostrais de $\bar{x}_1$ e $\bar{x}_2$. O teorema das combinações lineares de variáveis normais independentes assegura que será também normal a distribuição da variável de teste $\bar{x}_1 - \bar{x}_2$. Logo, de maneira semelhante à vista em 5.3.1, o valor obtido para $\bar{x}_1 - \bar{x}_2$ poderá ser testado mediante

$$z = \frac{(\bar{x}_1 - \bar{x}_2) - \Delta}{\sqrt{\sigma_1^2 / n_1 + \sigma_2^2 / n_2}}\,. \tag{5. 26}$$

Um caso particular seria aquele em que as duas populações têm o mesmo desvio-padrão σ conhecido, em que a expressão anterior pode ser escrita na forma

$$z = \frac{(\bar{x}_1 - \bar{x}_2) - \Delta}{\sigma\sqrt{1/n_1 + 1/n_2}}\,. \tag{5.27}$$

Nesse caso, pode-se, sem grande dificuldade, mostrar que, sendo $n_1 = n_2 = n$, o dimensionamento da amostra poderá ser feito pelo uso das expressões (5.13) e (5.14), com $d' = (\Delta' - \Delta)/\sigma$, devendo-se tomar para n o dobro do valor fornecido por aquelas expressões. Alternativamente, poder-se-iam usar as curvas características de operação, que forneceriam o valor de $n/2$. Deve-se notar que, ao se projetar um experimento nas condições anteriores, o caso $n_1 = n_2 = n$ adquire importância, pois torna o teste o mais poderoso possível para $n_1 + n_2$ fixado.

Exemplo

Uma máquina automática enche latas com base no peso liquído, com variabilidade praticamente constante e independente dos ajustes na média, dada por um desvio-padrão de 5 g. Duas amostras, retiradas em dois períodos de trabalho consecutivos, de dez e de vinte latas, forneceram pesos liquídos médios de, respectivamente, 184,6 e 188,9 g. Desconfia-se que a regulagem da máquina quanto ao peso médio fornecido possa ter sido modificada entre a coleta das duas amostras. Qual a conclusão, aos níveis de 5 e 1% de significância?

Solução

Testaremos as hipóteses

$$\begin{array}{lll} H_0: & \mu_1 - \mu_2 = 0, & \\ H_1: & \mu_1 - \mu_2 \neq 0, & \end{array} \sim \begin{array}{ll} H_0: & \mu_1 = \mu_2, \\ H_1: & \mu_1 \neq \mu_2. \end{array}$$

Como temos $\bar{x}_1 = 184{,}6$ g, $\bar{x}_2 = 188{,}9$ g, $n_1 = 10$, $n_2 = 20$ e $\sigma = 5$ g, podemos diretamente calcular, pela expressão (5.27),

$$z = \frac{184{,}6 - 188{,}9}{5\sqrt{1/10 + 1/20}} \cong -2{,}22$$

Para os níveis de 5 e 1% de significância, os valores críticos de z são, respectivamente, $z_{2,5\%} = 1{,}960$ e $z_{0,5\%} = 2{,}576$. Como $|z| = 2{,}22$, podemos rejeitar H_0 ao nível $\alpha = 5\%$, porém devemos aceitá-la ao nível $\alpha = 1\%$. Logo, a desconfiança foi confirmada ao nível de 5%, porém não ao nível de 1% de significância.

5.6.3 Dados não-emparelhados — segundo caso

Supomos agora que não são conhecidos os desvios-padrão das duas populações, mas podemos admitir que esses desvios-padrão são iguais, ou seja, $\sigma_1 = \sigma_2 = \sigma$.[16]

Nesse caso, devemos substituir, na expressão (5.27), o desvio-padrão desconhecido σ por uma sua estimativa. Como temos duas amostras, devemos utilizar os resultados de ambas ao realizar essa estimação. Ora, foi visto, no item 4.3.5, que, ao estimar uma variância a partir de diversas amostras, devemos tomar uma média ponderada das variâncias amostrais, usando como pesos os graus de liberdade de cada uma, conforme a expressão (4.18). No presente caso, essa expressão se reduz a

$$s_p^2 = \frac{(n_1 - 1)s_1^2 + (n_2 - 1)s_2^2}{n_1 + n_2 - 2}, \qquad (5.28)$$

onde s_1^2 e s_2^2 são as variâncias das duas amostras disponíveis.

Se conhecêssemos σ, testaríamos H_0 usando a expressão (5.27), ou seja, mediante

$$z = \frac{(\bar{x}_1 - \bar{x}_2) - \Delta}{\sigma\sqrt{1/n_1 + 1/n_2}}. \qquad (5.29)$$

Não sendo esse o caso, devemos usar o t de Student relacionado com a estimativa s_p^2, a qual tem $n_1 + n_2 - 2$ graus de liberdade. Ou seja, relembrando a relação (3.22), vamos usar

$$t_{n_1+n_2-2} = z\frac{\sigma}{s_p} = \frac{(\bar{x}_1 - \bar{x}_2) - \Delta}{\sigma\sqrt{1/n_1 + 1/n_2}}\frac{\sigma}{s_p},$$

ou seja, o teste será realizado através da estatística

$$t_{n_1+n_2-2} = \frac{(\bar{x}_1 - \bar{x}_2) - \Delta}{s_p\sqrt{1/n_1 + 1/n_2}} = \frac{(\bar{x}_1 - \bar{x}_2) - \Delta}{\sqrt{s_p^2(1/n_1 + 1/n_2)}}. \qquad (5.30)$$

Exemplo

Os dados que seguem referem-se a cinco determinações da resistência de dois tipos de concreto. Ao nível de 5% de significância, há evidência de que o concreto 1 seja mais resistente que o concreto 2?

Concreto 1	Concreto 2
54	50
55	54
58	56
51	52
57	53

[16] O teste apresentado em 5.7 poderá, eventualmente, ser usado para se esclarecer essa questão.

Solução

Embora as amostras sejam do mesmo tamanho, os dados claramente mostram não serem emparelhados. Por outro lado, parece perfeitamente razoável supor que os desvios-padrão sejam pelo menos da mesma ordem de grandeza. Utilizarernos, pois, o teste através de (5.30).

Calculando a média e a variância das duas amostras, obtemos

$$\bar{x}_1 = 55{,}0 \qquad s_1^2 = 7{,}5 \qquad (n_1 = 5)$$
$$\bar{x}_2 = 53{,}0 \qquad s_2^2 = 5{,}0 \qquad (n_2 = 5)$$
$$\therefore s_p^2 = \frac{(n_1-1)\cdot s_1^2 + (n_2-1)\cdot s_2^2}{n_1+n_2-2} = \frac{4\times 7{,}5 + 4\times 5{,}0}{8} = \frac{7{,}5+5{,}0}{2} = 6{,}25$$
$$\therefore s_p = 2{,}5.$$

Testaremos as hipóteses

$$H_0:\quad \mu_1 = \mu_2,$$
$$H_1:\quad \mu_1 > \mu_2.$$

mediante

$$t = \frac{\bar{x}_1 - \bar{x}_2}{s_p\sqrt{1/n_1 + 1/n_2}} = \frac{55{,}0 - 53{,}0}{2{,}5\sqrt{1/5+1/5}} = 1{,}26.$$

O valor crítico é

$$t_{n_1+n_2-2;\,5\%} = t_{8;\,5\%} = 1{,}860.$$

Logo, aceitamos H_0. Não há evidência.

5.6.4 Dados não-emparelhados — terceiro caso

Supondo agora que as duas populações tenham desvios-padrão diferentes e desconhecidos, devemos recorrer a métodos aproximados, mesmo que as populações sejam normalmente distribuídas.

Se as amostras forem suficientemente grandes, uma aproximação razoável poderá ser obtida simplesmente substituindo-se as variâncias da expressão (5.26) pelas suas estimativas s_1^2 e s_2^2 obtidas nas duas amostras. Resulta a estatística

$$t = \frac{(\bar{x}_1 - \bar{x}_2) - \Delta}{\sqrt{s_1^2/n_1 + s_2^2/n_2}}. \qquad (5.31)$$

Como as amostras já devem ser grandes, a distribuição dessa estatística, que seria do tipo t de Student, pode ser aproximada diretamente pela distribuição normal, fazendo-se a comparação com o valor crítico conveniente de z.

Caso se deseje maior precisão ou as amostras não sejam grandes, pode-se trabalhar com a mesma estatística t fornecida pela expressão (5.31), fazendo-se, porém, a comparação de seu valor com um valor crítico convenientemente corrigido.

O método conhecido como de *Aspin-Welch* sugere tomar o t crítico com número de graus de liberdade dado por

$$\nu = \frac{(w_1 + w_2)^2}{w_1^2 / (n_1 + 1) + w_2^2 / (n_2 + 1)} - 2, \tag{5.32}$$

onde w_1 e w_2 são calculados por

$$w_1 = \frac{s_1^2}{n_1} \quad \text{e} \quad w_2 = \frac{s_2^2}{n_2}. \tag{5.33}$$

Exemplo

Deseja-se saber se duas máquinas de empacotar café estão fornecendo o mesmo peso médio por pacote. Entretanto, como uma das máquinas é nova e a outra velha, é razoável supor-se que trabalhem com diferentes variabilidades dos pesos colocados nos pacotes. As amostras disponíveis constam de seis pacotes produzidos pela máquina nova e nove produzidos pela máquina velha. Os pesos, em quilogramas, desses pacotes são:

máquina nova 0,82 0,83 0,79 0,81 0,81 0,80;

máquina velha 0,79 0,82 0,73 0,74 0,80 0,77 0,75 0,84 0,78.

Qual a conclusão, ao nível de 5% de significância?

Solução

Testaremos as hipóteses

$$H_0: \ \mu_1 = \mu_2,$$
$$H_0: \ \mu_1 \neq \mu_2.$$

As médias e as variâncias das duas amostras são, respectivamente,

$$\bar{x}_1 = 0{,}81, \qquad s_1^2 = 0{,}00020, \qquad (n_1 = 6),$$
$$\bar{x}_2 = 0{,}78, \qquad s_2^2 = 0{,}00135, \qquad (n_2 = 9),$$
$$\therefore w_1 = \frac{0{,}00020}{6} = 0{,}0000333... \cong 3{,}33 \times 10^{-5},$$
$$\therefore w_2 = \frac{0{,}00135}{9} = 0{,}00015 = 15 \times 10^{-5}.$$

O valor a ser testado é

$$t_\nu = \frac{\bar{x}_1 - x_2}{\sqrt{s_1^2 / n_1 + s_2^2 / n_2}} = \frac{0{,}81 - 0{,}78}{\sqrt{(3{,}33 + 15) \cdot 10^{-5}}} = 2{,}216.$$

A expressão (5.32) fornece

$$\nu = \frac{(3{,}33 + 15)^2 \cdot 10^{-10}}{[(3{,}33)^2/7 + (15)^2/10] \cdot 10^{-10}} - 2 \cong 11{,}95.$$

Adotando $\nu = 12$, o valor crítico será $t_{12;\,2,5\%} = 2{,}179$. Logo, rejeitamos H_0 e afirmamos, com $\alpha = 5\%$, que as médias diferem.

5.7 COMPARAÇÃO DE DUAS VARIÂNCIAS

O conhecimento da distribuição F de Snedecor, vista no item 3.4.6, torna simples o teste da *igualdade* das variâncias de duas populações supostas normais, ou seja, da hipótese

$$H_0: \quad \sigma_1^2 = \sigma_2^2 (= \sigma^2)$$

A variável de teste será o quociente das duas estimativas s_1^2 e s_2^2. Sendo verdadeira H_0, as relações (3.17) e (3.26) permitem escrever:

$$\frac{s_1^2}{s_2^2} = \frac{[\sigma^2/(n_1 - 1)]\chi^2_{n_1-1}}{[\sigma^2/(n_2 - 1)]\chi^2_{n_2-1}} = F_{n_1-1,\, n_2-1} \tag{5.34}$$

Esse fato possibilita a realização do teste da igualdade das variâncias de duas populações normais, conforme veremos a seguir. Sejam as hipóteses

$$H_0; \quad \sigma_1^2 = \sigma_2^2,$$
$$H_1: \quad \sigma_1^2 > \sigma_2^2.$$

Sendo verdadeira H_0, devemos esperar que as duas estimativas de σ^2 sejam próximas, o que fornecerá um quociente próximo de 1. De fato, as distribuições F se concentram em torno da unidade, sendo mais ou menos dispersas em função de ν_1 e ν_2. Como, sendo válida H_0, s_1^2/s_2^2 se distribui como um $F_{n_1-1,\, n_2-1}$, rejeitaremos H_0 em favor de H_1 se o quociente s_1^2/s_2^2 for significativamente superior a 1, o que ocorrerá se

$$F_{n_1-1,\, n_2-1} > F_{n_1-1,\, n_2-1,\alpha},$$

sendo o valor crítico obtido diretamente na Tab. A6.4.

Da mesma forma, se as hipóteses forem

$$H_0: \quad \sigma_1^2 = \sigma_2^2,$$
$$H_1: \quad \sigma_1^2 < \sigma_2^2.$$

deveremos rejeitar H_0 se

$$F_{n_1-1,\, n_2-1} < F_{n_1-1,\, n_2-1,\, 1-\alpha}.$$

Entretanto as tabelas usualmente encontradas não fornecem valores críticos de F à esquerda, por ser desnecessário. De fato, as distribuições F são tais que

$$F_{\nu_1,\,\nu_2,\,1-\alpha} = F^{-1}_{\nu_2,\,\nu_1,\,\alpha}. \tag{5.35}$$

Assim, portanto, poderíamos obter o valor crítico no presente caso. É equivalente, entretanto, e mais prático, inverter a hipótese H_1, ou seja, escrevendo H_1: $\sigma_2^2 > \sigma_1^2$, recaindo no caso anterior e realizando o teste por meio do quociente s_2^2/s_1^2.

O mesmo artifício pode ser usado no caso do teste bilateral, ou seja, ao testar as hipóteses

$$H_0:\quad \sigma_1^2 = \sigma_2^2,$$
$$H_1:\quad \sigma_1^2 \neq \sigma_2^2.$$

Nesse caso, podemos definir

$$F = \frac{\max\,(s_1^2, s_2^2)}{\min\,(s_1^2, s_2^2)}$$

rejeitando H_0 se

$$F > F_{\nu_i,\,\nu_j,\,\alpha/2}$$

Exemplo

Duas amostras, com dez e quinze elementos, extraídas de populações normais, forneceram variâncias respectivamente iguais a 6,34 e 18,7. Ao nível de 5% de significância, devemos aceitar que as populações tenham o mesmo grau de dispersão?

Solução

Devemos testar

$$H_0:\quad \sigma_1^2 = \sigma_2^2,$$
$$H_1:\quad \sigma_1^2 \neq \sigma_2^2.$$

Vamos definir a variável de teste F de modo a colocar no numerador a maior estimativa. Assim, temos

$$F = \frac{18{,}7}{6{,}34} \cong 2{,}95.$$

O valor crítico será $F_{14,9;\,2,5\%}$. Esse valor não é encontrado na Tab. A6.4, mas será, seguramente, um valor entre 3,67 e 3,96. Logo, devemos aceitar H_0.

5.7.1 Aplicação ao teste de uma variância

A distribuição F pode ser alternativamente usada para a realização do teste de uma variância visto em 5.4, ou seja, da hipótese

$$H_0: \quad \sigma^2 = \sigma_0^2.$$

Para tanto, basta supor que o valor testado σ_0^2 seja a variância de uma segunda população hipotética que foi determinada com exatidão mediante uma amostra infinitamente grande, e usar como variável de teste

$$F = \frac{s^2}{\sigma_0^2} \tag{5.36}$$

(ou seu inverso, se for o caso), tomando como valor crítico o F tabelado com $\nu_1 = n - 1$ e $\nu_2 = \infty$.

Exemplo

Uma amostra de dez elementos extraída de uma população suposta normal forneceu variância igual a 12,4. Esse resultado é suficiente para podermos concluir, ao nível de 5% de significância, que a variância dessa população é inferior a 25?

Solução

Este é o mesmo exemplo dado na Sec. 5.4 como ilustração do teste de uma variância pelo χ^2. Devemos testar as hipóteses

$$H_0: \quad \sigma^2 = 25,$$
$$H_1: \quad \sigma^2 < 25.$$

Como as tabelas de F trazem apenas valores críticos à direita, vamos adaptar convenientemente o teste, escrevendo as hipóteses como:

$$H_0: \quad 25 = \sigma^2,$$
$$H_1: \quad 25 > \sigma^2.$$

O valor $\sigma_0^2 = 25$ será considerado como uma estimativa de variância com $\nu = \infty$, de forma que construímos a estatística

$$F_{\infty,\,9} = \frac{25}{12{,}4} \cong 2{,}016.$$

O valor crítico ao nível $\alpha = 5\%$ é

$$F_{\infty,\,9,\,5\%} = 2{,}71.$$

Logo, devemos aceitar H_0. Não podemos concluir que a variância da população seja inferior a 25, ao nível de 5% de significância. Esse resultado coincide com o anteriormente obtido.

5.8 COMPARAÇÃO DE DUAS PROPORÇÕES

Freqüentemente desejamos testar hipóteses referentes à diferença entre duas proporções populacionais, ou seja,

$$H_0: \quad p_1 - p_2 = \Delta_p,$$

contra a alternativa H_1 conveniente.

A variável de teste, evidentemente, será a diferença entre as freqüências relativas das duas amostras disponíveis, $p'_1 - p'_2$. Sabemos que, se $n_1 p'_1 \geq 5$, $n_1(1 - p'_1) \geq 5$, $n_2 p'_2 \geq 5$ e $n_2(1 - p'_2) \geq 5$, as distribuições por amostragem de p'_1 e p'_2 poderão ser aproximadas por distribuições normais de médias p_1 e p_2 e variâncias

$$\frac{p_1(1-p_1)}{n_1} \quad \text{e} \quad \frac{p_2(1-p_2)}{n_2}.$$

Nessas condições, sendo independentes as duas amostras, resultará que a distribuição da variável de teste $p'_1 - p'_2$ será também normal, com média $p_1 - p_2$ e variância

$$\sigma^2(p'_1 - p'_2) = \frac{p_1(1-p_1)}{n_1} + \frac{p_2(1-p_2)}{n_2}. \tag{5.37}$$

Logo, a hipótese H_0 poderia ser testada, de forma análoga aos casos anteriores, pela quantidade

$$z = \frac{(p'_1 - p'_2) - \Delta_p}{\sqrt{p_1(1-p_1)/n_1 + p_2(1-p_2)/n_2}}. \tag{5.38}$$

Como não conhecemos os valores de p_1 e p_2 (apenas temos uma hipótese quanto à sua diferença), vamos estimá-los pelas respectivas freqüências relativas amostrais, obtendo, por aproximação, o valor

$$z = \frac{(p'_1 - p'_2) - \Delta_p}{\sqrt{p'_1(1-p'_1)/n_1 + p'_2(1-p'_2)/n_2}}, \tag{5.39}$$

que será comparado com $-z_\alpha$ e z_α ou, em valor absoluto, com $z_{\alpha/2}$, conforme H_1.

Um caso muito comum é aquele em que desejamos testar a igualdade das duas proporções, ou seja, quando $\Delta_p = 0$. Nesse caso, por hipótese, $p_1 = p_2 = p$. Portanto a expressão (5.37) pode ser escrita

$$\sigma^2(p'_1 - p'_2) = p(1-p)\left(\frac{1}{n_1} + \frac{1}{n_2}\right). \tag{5.40}$$

A expressão (5.39) pode, nesse caso, ser colocada na forma

$$z = \frac{p'_1 - p'_2}{\sqrt{p'(1-p')(1/n_1 + 1/n_2)}}, \tag{5.41}$$

onde p' é a estimativa, baseada na fusão das duas amostras, da proporção comum p. O cálculo da estimativa p' é feito através de

$$p' = \frac{n_1 p_1' + n_2 p_2'}{n_1 + n_2} = \frac{f_1 + f_2}{n_1 + n_2}, \tag{5.42}$$

onde f_1 e $f2$ são as freqüências observadas nas duas amostras.

Se $\Delta_p = 0$, o cálculo de z pode ser feito indiferentemente pelas expressões (5.39) ou (5.41), pois a diferença resultante é, em geral, mínima (veja o exemplo que segue).

Exemplo

Em uma pesquisa de opinião, 32 dentre 80 homens declararam apreciar certa revista, acontecendo o mesmo com 26 dentre 50 mulheres. Ao nível de 5% de significância, os homens e as mulheres apreciam igualmente a revista?

Solução

Vamos testar que a proporção de apreciadores da revista seja a mesma entre homens e mulheres, ou seja,

$$H_0: \quad p_1 = p_2,$$
$$H_1: \quad p_1 \neq p_2.$$

Temos

$$p_1' = \frac{f_1}{n_1} = \frac{32}{80} = 0{,}40,$$

$$p_2' = \frac{f_2}{n_2} = \frac{26}{50} = 0{,}52,$$

$$p' = \frac{f_1 + f_2}{n_1 + n_2} = \frac{32+26}{80+50} = \frac{58}{130} = 0{,}446,$$

$$\therefore \sigma^2(p_1' - p_2') \cong p'(1-p')\left(\frac{1}{n_1} + \frac{1}{n_2}\right) = 0{,}446 \cdot 0{,}554 \cdot \left(\frac{1}{80} + \frac{1}{50}\right) \cong 0{,}00803.$$ [17]

As condições de aproximação da distribuição de $p_1' - p_2'$ pela normal estão satisfeitas. Logo,

$$z = \frac{p_1' - p_2'}{\sigma(p_1' - p_2')} \cong \frac{0{,}40 - 0{,}52}{\sqrt{0{,}00803}} \cong -1{,}34.$$

O valor crítico é $z_{2,5\%} = 1{,}96$. Então, aceitamos H_0, e devemos considerar que os homens e as mulheres apreciam igualmente a revista.

[17] Se fizéssemos o cálculo utilizando p_1' e p_2' na expressão (5.37), teríamos obtido o valor 0,00799.

5.9 INTERVALOS DE CONFIANÇA PARA A DIFERENÇA ENTRE PARÂMETROS

Os resultados obtidos em alguns itens anteriores podem ser usados para estabelecer intervalos de confiança para a diferença entre parâmetros populacionais. O procedimento é análogo ao visto diversas vezes no capítulo anterior.

Assim, por exemplo, no caso de se desejar estimar a diferença $\mu_1 - \mu_2$ entre as médias de duas populações normais cujos desvios-padrão σ_1 e σ_2 são conhecidos, podemos, considerando os resultados (5.23) e (5.25), escrever a expressão para o intervalo com confiança $1 - \alpha$:

$$\bar{x}_1 - x_2 \pm z_{\alpha/2}\sqrt{\frac{\sigma_1^2}{n_1} + \frac{\sigma_2^2}{n_2}}. \tag{5.43}$$

Se a estimação da diferença $\mu_1 - \mu_2$ for feita quando $\sigma_1 = \sigma_2 = \sigma$, porém se desconhecermos σ, teremos, de acordo com os resultados citados em 5.6.3,

$$\bar{x}_1 - \bar{x}_2 \pm t_{n_1+n_2-2,\, \alpha/2} \cdot \sqrt{s_p^2\left(\frac{1}{n_1} + \frac{1}{n_2}\right)}, \tag{5.44}$$

onde s_p^2 é calculado pela (5.28). E, ainda, se formos obrigados a admitir que $\sigma_1 \neq \sigma_2$, sendo esses desvios-padrão desconhecidos, poderemos estabelecer o intervalo de confiança na forma

$$\bar{x}_1 - \bar{x}_2 \pm t_{v,\, \alpha/2} \cdot \sqrt{\frac{s_1^2}{n_1} + \frac{s_2^2}{n_2}}, \tag{5.45}$$

sendo v calculado, com arredondamento para menos, pela expressão (5.32).

No caso de se desejar estimar a diferença entre duas proporções populacionais $p_1 - p_2$, a expressão será, tendo-se em vista os resultados citados em 5.8,

$$p'_1 - p'_2 \pm z_{\alpha/2} \cdot \sqrt{\frac{p'_1(1-p'_1)}{n_1} + \frac{p'_2(1-p'_2)}{n_2}}, \tag{5.46}$$

supondo que se possa usar a aproximação pela normal.

5.10 COMPARAÇÃO DE VÁRIAS AMOSTRAS

Métodos especiais são, em geral, necessários quando se deseja realizar a comparação entre parâmetros de mais de duas populações através da análise das respectivas amostras. O caso da comparação de várias médias, pela sua grande importância, será tratado à parte, no Cap. 7, onde o método da Análise de Variância é apresentado e discutido. Nesta seção, trataremos apenas da comparação de várias variâncias.

5.10.1 Comparação de várias variâncias*

Desejamos testar a hipótese

$$H_0: \quad \sigma_1^2 = \sigma_2^2 = \ldots = \sigma_k^2,$$

contra a alternativa de que pelo menos uma das variâncias difira, onde $\sigma^2{}_1$, σ_2^2, ..., σ_k^2 são as variâncias de k populações normalmente distribuídas e independentes. O teste será, evidentemente, baseado nas variâncias amostrais s_1^2, s_2^2, ..., s_k^2.

Se todas as amostras forem do mesmo tamanho, poderá ser usado o *teste de Cochran*, de execução extremamente simples. Caso contrário, deve-se usar o *teste de Bartlett*. Ambos esses testes são descritos a seguir.

Teste de Cochran

Se todas as amostras forem de mesmo tamanho n, a hipótese H_0 poderá ser testada pela estatística

$$g = \frac{\max s_i^2}{\Sigma s_i^2} \qquad i = 1, 2, \ldots, k. \tag{5.47}$$

A Tab. A6.6 fornece valores críticos de g em função de n e de k, aos níveis $\alpha = 5\%$ e $\alpha = 1\%$. H_0 será rejeitada se $g > g_\alpha$.

Exemplo

Quatro amostras de cinco elementos cada, extraídas de populações normais independentes, forneceram variâncias iguais a 1,0; 3,5; 5,0 e 2,0. Existe evidência, ao nível de 5% de significância, de que as populações não tenham todas a mesma variância?

Solução

Devemos calcular

$$g = \frac{\max s_i^2}{\Sigma s_i^2} = \frac{5{,}0}{1{,}0 + 3{,}5 + 5{,}0 + 2{,}0} = 0{,}435$$

A Tab. A6.6 fornece, para $\alpha = 5\%$, $n = 5$ e $k = 4$, o valor $g_{5\%} = 0{,}6287$. Como $g < g_{5\%}$, devemos aceitar a hipótese H_0 de igualdade das variâncias populacionais. Logo, não há a evidência mencionada.

Teste de Bartlett

Esse teste se baseia na estatística

$$\chi_{k-1}^2 = \frac{2{,}3026}{C}\left[(n-k)\log\frac{\Sigma_{i=1}^k v_i s_i^2}{n-k} - \Sigma_{i=1}^k v_i \log s_i^2\right], \tag{5.48}$$

onde os logaritmos são decimais[18], $n = \Sigma_{i-1}^{k} n_i$, onde n_i é o tamanho da i-ésima amostra, $v_i = n_i - 1$ e a constante C é dada por

$$C = 1 + \frac{1}{3(k-1)} \cdot \left(\Sigma_{i=1}^{k} \frac{1}{v_i} - \frac{1}{n-k} \right). \tag{5.49}$$

O teste utiliza o fato de que, sob H_0, a quantidade dada pela expressão (5.48) tem aproximadamente distribuição χ^2_{k-1}, conforme sugere a notação. Sendo H_0 falsa, essa quantidade tende a crescer, sendo o teste, portanto, unilateral à direita, ou seja, rejeitaremos H_0 se

$$\chi^2_{k-1} > \chi^2_{k-1,\,\alpha}.$$

Uma simplificação que pode ser feita consiste em calcular-se inicialmente $C\chi^2_{k-1}$. Se $C\chi^2_{k-1} > 1{,}5\chi^2_{k-1,\alpha}$, rejeita-se H_0; se $C\chi^2_{k-1} \leq \chi^2_{k-1,\,\alpha}$, aceita-se H_0. Caso contrário, há necessidade de se calcular χ^2_{k-1}, testando-o conforme visto.

Exemplo

Três amostras provenientes de populações normais, com 25, 15 e 32 elementos, forneceram, respectivamente, variâncias iguais a 4,65, 13,95 e 5,04. Ao nível de 5% de significância, há evidência de que as variâncias populacionais não sejam iguais?

Solução

Devemos usar o teste de Bartlett. A Tab. 5.5 apresenta os valores necessários ao cálculo de χ^2_{k-1}. Assim, temos

$$n - k = \Sigma_{i=1}^{k} v_i = 69,$$

$$(n-k)\log \frac{\Sigma_{i=1}^{k} v_i s_i^2}{n-k} = 69 \log \frac{463{,}14}{69} = 57{,}054,$$

$$\Sigma_{i=1}^{k} v_i \log s_i^2 = 53{,}818,$$

$$\therefore C\chi^2_{k-1} = 2{,}3026\ (57{,}054 - 53{,}818) = 7{,}4512.$$

Tabela 5.5 Valores para o cálculo de χ^2_{k-1}

Amostra	n_i	v_i	s_1^2	$v_i s_i^2$	$\log s_i^2$	$v_i \log s_i^2$	$1/v_i$
1	25	24	4,65	111,60	0,6675	16,019	0,0416
2	15	14	13,95	195,30	1,1446	16,024	0,0667
3	32	31	5,04	156,24	0,7024	21,775	0,0313
		69		463,14		53,818	0,1396

[18] Alternativamente, poderiam ser usados logaritmos neperianos, eliminando-se a constante 2,3026 da fórmula.

Como $\chi^2_{k-1,\alpha} = \chi^2_{2;\,5\%} = 5,99$, ainda não podemos tirar uma conclusão, pois $\chi^2_{2;\,5\%} < C\chi^2_{k-1} < 1,5\chi^2_{2;\,5\%}$. Devemos, pois, calcular a constante de correção C, para o que a última coluna da Tab. 5.5 será útil. Temos:

$$C = 1 + \frac{1}{3 \cdot 2}\left(0,1396 - \frac{1}{69}\right) \cong 1,021,$$

$$\therefore \chi^2_{k-1} = \frac{C\chi^2_{k-1}}{C} \cong \frac{7,4512}{1,021} = 7,2979 > \chi^2_{2;\,5\%}.$$

Logo, podemos rejeitar H_0 ao nível de 5% de significância. Existe a evidência mencionada.

5.11 EXERCÍCIOS PROPOSTOS

1. Suponha que os dados do exercício complementar número 3 do Cap. 2 sejam provenientes de uma população cujo desvio-padrão é conhecidamente igual a 1,25 g. Nos níveis de 5 e 1% de significância, esse resultado experimental permite concluir que o peso médio das embalagens seja superior a 33,5 g?

2. Uma amostra de seis elementos, extraída de uma população normal, forneceu

   $\Sigma x_i = 84,0$ e $\Sigma(x_1 - \bar{x})^2 = 55,0$.

   Deseja-se saber se a média da população pode ser considerada como superior a 11. Qual a conclusão, nos níveis de 5 e 1% de significância?

3. Uma amostra forneceu os seguintes valores: 17, 20, 14 e 18. Ao nível de 5% de significância, há evidência de que a média da população seja (a) inferior a 20 e (b) distinta de 20? △

4. Uma amostra de 27 elementos forneceu $\bar{x} = 3,2$ e $s^2(x) = 2,12$. Deseja-se saber se é possível afirmar, aos níveis de 5% e 1% de significância, que:

   a) a média da população seja distinta de 1,5;

   b) o desvio-padrão da população seja inferior a 5.

5. Os dados abaixo representam a resistência de dez pedaços de um cabo de aço, ensaiados por tração até a ruptura. Com base nos resultados obtidos, pretende-se saber se esse cabo obedece à especificação, que exige uma carga média de ruptura de 1.500 kg no mínimo. Qual sua conclusão, ao nível de 2% de significância ?

   1.508 1.518 1.492 1.505 1.515

   1.507 1.510 1.505 1.496 1.498. △

6. A cronometragem de certa operação industrial forneceu os seguintes valores para diversas determinações, dados em segundos:

113	124	115	107	120	126	114	110	116
117	118	113	125	119	118	114	122	117.

Podemos concluir que o tempo médio necessário para realizar essa operação não deve exceder a 2 min, ao nível de 5% de significância?

7. Em indivíduos normais, o consumo renal médio de oxigênio tem distribuição normal com média 12 cm^3/min e desvio-padrão 1,3 cm^3/min. Supondo-se que um pesquisador, interessado em saber se, em indivíduos com insuficiência cardíaca, o consumo renal médio de oxigênio é significativamente maior que 12 cm^3/min, fixasse $\alpha = 5\%$ e $\beta = 10\%$ se o consumo médio dos cardíacos é 13,0 cm^3/min ou mais:

a) formule o teste de hipóteses em questão;

b) traduza, em palavras, em termos do atual problema, os valores de α e β especificados;

c) determine o tamanho da amostra necessária para a realização do teste nas condições especificadas. △

8. Verifique a válidade da expressão (5.14) do texto. Por que razão essa expressão é aproximada?

9. Um produtor deseja obter peso específico médio 0,8 kg/dm^3 para certo material necessário à sua linha de produção. Admitindo o produtor a possibilidade de uma partida estar acima da especificação, quer saber se poderá, ao nível de 5% de significância, devolver a partida ao fornecedor. Para tanto, colheu uma amostra de doze porções do material, a qual forneceu média 0,81 kg/dm^3 e desvio-padrão 0,02 kg/dm^3. O fornecedor indica como sendo de 0,01 kg/dm^3 o desvio-padrão do peso específico do produto.

a) Aceitando como válido o desvio-padrão dado pelo fornecedor, comente o tamanho da amostra retirada, caso se deseje aceitar que o peso específico é 0,8 kg/dm^3, quando, na verdade, ele é superior a 0,82 kg/dm^3, com no máximo 1% de probabilidade.

b) Adotando o desvio-padrão da amostra como estimativa do verdadeiro σ, realize o teste com base na amostra colhida e dê as conclusões.

10. Medidos os diâmetros de 32 peças de uma produção, resultou a distribuição de freqüências que segue, valores em milímetros. Ao nível de 3% de significância, há evidência de que o diâmetro médio não seja 57,0 mm? Ao nível de 5% de significância, há evidência de que o desvio-padrão seja superior a 0,17 mm?

x_i	56,5	56,6	56,7	56,8	56,9	57,0	57,1	57,2	57,3
f_i	1	3	2	4	10	5	4	1	2 .

△

11. Verifique se os dados do exercício complementar número 3 do Cap. 2 permitem concluir, ao nível $\alpha = 5\%$, que o desvio-padrão da população é superior a 1 g.

12. A distribuição de freqüências que segue representa uma amostra retirada de uma população praticamente normal. Ao nível de 5% de significância, há evidência de que o desvio-padrão dessa população seja diferente de 15?

Classes	Freqüências
68 — 75	3
75 — 82	6
82 — 89	11
89 — 96	15
96 — 103	18
103 — 110	10
110 — 117	5
117 — 124	4

△

13. Mostre que, para podermos afirmar, ao nível de 5% de significância, que a variância de uma população normal é maior que dez, baseados em apenas dois elementos aleatoriamente retirados dessa população, é necessário que a diferença entre os valores desses elementos seja maior que 8,76.

14. Uma máquina foi regulada para fabricar placas de 5 mm de espessura, em média, com coeficiente de variação de, no máximo, 3%. A distribuição das espessuras é normal. Iniciada a produção, foi colhida uma amostra de tamanho 10, que forneceu as seguintes medidas de espessura, em milímetros:

5,1 4,8 5,0 4,7 4,8 5,0 4,5 4,9 4,8 5,2.

Ao nível $\alpha = 0{,}01$, pode-se aceitar a hipótese de que a regulagem da máquina foi satisfatória? △

15. Em 600 lançamentos de um dado, obteve-se o ponto seis em 123 lançamentos. Aos níveis de 5 e 1% de significância, há razão para se desconfiar de que o dado seja viciado em relação ao ponto seis? △

16. Um comprador, ao receber de um fornecedor um grande lote de peças, decidiu inspecionar duzentas delas. Decidiu também que o lote será rejeitado se ficar convencido, ao nível de 5% de significância, de que a proporção de peças defeituosas no lote é superior a 4%. Qual será sua decisão (aceitar ou rejeitar o lote) se, na amostra, forem encontradas onze peças defeituosas? △

17. Um industrial considera satisfatório se, no máximo, 8% das peças produzidas por sua indústria forem defeituosas. Se uma amostra de duzentas peças apresentou doze defeituosas, pode o industrial satisfazer-se com esse resultado, ao nível de 5% de significância?

18. Um teste consiste em jogar uma moeda quatro vezes, rejeitando-se a honestidade da moeda se se obtiverem quatro caras ou quatro coroas. Determinar o nível de significância do teste e esboçar, com razoável precisão, sua curva característica de operação.

19. Numa pesquisa de opinião eleitoral, dentre oitenta entrevistados, o candidato João obteve 48 votos, contra apenas 32 dados a seu opositor. Admitindo-se a amostra como bem representativa do eleitorado, pode-se concluir, ao nível de 1% de significância, que João será o vencedor da eleição? △

20. Entre milhares de casos de pneumonia não-tratados com sulfas, a porcentagem que desenvolveu complicações foi de 10%. Com o intuito de saber se o emprego das sulfas diminuiria essa porcentagem, cem casos de pneumonia foram tratados com sulfapiridina e, destes, cinco apresentaram complicações. Admitindo que os pacientes são comparáveis em tudo, exceto quanto ao tratamento, dizer se a proporção de complicações entre os tratados com sulfas é significativamente menor (nível 5%) que entre os não-tratados.

21. Um industrial deseja certificar-se de que a fração do mercado que prefere seu produto ao de seu concorrente é superior a 70%. Para tanto, colheu uma amostra aleatória de 165 opiniões, das quais 122 lhe foram favoráveis. Pode o industrial ficar satisfeito com esse resultado, adotado o nível de 5% de significância? Por outro lado, o industrial considera um erro grave o chegar a se desiludir (no caso, admitir que não tem mais de 70% do mercado) quando, em verdade, ele tem mais de 75%. Ele gostaria que a probabilidade de cometer esse erro não superasse 10%. Pergunta-se: a amostra utilizada seria suficiente para atender essa exigência ao nível de significância adotado?

22. Faça uma analogia entre o julgamento de um réu e um teste de hipóteses. Quais são as hipóteses H_0 e H_1 testadas no caso do julgamento? Em que consistem os erros tipo I e II?

23. Um dispositivo eletrônico deve ser tal que, quando acionado, estabeleça contato elétrico com 25% de probabilidade. Deseja-se testar, ao nível de 5% de significância, a capacidade desse dispositivo em satisfazer ao especificado, dentro de uma margem de erro não superior a 0,05, quanto ao valor real da probabilidade com que o contato se estabelece. A amostra deve ser tal que a probabilidade de se concluir erradamente que o dispositivo satisfaz à especificação dentro da margem de erro estipulada não seja superior a 3%. Qual o tamanho da amostra necessária e para quantos contatos obtidos iremos afirmar que o dispositivo não é satisfatório?

24. A fim de comparar a eficiência de dois operários, foram tomadas, para cada um, oito medidas do tempo gasto, em segundos, para realizar uma certa operação. Os resultados obtidos são dados a seguir. Pergunta-se se, ao nível de 5% de significância, os operários devem ser considerados igualmente eficientes ou não.

Operário 1:	35	32	40	36	35	32	33	37
Operário 2:	29	35	36	34	30	33	31	34.

25. Um banho de óleo é aquecido aos poucos e sua temperatura medida de meia em meia-hora por dois termômetros. Tendo-se obtido os valores abaixo, há diferença significativa entre as indicações dos dois termômetros, ao nível de 5% de significância?

Termômetro 1:	38,2	44,5	53,0	59,0	66,4	71,3
Termômetro 2:	37,5	44,2	51,6	58,0	66,8	72,4 .

△

26. Dadas duas amostras aleatórias de tamanhos 10 e 12, extraídas de duas populações normais independentes, as quais forneceram, respectivamente,

$\bar{x}_1 = 20$; $\bar{x}_2 = 24$; $s_1 = 5{,}0$; $s_2 = 3{,}6$;

teste as hipóteses:

a) de igualdade das variâncias;

b) de igualdade das médias.

Estabeleça também um intervalo de 95% de confiança para a diferença entre as médias populacionais. △

27. A fim de comparar duas marcas de cimento, A e B, fizemos experiência com quatro corpos de prova da marca A e cinco da marca B, obtendo as seguintes resistências à ruptura:

Marca A:	184	190	185	186 ;	
Marca B:	189	188	183	186	184.

Verifique se as resistências médias das duas marcas diferem entre si (nível de significância de 5%).

28. Um aparelho é utilizado para testar a durabilidade de lâmpadas submetidas a diversas tensões. O aparelho consta de oito soquetes ligados em paralelo e de um reostato ligado em série com um gerador e com os oito soquetes. Oito lâmpadas da marca A e oito da marca B foram ensaiadas nesse aparelho, sob as mesmas condições, fornecendo as seguintes durações, em horas:

Soquete	1	2	3	4	5	6	7	8
Marca A	35	26	40	35	31	49	38	24
Marca B	23	28	31	35	36	30	27	26

Podemos concordar com a afirmação dos fabricantes da marca A, de que suas lâmpadas têm maior durabilidade que as da marca B, na tensão utilizada? (O nível de significância é de 1%.)

29. Dois candidatos a um emprego, A e B, foram submetidos a um conjunto de oito questões, sendo anotados os tempos que cada um gastou na solução (dados a seguir, em minutos). Podemos, ao nível de 5% de significância, concluir que B foi mais rápido que A, em termos do tempo médio gasto para resolver questões do tipo das formuladas?

Dados:

Questão n.°	1	2	3	4	5	6	7	8
Tempo de A	11	8	15	2	7	18	9	10
Tempo de B	5	7	13	6	4	10	3	12 .

30. Duas amostras apresentaram as seguintes características:

Amostra 1	*Amostra* 2
$\Sigma(x_i - \bar{x})^2 = 12{,}5$	$\Sigma(y_i - \bar{y}) = 6{,}3$
$\bar{x} = 35{,}2$	$\bar{y} = 36{,}7$
$n = 6$	$n = 10$

Pode-se afirmar, ao nível de 5% de significância, que haja diferença de homogeneidade entre as duas populações? E diferença entre as médias?

31. Num estudo sobre o metabolismo do citrato no fígado foram tomadas amostras de sangue da veia hepática de dez indivíduos normais e amostras de sangue arterial de outros dez indivíduos normais, obtendo-se as seguintes determinações de citrato em cada amostra (em mg/mL):

Sangue da veia hepática	Sangue arterial
20,2	26,4
24,6	32,2
18,3	37,8
19,0	25,0
29,5	28,4
12,6	26,2
18,2	31,3
30,8	35,0
22,2	29,7
25,4	27,4

As amostras de sangue da veia hepática têm por média 21,16 mg/mL e por desvio-padrão 4,60 mg/mL. As amostras de sangue arterial têm por média 29,94 mg/mL e por desvio-padrão 4,15 mg/mL. Realize um teste de hipótese a fim de verificar se existe uma diferença significativa no sentido de um maior conteúdo médio de citrato no sangue arterial em relação ao sangue da veia hepática. Trabalhe com o nível de significância de 1%.

32. Em uma experiência industrial, um trabalho foi executado por dez operários, de acordo com o método I, e por vinte operários, de acordo com o método II. Os resultados levaram aos seguintes dados sobre a duração média e variabilidade do tempo necessário à execução do trabalho:

método I, $\bar{x}_1 = 53$ min, $s_1 = 6$ min;

método II, $\bar{x}_2 = 57$ min, $s_2 = 15$ min.

Ao nível de significância de 5%:

a) teste se os dois métodos devem ser considerados como tendo a mesma variabilidade de tempo.

b) diga se os dados permitem afirmar que o método I fornece um tempo médio menor que o método II.

33. Um revendedor de ventiladores de certa marca anotou as vendas feitas de janeiro de 2000 a outubro de 2001, dadas a seguir, cronologicamente. Elabore um teste adequado para verificar se as vendas variaram significativamente de 2000 a 2001.

As vendas foram:

208, 142, 99, 74, 70, 63, 79, 75, 85, 110, 156, 222, 230, 158, 101, 85, 66, 79, 84, 87, 80 e 130.

34. A qualidade de rebites é tanto melhor quanto maiores sua resistência média e sua homogeneidade. Seis rebites de duas marcas foram ensaiados ao cisalhamento, tendo-se obtido as seguintes cargas de ruptura:

Rebite n.°	1	2	3	4	5	6
Marca A	34,9	35,5	38,8	39,2	33,7	37,6
Marca B	38,5	39,0	40,7	42,9	37,8	41,4 .

Esses resultados ratificam a afirmação do produtor da marca B de que seus rebites são melhores quanto a pelo menos um aspecto? ($\alpha = 5\%$.) △

35. Com o intuito de controlar a homogeneidade da produção de certas partes no tempo, amostras semanais são retiradas da produção corrente. Uma primeira amostra, de dez elementos, forneceu média 284,55 e desvio-padrão 0,320, ao passo que uma segunda amostra forneceu, nas mesmas unidades, os seguintes valores:

284,6 283,9 284,8 285,2 284,3 283,7 284,0.

Ao nível de 5% de significância, podemos concluir que a homogeneidade da produção tenha variado no decorrer das duas semanas investigadas? △

36. Uma pesquisa de audiência foi feita num domingo à noite entre telespectadores de São Paulo e do Rio de Janeiro. Em São Paulo, dentre 100 entrevistados, 65 declararam preferir o programa do Mr. X, enquanto que, no Rio, dentre 80 entrevistados, 45 declararam preferir tal programa. Ao nível de 1% de significância, podemos concluir que Mr. X é mais apreciado em São Paulo que no Rio?

37. Num ensaio de tintas para proteção de superfícies metálicas, 55 painéis foram pintados com uma tinta A e outros 75 com outra tinta B. Decorridos dois anos de exposição ao ar livre, verificou-se que, no primeiro grupo, apenas seis painéis apresentavam problemas, enquanto que, no segundo, o número de painéis defeituosos era de 19. Pode-se concluir, desses dados, com 5% de significância, que as duas marcas ensaiadas diferem em sua capacidade de proteção?

38. São dados os seguintes três grupos de observações:

Grupo A	35	26	31	34	29	37
Grupo B	61	69	58	57	62	64
Grupo C	42	45	41	44	42	43.

Com 5% de significância, os três grupos têm desvios-padrão equivalentes?

39. Três amostras, de 5, 8 e 7 elementos, respectivamente, forneceram:

$s_1^2 = 3,2, \quad s_2^2 = 7,6, \quad s_3^2 = 7,2.$

Teste a hipótese de que as três amostras provêm de populações de mesma variância. Em caso afirmativo, estime essa variância.

Capítulo 6

Testes não-paramétricos

6.1 INTRODUÇÃO

Vimos no capítulo precedente como se podem testar hipóteses referentes a um parâmetro populacional ou à comparação entre dois parâmetros. Tais testes são, por essa razão, paramétricos. Ocupar-nos-emos agora dos testes ditos não-paramétricos, que se referem a outros aspectos que não os parâmetros em si. Esses testes podem ser úteis em diversos casos e, às vezes, podem ser usados como alternativa a algum teste paramétrico, conforme adiante será comentado.

Existe um grande número de testes não-paramétricos, muito utilizados nas ciências sociais, no campo biológico e em diversas outras aplicações. Uma referência clássica nesse campo seria a de número 20. Nesta edição, nos cingiremos a apenas duas categorias desses testes, possívelmente as mais utilizadas na Engenharia e ciências afins.

6.2 TESTES DE ADERÊNCIA

Uma importante classe de teste não-paramétrico é constituída pelos chamados *testes de aderência*, em que a hipótese testada refere-se à forma da distribuição da população. Nesses testes, admitimos, por hipótese, que a distribuição da variável de interesse na população seja descrita por determinado modelo de distribuição de probabilidade e testamos esse modelo, ou seja, verificamos a boa ou má *aderência* dos dados da amostra ao modelo. Se obtivermos uma boa aderência e a amostra for razoavelmente grande, poderemos, em princípio, admitir que o modelo forneça uma boa idealização da distribuição populacional. Inversamente, a rejeição de H_0 em um dado nível de significância indica que o modelo testado é inadequado para representar a distribuição da população.[1]

Veremos três maneiras de realizar os testes de aderência: pelo qui-quadrado (χ^2), pelo método de Kolmogorov-Smirnov e graficamente.

---

[1] Os testes de aderência são uma ferramenta certamente útil quando se pensa no *problema de especificação*, mencionado em 4.1.

6.2.1 Testes de aderência pelo χ^2

Essa forma de testar a aderência foi desenvolvida por Karl Pearson e baseia-se na estatística

$$\chi_v^2 = \sum_{i=1}^{k} \frac{(O_i - E_i)^2}{E_i} = \sum_{i=1}^{k} \frac{O_i^2}{E_i} - n \,, \quad [2] \qquad (6.1)$$

sendo:

- χ_v^2 a estatística de teste, com v graus de liberdade;
- O_i a freqüência observada de uma determinada classe ou valor da variável;
- E_i a freqüência esperada, segundo o modelo testado, dessa classe ou valor da variável;
- $n = \sum_{i=1}^{k} O_i = \sum_{i=1}^{k} E_i$ = número de elementos da amostra;
- k = número de classes ou valores considerados.

Pearson mostrou que, se o modelo testado for verdadeiro e se todas $E_i \geq 5$, a quantidade definida em (6.1) terá aproximadamente distribuição χ_v^2 com $v = k - 1 - m$, sendo k o número de parcelas somadas e m o número de parâmetros do modelo estimados independentemente a partir da amostra. A subtração de 1 ao valor de k deve-se a existência da restrição $\sum_{i=1}^{k} O_i = n$ entre as freqüências observadas. O cálculo das freqüências esperadas é feito através da expressão

$$E_i = np_i \,, \qquad (6.2)$$

onde p_i é a probabilidade, segundo o modelo, de se obter um valor da variável na classe considerada, e n é o número de elementos da amostra. Essa expressão resulta do fato de que cada freqüência observada O_i terá, para população infinita, distribuição binomial com parâmetros n e p_i, sendo, portanto, sua expectância calculada conforme expusemos.

O fato de a quantidade definida em (6.1) se distribuir aproximadamente segundo um χ^2 não deve surpreender, pois

$$\sum_{i=1}^{k} \frac{(O_i - E_i)^2}{E_i} = \sum_{i=1}^{k} \left(\frac{O_i - E_i}{\sqrt{E_i}} \right)^2 \qquad (6.3)$$

e, havendo várias classes, $\sqrt{E_i} = \sqrt{np_i} \cong \sqrt{np_i(1-p_i)}$, pois os p_i deverão ser pequenos. Ora, sendo $E_i \geq 5$, a distribuição binomial das O_i aproxima-se da normal, e o valor entre parênteses no segundo membro de (6.3) seria aproximadamente um valor de z. Como a distribuição χ^2 surge de uma soma de valores de z ao quadrado, resulta que o somatório deveria mesmo fornecer uma variável com distribuição próxima do χ^2.

O teste é unilateral, devendo a hipótese H_0 ser rejeitada se $\chi_v^2 > \chi_{v,\,\alpha}^2$. Isso é razoável, pois, se o modelo testado estiver longe da realidade, as freqüências observadas irão diferir bastante das esperadas, e a variável de teste tenderá a crescer.

---

[2] Como essa expressão implica uma aproximação de distribuições binomiais por normais, a correção de continuidade (ver A1.4.5, no Ap. 1), já mencionada anteriormente no texto, poderá ser aplicada, para maior rigor, na execução do teste. Para tanto, calcular-se-ia o χ_v^2 através de

$$\chi_v^2 = \sum_{i=1}^{k} \frac{(|O_i - E_i| - 0{,}5)^2}{E_i}.$$

Caso existam classes que não satisfaçam à condição $E_i \geq 5$, estas deverão ser "fundidas" às classes adjacentes, conforme veremos no exemplo a seguir.[3]

Exemplo

O número de defeitos por unidade observado em uma amostra de cem aparelhos de televisão produzidos em uma linha de montagem apresentou a seguinte distribuição de freqüências:

Número de defeitos	0	1	2	3	4	5	6	7;
Número de aparelhos	25	35	18	13	4	2	2	1.

Verificar se o número de defeitos por unidade segue razoavelmente uma distribuição de Poisson.

Solução

Usaremos o teste de aderência pelo χ^2 para testar as seguintes hipóteses:

H_0: a distribuição do número de defeitos por unidade é do tipo Poisson;
H_1: tal não ocorre.

Sabe-se, do Cálculo de Probabilidades, que a Distribuição de Poisson é uma distribuição discreta cujas probabilidades são dadas por

$$P(X = k) = \frac{\mu^k e^{-\mu}}{k!} \quad (k = 0, 1, 2, \ldots), \tag{6.4}$$

onde μ é a média da distribuição. É, portanto, uma distribuição que fica bem caracterizada com o conhecimento de um único parâmetro, sua média μ.

Como a hipótese testada não especifica a média μ do modelo, o primeiro passo será estimá-la por meio da média amostral $\bar{x}$. Da Tab. 6.1, retiramos o valor de $\sum x_i f_i$, e obtemos

$$\bar{x} = \frac{\sum x_i f_i}{n} = \frac{155}{100} = 1{,}55.$$

Usaremos, portanto, o modelo de Poisson com média $\mu = 1{,}55$ para o cálculo das probabilidades p_i. Considerando $p_i = P(X = i)$, $i = 0, 1, 2, \ldots$, temos, aplicando a fórmula de Poisson (6.4),

$$p_0 = \frac{(1{,}55)^0 e^{-1{,}55}}{0!} = e^{-1{,}55} \cong 0{,}212,$$

$$p_1 = \frac{(1{,}55)^1 e^{-1{,}55}}{1!} = 1{,}55\, e^{-1{,}55} \cong 0{,}329,$$

$$p_2 = \frac{(1{,}55)^2 e^{-1{,}55}}{2!} = \frac{2{,}4025}{2} e^{-1{,}55} \cong 0{,}255, \text{ etc.}$$

[3] Segundo a Ref. 10, a condição $E_i \geq 5$ é, em geral, conservadora, podendo-se, em muitos casos, realizar o teste com boa precisão, mesmo com algum E_i da ordem de 1,5. A Ref. 20 considera a restrição $E_i \geq 5$ obrigatória apenas quando $k = 2$. Além disso, recomenda não usar o teste quando mais de 20% das E_i são menores que 5.

Resultam os valores dados na Tab. 6.1, os quais, multiplicados por $n = 100$, fornecem os E_i, chegando-se, por fim, ao valor do χ^2_v, por meio da expressão (6.1), sendo seu cálculo ilustrado na própria tabela.

Deve-se notar que a condição $E_i \geq 5$ não é satisfeita para os valores 5, 6 e 7 da variável. Logo, fundimos esses valores ao valor 4, passando a considerar o conjunto de valores $X \geq 4$ com freqüência observada 9 e freqüência esperada 7,2. O valor χ^2_v calculado pela (6.1) foi 3,474.

Tabela 6.1 Cálculo de χ^2_v

x_i	$f_i = O_i$	$x_i f_i$	p_i	E_i	$O_i - E_i$	$\frac{(O_i - E_i)^2}{E_i}$
0	25	0	0,212	21,2	3,8	0,681
1	35	35	0,329	32,9	2,1	0,134
2	18	36	0,225	25,5	- 7,5	2,206
3	13	39	0,132	13,2	- 0,2	0,003
4	4 } 9	16	0,051	5,1 } 7,2	1,8	0,450
5	2	10	0,016	1,6		
6	2	12	0,004	0,4		
7	1	7	0,001	0,1		
	100	155		100,0		3,474

Para determinação do χ^2_v crítico, o número de graus de liberdade deverá ser

$$v = k - 1 - m = 5 - 1 - 1 = 3,$$

pois houve cinco parcelas e estimamos um parâmetro a partir da amostra. Adotaremos $\alpha = 5\%$. Logo,

$$\chi^2_{\text{crítico}} = \chi^2_{3;\,5\%} = 7{,}815.$$

Logo, como $3{,}474 < 7{,}815$, aceitamos H_0, e concluímos que a variável adere bem ao modelo de Poisson. Note-se que não estamos afirmando isso, mas, face a termos uma amostra de cem elementos, que já não é pequena, além de uma aceitação razoavelmente folgada, tudo indica que podemos admitir o modelo como perfeitamente razoável.

Por outro lado, lembrando que $\mu(\chi^2_v) = v$, vemos que o χ^2_v obtido foi bastante próximo de sua média, o que sugere que a distribuição do valor calculado seja mesmo χ^2, compativelmente com H_0.

6.2.2 Método de Kolmogorov-Smirnov

Kolmogorov e Smirnov desenvolveram um método, em geral mais poderoso que o do χ^2, para testar a aderência, em que a variável de teste é a maior diferença observada entre a função de distribuição acumulada do modelo e a da amostra.

A função de distribuição acumulada do modelo testado, ou função de repartição, dá as probabilidades acumuladas em cada ponto, ou seja, $F(x) = P(X \geq x)$.[4] A função de distribuição acumulada da amostra corresponderá ao gráfico das freqüências relativas acumuladas, visto no Cap. 2. Designaremos essa segunda função por $G(x)$. O teste consta simplesmente da verificação do valor

$$d = \max |F(x) - G(x)| \qquad (6.5)$$

e da comparação com um valor crítico tabelado em função de α e n. Se d for maior que o valor crítico, rejeita-se H_0. Valores críticos para os níveis de significância usuais são dados na Tab. 6.2. Sendo $n > 50$, calcular os valores críticos, para $\alpha = 5\%$ e $\alpha = 1\%$, por, respectivamente,

$$\frac{1{,}36}{\sqrt{n}} \quad \text{e} \quad \frac{1{,}63}{\sqrt{n}}.$$

Tabela 6.2 Valores críticos para o teste de Kolmogorov-Smirnov

n	$\alpha = 5\%$	$\alpha = 1\%$	n	$\alpha = 5\%$	$\alpha = 1\%$
1	0,975	0,995	14	0,349	0,418
2	0,842	0,929	15	0,338	0,404
3	0,708	0,829	16	0,327	0,392
4	0,624	0,734	17	0,318	0,381
5	0,563	0,669	18	0,309	0,371
6	0,519	0,617	19	0,301	0,361
7	0,483	0,576	20	0,294	0,352
8	0,454	0,542	25	0,264	0,317
9	0,430	0,513	30	0,242	0,290
10	0,409	0,490	35	0,224	0,269
11	0,391	0,468	40	0,210	0,252
12	0,375	0,449	45	0,198	0,238
13	0,361	0,432	50	0,188	0,227

O método é exato para distribuições contínuas de parâmetros conhecidos, devendo a função $G(x)$ ser construída com base nos valores individuais da amostra. Quando os parâmetros são estimados, o modelo testado é discreto ou os dados estão agrupados em classes [caso em que $G(x)$ corresponderá ao polígono de freqüências relativas acumuladas], o teste é válido apenas por aproximação.

[4] Ver o Ap. 1, item A1.2.2.

Exemplo

Uma amostra de dez elementos forneceu os seguintes valores:

27,8	29,2	30,6	27,0	33,5
29,5	27,3	25,4	28,0	30,2

Testar a hipótese de que ela seja proveniente de uma população normal de média 30 e desvio-padrão 2.

Solução

Por meio dos z_i correspondentes aos x_i já ordenados, obtemos os $F(x_i)$ com auxílio da tabela da distribuição normal. Por seu turno, os $G(x_i)$ serão iguais a $(i-1)/n$ à esquerda do ponto x_i, e a i/n à direita de x_i. As diferenças $|F(x_i) - G(x_i)|$ foram calculadas à esquerda e à direita dos pontos x_i, e são fornecidas na Tab. 6.3. A coluna $G(x_i)$ está desalinhada, indicando, por exemplo, que $G(x_i) = 0{,}10$ à esquerda de 27,0 e $G(x_i) = 0{,}20$ à direita desse valor.

Vemos que $d = \max |F(x_i) - G(x_i)| = 0{,}3413$. Para $n = 10$, o valor crítico ao nível $\alpha = 5\%$ de significância é 0,409, obtido na Tab. 6.2. Logo, não podemos rejeitar a hipótese testada de normalidade da distribuição da população.

Tabela 6.3 — Cálculo da estatística *d*

x_i	z_i	$F(x_i)$	$G(x_i)$	$\lvert F(x_i) - G(x_i)\rvert$	
				Esquerda	Direita
			0,00		
25,4	-2,30	0,0107		0,0107	0,0893
			0,10		
27,0	-1,50	0,0668		0,0332	0,1332
			0,20		
27,3	-1,35	0,0885		0,1115	0,2115
			0,30		
27,8	-1,10	0,1357		0,1643	0,2643
			0,40		
28,0	-1,00	0 1587		0,2413	0,3413
			0,50		
29,2	-0,40	0,3446		0,1554	0,2554
			0,60		
29,5	-0,25	0,4013		0,1987	0,2987
			0,70		
30,2	0,10	0,5398		0,1602	0,2602
			0,80		
30,6	0,30	0,6779		0,1221	0,2221
			0,90		
33,5	1,75	0,9599		0,0599	0,0401
			1,00		

6.2.3 Verificação gráfica da aderência

Processos gráficos podem ser usados para se verificar a aderência dos dados experimentais a certos modelos teóricos. São, é claro, processos simplificados e aproximados, envolvendo subjetividade, que devem apenas ser usados quando não há muita exigência de rigor.

Assim, o teste de aderência a uma distribuição normal pode ser feito mediante o uso do "papel de probabilidade normal", que é um papel quadriculado em que uma das escalas está subdividida conforme os percentis de uma distribuição normal. Se plotarmos na escala linear os valores da variável e na "escala normal" os valores da freqüência relativa acumulada, os pontos assim determinados no corpo do papel deverão se orientar aproximadamente segundo uma reta, se a hipótese de normalidade da distribuição for verdadeira.

Como ilustração, tomemos os dez valores abaixo, já ordenados, que retiramos ao acaso de uma população reconhecidamente normal:

213	215	221	222	226
228	232	238	240	252

A plotagem desses valores no papel de probabilidade normal é apresentada na Fig. 6.1. A regra para se plotarem n valores ordenados é a de se estabelecer a correspondência entre o i$^{\underline{o}}$ valor e o percentil $50(2i - 1)/n$. Assim, no nosso exemplo, os dez valores ordenados correspondem aos percentis 5%, 15%, ..., 95%, distribuídos simetricamente em probabilidade.

6.3 TABELAS DE CONTINGÊNCIA — TESTE DE INDEPENDÊNCIA

Quando existem duas ou mais variáveis qualitativas de interesse, a representação tabular das freqüências observadas pode ser feita através de uma *tabela de contingência*. No caso de duas variáveis apenas, essa representação torna-se muito cômoda, mediante uma simples tabela de duas entradas.

Seja, por exemplo, uma amostra de cem pessoas, que foram entrevistadas quanto a suas opiniões sobre determinado projeto de lei, tendo sido obtidos os resultados dados na Tab. 6.4.

Tabela 6.4 Opinião de homens e mulheres sobre determinado projeto de lei

Sexo	Opinião			Totais
	Favorável	Desfavorável	Indiferente	
Homens	33	12	15	60
Mulheres	7	20	13	40
Totais	40	32	28	100

Temos uma tabela de contingência de dimensão 2×3, pois a variável "sexo" apresenta duas classificações possíveis, e a variável "opinião", três classificações. As freqüências registradas na parte interna indicam que 33 homens foram favoráveis, 12 foram desfavoráveis, etc., no total geral de 100 pessoas entrevistadas. A linha e a coluna de totais dão as distribuições de freqüências marginais, isto é, as distribuições de cada variável qualitativa considerada individualmente, não importando a outra variável.

Com a tabela de contingência, conseguimos uma maneira conveniente de fazer a descrição dos dados da amostra quando temos duas ou mais variáveis qualitativas a considerar. Passemos agora à análise dos dados fornecidos pela tabela.

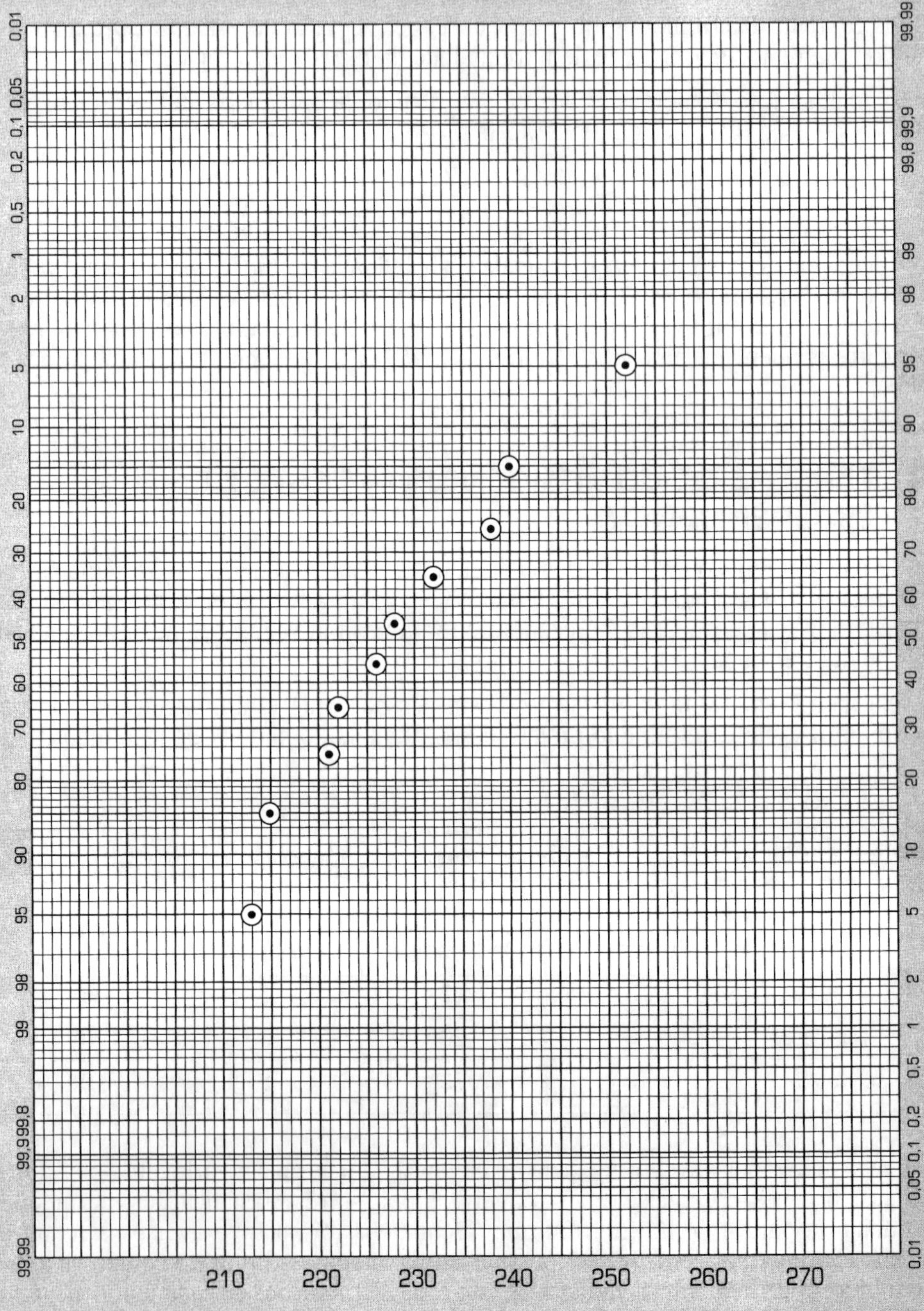

Figura 6.1 *Papel de probabilidade normal.*

Uma indagação que pode ser objeto de um teste simples é se as variáveis qualitativas envolvidas são ou não independentes. Ou seja, podemos desejar testar as hipóteses:

H_0: as variáveis são independentes;

H_1: as variáveis não são independentes, ou seja, elas apresentam algum grau de associação entre si.

Tal teste pode ser feito pelo χ^2, de maneira semelhante ao visto em 6.2.1, ou seja, pela quantidade

$$\chi_v^2 = \sum_{i=1}^{r} \sum_{j=1}^{s} \frac{(O_{ij} - E_{ij})^2}{E_{ij}} = \sum_{i=1}^{r} \sum_{j=1}^{s} \frac{O_{ij}^2}{E_{ij}} - n, \qquad (6.6)$$

sendo:

χ_v^2 a estatística de teste, com v graus de liberdade;
r o número de linhas do corpo da tabela;
s o número de colunas do corpo da tabela;
O_{ij} a freqüência observada na interseção da linha i com a coluna j;
E_{ij} a freqüência esperada na interseção da linha i com a coluna j;
$n = \sum_{i=1}^{r}\sum_{j=1}^{s} O_{ij}$ = o número de elementos da amostra.

As freqüências esperadas de cada cela da tabela são calculadas por

$$E_{ij} = np_{in}, \qquad (6.7)$$

onde p_{ij} é a probabilidade de ocorrer uma observação na cela considerada. Ora, havendo independência entre as variáveis (conforme H_0), temos que

$$p_{ij} = p_{i.} \cdot p_{.j}, \qquad (6.8)$$ [5]

onde $p_{i.}$ é a probabilidade marginal correspondente à linha i e $p_{.j}$ a probabilidade marginal correspondente à coluna j.

Como não conhecemos as probabilidades marginais, deveremos estimá-las, através das correspondentes freqüências relativas $p'_{i.}$ e $p'_{.j}$. Ora,

$$p'_{i.} = \frac{f_{i.}}{n} \quad \text{e} \quad p'_{.j} = \frac{f_{.j}}{n},$$
$$\therefore E_{ij} = np_{i.}p_{.j} \cong np'_{i.}p'_{.j} = n\frac{f_{i.}}{n}\cdot\frac{f_{.j}}{n} = \frac{f_{i.}f_{.j}}{n}. \qquad (6.9)$$

Isso nos fornece a regra prática para o cálculo das freqüências esperadas: multiplicar o total da linha pelo total da coluna e dividir pela freqüência total n, conforme será visto no exemplo a seguir. A restrição vista em 6.2.1, segundo a qual $E_{ij} \geq 5$, também deve ser respeitada aqui.[6]

Quanto ao número de graus de liberdade com que a variável de teste χ_v^2 deverá ser testada, sua determinação pode ser feita verificando-se quantas das freqüências observadas O_{ij} permanecem "livres" após a determinação das freqüências esperadas. Ora, estas foram determinadas com base na fixação dos totais marginais. Então, respeitados esses totais, o número de valores O_{ij} com grau de liberdade será

$$v = (r-1)(s-1), \qquad (6.10)$$

[5] Essa expressão resulta da aplicação direta da definição de variáveis independentes, dada no Ap. 1.
[6] A esse respeito, ver também a Ref. 20.

pois fatalmente a última freqüência observada a ser considerada em cada linha ou coluna estará determinada pelo total fixado da linha ou coluna, o que equivale a ter-se uma linha e uma coluna sem graus de liberdade. O valor ν determinado pressupõe que nenhuma cela se fundiu a outra, para efeito de satisfação da condição $E_{ij} \geq 5$.

No caso bastante comum de tabela 2×2, o cálculo do χ^2_ν pode ser feito alternativamente pela expressão [7]

$$\chi^2_1 = \frac{n(ad - bc)^2}{(a+b)(a+c)(b+d)(c+d)}, \qquad (6.11)$$

onde a, b, c e d são as freqüências observadas, organizadas conforme o esquema

a	b
c	d

Por outro lado, se tivermos, por exemplo, três variáveis a considerar, poderemos testar a hipótese de todas serem independentes entre si, o que seria feito de modo totalmente análogo ao visto, através de um χ^2 com $(r-1)(s-1)(t-1)$ graus de liberdade. Podemos também desejar testar a hipótese de uma das variáveis ser independente das outras duas. Nesse caso, cada combinação de resultados dessas duas variáveis seria considerada como um resultado individual de uma segunda variável, recaindo-se no caso já visto de apenas duas variáveis. Assim, se desejarmos testar que a primeira das variáveis consideradas (r resultados) é independente da segunda (s resultados) e da terceira (t resultados), recairemos no caso do teste da independência de duas variáveis mediante um χ^2 com $(r-1)(st-1)$ graus de liberdade.

Outro ponto que deve ser mencionado diz respeito ao fato de que, muitas vezes, uma das variáveis praticamente representa uma classificação dos elementos em populações distintas. Assim, no exemplo anteriormente dado, poderíamos encarar o "sexo" não como um atributo dos elementos de uma única amostra de cem pessoas, mas como uma característica que define duas populações: a dos homens e a das mulheres. Teríamos então duas amostras, cada uma retirada de uma população diferente, e estaríamos testando pelo χ^2 a hipótese de que a variável opinião se distribua de forma idêntica nas duas populações. Embora o teste seja formalmente o mesmo, há autores que preferem considerá-lo, quando encarado dessa forma, como um *teste de homogeneidade*. O assunto é controverso, e não nos deteremos em sua discussão.

Pode-se ainda verificar que, no caso de uma tabela 2×2, o teste pelo χ^2 é equivalente ao teste da igualdade de duas proporções, visto em 5.8, na sua forma bilateral, ou seja, das hipóteses

$$H_0: \quad p_1 - p_2,$$
$$H_1; \quad p_1 \neq p_2,$$

o que pode ser facilmente demonstrado. A condição $E_{ij} \geq 5$ equivale às condições impostas anteriormente para a aproximação da distribuição binomial pela normal. A equivalência entre os dois testes será mais facilmente percebida se encararmos o teste χ^2 como um teste de homogeneidade, em que teríamos duas amostras com base nas quais testaríamos ser a proporção de sucessos (e de fracassos) a mesma em ambas as populações.

[7] A correção de continuidade aplicada a essa expressão leva a

$$\chi^2_1 = \frac{n(|ad-bc|-n/2)^2}{(a+b)(a+c)(b+d)(c+d)}.$$

Exemplo

Realizar o teste de independência para os dados da Tab. 6.4 ao nível de 1% de significância.

Solução

A Tab. 6.5 é uma reprodução da Tab. 6.4, tendo sido incluídas nas celas de seu corpo as freqüências esperadas, calculadas a seguir, mediante (6.9):

$$E_{11} = \frac{60 \cdot 40}{100} = 24,0; \qquad E_{12} = \frac{60 \cdot 32}{100} = 19,2; \qquad E_{13} = \frac{60 \cdot 28}{100} = 16,8;$$

$$E_{21} = \frac{40 \cdot 40}{100} = 16,0; \qquad E_{22} = \frac{40 \cdot 32}{100} = 12,8; \qquad E_{23} = \frac{40 \cdot 28}{100} = 11,2.$$

Tabela 6.5 Freqüências observadas e esperadas

Sexo	Opinião			Totais
	Favorável	Desfavorável	Indiferente	
Homens	33 / 24,0	12 / 19,2	15 / 16,8	60
Mulheres	7 / 16,0	20 / 12,8	13 / 11,2	40
Totais	40	32	28	100

Vemos que, na condição de independência, as freqüências esperadas mantêm relações constantes entre todas as linhas e todas as colunas, inclusive os totais. Ou seja, se há independência, espera-se que as opiniões estejam na relação 40:32 :28 independentemente do sexo. Efetivamente, essa relação se verifica entre as freqüências esperadas que calculamos (24,0:19,2:16,8 entre os homens e 16,0:12,8:11,2 entre as mulheres). Da mesma forma, o sexo independeria da opinião, pois 24,0:16,0 equivale a 19,2:12,8, a 16,8:11,2 e a 60:40. Resta saber se as freqüências observadas diferiram significativamente ou não das esperadas, o que será verificado pelo χ^2, cujo cálculo é feito na Tab. 6.6.

Vemos que o χ^2_ν calculado pela expressão (6.6) é 15,670. O valor crítico para $\alpha = 1\%$ e

$$\nu = (r-1)(s-1) = 1 \cdot 2 = 2$$

é

$$\chi^2_{\text{crítico}} = \chi^2_{2;\,1\%} = 9,210$$

Portanto, mesmo ao nível de 1% de significância, podemos rejeitar a hipótese de independência entre opinião e sexo. Esse resultado era realmente de se esperar, a uma simples análise visual da tabela de contingência. Entretanto restava saber se o tamanho da amostra era suficientemente grande para se poder realizar a indução ao nível de significância desejado.

Tabela 6.6 Cálculo de χ^2_ν

O_{ij}	E_{ij}	$O_{ij} - E_{ij}$	$\frac{(O_{ij} - E_{ij})^2}{E_{ij}}$
33	24,0	9,0	3,375
12	19,2	-7,2	2,700
15	16,8	-1,8	0,193
7	16,0	-9,0	5,063
20	12,8	7,2	4,050
13	11,2	1,8	0,289
100	100,0		15,670

6.4 COMPARAÇÃO DE DUAS POPULAÇÕES

Há casos em que estamos interessados em testar a hipótese de que duas populações tenham a mesma distribuição de probabilidade. Um exemplo é dado pelo teste de homogeneidade, mencionado em 6.3, usado quando a variável de interesse é qualitativa.

Em certos casos, o problema já foi tratado anteriormente por via indireta. Assim, quando fazemos o teste t de igualdade das médias de duas populações supostas normais e de mesmo desvio-padrão, estamos implicitamente testando a hipótese de que as duas populações sejam idênticas. O mesmo acontece se testamos a hipótese da igualdade entre duas proporções populacionais.

Entretando deixar a peculiaridade dos testes não-paramétricos usados na comparação de duas populações está em independerem da forma da distribuição populacional. Isso, por um lado, representa uma vantagem, pois torna tais testes aplicáveis mesmo em casos de desconhecimento total sobre o comportamento da variável de interesse. Por outro lado, os testes não-paramétricos são, em geral, mais fracos que um paramétrico equivalente. Isso, porém, não lhes elimina a utilidade, pois nem sempre podemos confiar na validade de hipóteses adicionais, como aquelas implícitas ao se realizar o teste t.

Embora haja diversos testes que poderíamos apresentar neste tópico, limitar-nos-emos a apenas um deles, por ser julgado de maior aplicabilidade e a título de ilustração.

6.4.1 Teste de seqüências

Quando temos uma série de observações do tipo *sim* ou *não*, chamamos de *seqüência* um conjunto de observações consecutivas do mesmo tipo. Para ilustrar isso, jogamos uma moeda cinqüenta vezes e anotamos a série de observações, designando "coroa" por C e "cara" por K. Obtivemos:

C K C K K K C K K C K K K C C K C K C C K K K C K
C K K C K K C C C C C C K C C K C K K C C C K C

Verificamos a ocorrência de $n_1 = 26$ observações de um tipo (coroa) e $n_2 = 24$ observações do outro tipo (cara). O número de seqüências observado foi $u = 29$.

Um teste bastante simples pode ser realizado com base no número de seqüências observadas para verificar se consideramos que as seqüências ocorrem ou não ao acaso. O teste se baseia no fato de que, sendo verdadeira a hipótese testada de que as seqüências ocorram aleatoriamente, o número de seqüências observadas não deverá ser nem excessivamente pequeno nem excessivamente grande. Uma tabela foi desenvolvida para fornecer os limites críticos para u.[8] Porém verifica-se que, se $n_1 \geq 10$ e $n_2 \geq 10$, a distribuição de probabilidade de u pode ser aproximada pela normal com média e desvio-padrão dados por

$$\mu(u) = \frac{2n_1n_2}{n_1 + n_2} + 1, \tag{6.12}$$

$$\sigma(u) = \sqrt{\frac{2n_1n_2(2n_1n_2 - n_1 - n_2)}{(n_1 + n_2)^2(n_1 + n_2 - 1)}}. \tag{6.13}$$

Logo, a hipótese de aleatoriedade das seqüências pode ser testada através de

$$z = \frac{u - \mu(u)}{\sigma(u)}, \tag{6. 14}$$

rejeitando-se H_0 se $|z| > z_{\alpha/2}$.

Esse teste pode também ser usado para comparar populações. Para tanto, ordena-se o conjunto total de valores formado pelas duas amostras disponíveis. Consideram-se, em seguida, as seqüências formadas por valores provenientes da mesma amostra, e testa-se sua aleatoriedade. Evidentemente, se as populações são identicamente distribuídas, as seqüências devem ocorrer ao acaso. Caso contrário, a tendência será a de obter-se um número de seqüências baixo, o que não é difícil de perceber.[9] Logo, um número de seqüências bastante baixo levará à rejeição da identidade entre as populações. O teste será, portanto, unilateral, rejeitando-se H_0 se $z < -z_\alpha$, no caso de aproximação pela normal.

Exemplo

Testar a aleatoriedade das seqüências de "coroas" e "caras" dadas no início desta seção.

Solução

Aplicando (6.12), (6.13) e (6.14), temos

$$\mu(u) = \frac{2 \cdot 26 \cdot 24}{26 + 24} + 1 = 25{,}96,$$

$$\sigma(u) = \sqrt{\frac{2 \cdot 26 \cdot 24(2 \cdot 26 \cdot 24 - 26 - 24)}{(26 + 24)^2(26 + 24 - 1)}} \cong 3{,}49,$$

$$\therefore z = \frac{u - \mu(u)}{\sigma(u)} = \frac{29 - 25{,}96}{3{,}49} \cong 0{,}87.$$

Esse valor de z é não-significativo aos níveis usuais, o que é coerente com o fato de as jogadas da moeda terem sido efetivamente realizadas ao acaso.

[8] Ver por exemplo, a Ref. 16.

[9] Se as populações diferirem muito quanto às médias, haverá a tendência de uma grande seqüência de um tipo no início, e outra do outro tipo no fim da série. Se as populações diferirem muito quanto à dispersão, haverá tendência a duas grandes seqüências do mesmo tipo no início e no fim da série, e seqüências relativamente grandes do outro tipo no meio da série. De qualquer modo, u tende a diminuir.

6.5 EXERCÍCIOS PROPOSTOS

1. O último algarismo de sessenta números telefônicos consecutivos, extraídos de uma página das listas, foram

0	7	7	5	5	1	4	3	7	7	0	9	5	7	5	7	8	8	8	5
4	5	7	3	7	7	5	9	6	5	5	1	7	3	5	4	9	9	0	2
8	0	6	0	7	3	4	0	8	6	3	0	9	1	8	5	2	6	6	0

Testar se é razoável supor esses números como equiprováveis (nível 5%). △

2. Quando se jogam três moedas sem vício, a distribuição de probabilidade do número de "caras" obtidos é binomial e tal que $P(0) = P(3) = 1/8$, $P(1) = P(2) = 3/8$. Três moedas desconhecidas foram lançadas cem vezes, anotando-se quantas "caras" surgiram em cada lançamento das três moedas. O resultado foi:

Número de caras	Número de vezes
0	7
1	42
2	35
3	16

Ao nível de 5% de significância, esses resultados são compatíveis com a hipótese de que as três moedas lançadas não sejam viciadas? △

3. Uma amostra de cinqüenta peças produzidas por uma máquina forneceu a distribuição de comprimentos das peças dada a seguir (valores em milímetros). A especificação de produção indica que as peças têm comprimento médio 500 mm e que o comprimento se distribui normalmente em torno dessa média. Ao nível de 5% de significância, concordamos ou discordamos dessa especificação? As peças foram medidas com precisão de centésimos de milímetro.

Comprimentos	Freqüências
480 — 485	1
485 — 490	5
490 — 495	11
495 — 500	14
500 — 505	9
505 — 510	5
510 — 515	4
515 — 520	1
	50

△

4. O resultado de um certo experimento é caracterizado por um ponto luminoso que aparece na tela de um osciloscópio. A tela (circular, de raio R) foi dividida em oito partes por um circulo de raio $R/2$ e dois eixos perpendiculares. O experimento foi realizado 120 vezes, sendo anotado o número de vezes que o ponto apareceu em cada subdivisão.

Obtiveram-se as freqüências indicadas na Fig. 6.2. Testar, ao nível de 5% de significância, se os pontos luminosos se distribuem uniformemente sobre a tela.

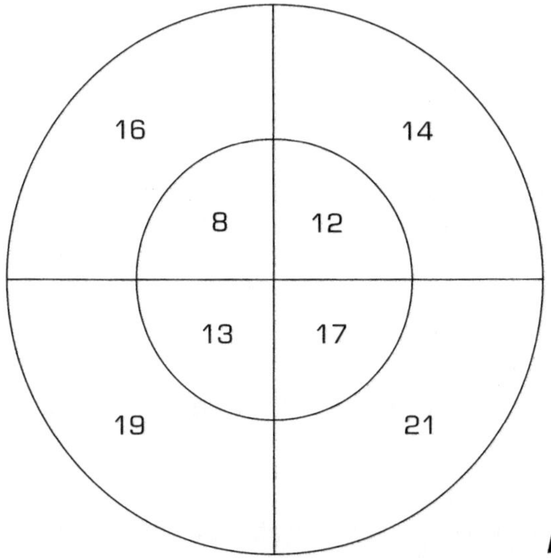

Figura 6.2

5. Hoje em dia estão bastante difundidas as técnicas de simulação, as quais utilizam processos de geração de números aleatórios. Numa experiência desse tipo, um pesquisador resolveu utilizar os resultados sucessivamente observados em uma determinada roleta do cassino de Monte Carlo. Antes, porém, de iniciar a coleta dos resultados, decidiu realizar testes com base nas freqüências observadas na última semana de atividade do cassino. Como se sabe, uma roleta admite 37 resultados possíveis, dados pelos números de 0 a 36. Um dos testes que se resolveu realizar foi baseado na classificação dos resultados da roleta em:

   a) zero;
   b) primeira dúzia (resultados de 1 a 12);
   c) segunda dúzia (resultados de 13 a 24);
   d) terceira dúzia (resultados de 25 a 36).

   As estatísticas da última semana para a roleta considerada indicaram que, em 540 jogadas, a primeira dúzia ocorreu 169 vezes, a segunda dúzia ocorreu 172 vezes e a terceira dúzia ocorreu 181 vezes. Com base nesses dados, fica comprovada, ao nível de 10% de significância, a existência de algum vício nessa roleta?

6. Uma rotina de computador foi usada para gerar quarenta números supostos com distribuição χ^2 com dez graus de liberdade. Obtiveram-se os seguintes valores:

9,28	11,82	10,83	5,20	17,61	5,56	15,94	10,06	12,99	8,35
13,39	13,66	12,44	12,17	7,59	11,22	8,12	4,55	10,20	23,36
7,44	10,45	9,51	11,70	6,80	14,02	9,75	9,10	4,58	7,25
18,45	8,88	11,15	6,47	12,47	8,98	11,75	7,01	14,85	12,13

   Teste, ao nível de 5% de significância, a adequabilidade da rotina usada para o fim proposto. [*Sugestão*: agrupe convenientemente...] △

7. Os dezesseis valores que seguem são supostamente oriundos de uma distribuição uniforme entre zero e um. Teste sua uniformidade pelo método de Kolmogorov-Smirnov, ao nível $\alpha = 5\%$.

0,65	0,07	0,12	0,10	0,38	0,88	0,14	0,10
0,40	0,22	0,30	0,92	0,25	0,03	0,15	0,12

8. Um vendedor de artigos para jogos afirma possuir um dado tal que a probabilidade de cada face é proporcional ao número da face. Em vinte jogadas sucessivas, o dado forneceu os seguintes resultados:

3	1	1	5	4	6	2	3	2	1
5	2	2	1	3	2	3	4	1	2

Ao nível de 5% de significância, devemos concordar ou discordar da afirmação do vendedor?

9. Os tempos entre as chegadas de nove fregueses consecutivos ao balção de informações de uma loja foram, em minutos,

1,0	0,6	1,2	0,6	1,8	0,3	0,5	2,0

Teste grafica e analiticamente a hipótese de que os tempos entre as chegadas obedecem a uma distribuição exponencial. [*Observação*: A função de distribuição acumulada de uma distrbuição exponencial de parâmetros λ é dada por $F(x) = 1 - e^{-\lambda x}$.]

10. Uma certa moléstia pode ser diagnosticada por dois métodos, A e B. Cada método, quando aplicado a um paciente, pode fornecer dois resultados: positivo (acusando a moléstia) ou negativo. Desejando-se estudar a concordância entre os dois métodos, duzentos pacientes foram submetidos a ambos os métodos, obtendo-se: vinte casos positivos com ambos os métodos, trinta casos negativos com ambos os métodos, oitenta casos positivos só com o método A e setenta casos positivos só com o método B. Ao nível de 1% de significância, os métodos são independentes? O que você acha sobre a concordância entre os dois métodos?

11. Cento e vinte e cinco proprietários de certa marca de automóvel foram entrevistados acerca do desempenho e do consumo de combustível de seus carros. O resultado da pesquisa de opinião é resumido na seguinte tabela:

Consumo	Desempenho		
	Mau	Regular	Bom
Alto	23,2%	21,6%	33,6%
Baixo	3,2%	4,8%	13,6%

Verificar, ao nível de 5% de significância, se devemos considerar que, no consenso geral, desempenho e consumo não guardam relação entre si.

12. A fim de analisar a aceitação de um programa de televisão, 250 telespectadores foram entrevistados, aleatoriamente, em cada uma de quatro cidades, A, B, C e D. Em seguida os telespectadores foram classificados em "favoráveis" e "contrários". Os números de favoráveis encontrados foram, respectivamente, nas quatro cidades: 120, 125, 85, 90. Com 5% de significância, a opinião dos telespectadores depende da cidade? △

13. Uma pesquisa foi feita com base nas opiniões de 150 alunos de uma escola de Engenharia, objetivando saber se existia relacionamento entre as três especializações oferecidas por essa escola (Engenharia Mecânica, Elétrica e Civil) e a opinião dos alunos referente à importância de certa cadeira (muita importância, pouca importância). Para tanto, foram entrevistados sessenta alunos de Engenharia Mecânica, quarenta de Elétrica e cinqüenta de Civil. Sabe-se que 60% de todos os entrevistados considerou a cadeira muito importante; que, entre os mecânicos, as opiniões se dividiram por igual entre as duas avaliações; e, entre os elétricos, 25 consideraram a cadeira muito importante. Face a esses dados e trabalhando ao nível de 5% de significância, devemos concluir que existe o relacionamento entre as especializações e as opiniões?

14. Uma amostra de duzentos adultos foi entrevistada a respeito de certo projeto de lei. Os resultados são os que seguem.

	Favoráveis	Contrários
Homens casados	56	24
Homens solteiros	15	25
Mulheres casadas	24	16
Mulheres solteiras	13	27

Verifique, ao nível $\alpha = 1\%$, se a opinião depende do sexo e/ou do estado civil dos entrevistados.

15. Mostre que:

a) o teste de aderência pelo χ^2 aplicado a uma Distribuição de Bernoulli é equivalente ao teste bilateral de uma proporção, visto na Sec. 5.5;

b) o teste de homogeneidade aplicado a uma tabela 2×2 é equivalente ao teste bilateral da igualdade de duas proporções, visto na Sec. 5.8.

16. Um dado foi lançado 36 vezes, sendo observadas as seguintes ocorrências, pela ordem, de pontos altos (A = 5 ou 6) ou não (B = 1, 2, 3 ou 4):

B B A B B B A B B A B A B B B B A A

B B B B A B B B B B B B B A B B B B

Esses resultados permitem concluir ser casual a ordem de ocorrência dos pontos altos ou não? Use $\alpha = 5\%$.

17. Considere a série de trinta valores dada a seguir, por linhas:

254	301	326	350	358	301	242	223	276	341
245	285	368	321	343	306	258	216	319	280
350	360	250	302	342	388	275	245	304	302

Teste sua aleatoriedade através do teste de seqüências, ao nível de 10% de significância. [*Sugestão*: Considere as seqüências de valores acima e abaixo da mediana geral.]

18. Um enxadrista disputou as 23 partidas de um campeonato, tendo obtido a seguinte série de resultados, apresentados na respectiva ordem em que surgiram, sendo que D significa derrota, e d vitória ou pelo menos empate:

$D\ D\ D\ d\ d\ d\ d\ d\ D\ D\ D\ d\ D\ d\ d\ D\ D\ d\ d\ d\ D\ d\ d$

Aplique a esses resultados um teste visando verificar se a ordem de força em que os adversários desse enxadrista foram dispostos deve ser considerada meramente casual. Trabalhe ao nível de 5% de significância.[10]

[10] Esse exercício, bem como os de número 8, 9, 18, 20, 23, 24 e 33 do Cap. 8, é de autoria do professor Boris Schneiderman, para provas dadas na Escola de Engenharia Mauá. Agradecemos a autorização para utilizá-los neste texto.

Capítulo 7

Comparação de várias médias

7.1 INTRODUÇÃO

Devido à importância da questão, dedicamos todo este capítulo ao estudo dos problemas envolvendo a comparação de várias médias.

A principal e mais importante técnica que utilizamos para a solução do problema é a *Análise de Variância*, que foi inicialmente desenvolvida pelo grande estatístico britânico sir R. A. Fisher como instrumento para a análise de experimentos agrícolas. Concomitantemente, foram sendo desenvolvidos diversos modelos de planejamento de experimentos, os quais, entretanto, serão apenas parcialmente examinados neste texto.

A Análise de Variância é um método suficientemente poderoso para identificar diferenças entre as médias populacionais devidas a várias causas atuando simultaneamente sobre os elementos da população. Vamos estender nosso estudo até o caso de haver duas possíveis causas, ou fontes de variação.

Nosso escopo é apresentar a idéia fundamental do método de forma simplificada, sem grande aprofundamento teórico, já que isso demandaria um vasto espaço e fugiria à nossa meta.[1] No capítulo seguinte serão apresentadas aplicações da Análise de Variância a problemas de regressão.

7.1.1 Uma importante propriedade do χ^2

Conforme visto em 3.4.4, uma variável resultante da soma de duas outras variáveis independentes, com distribuições χ^2 com ν_1 e ν_2 graus de liberdade, terá distribuição $\chi^2_{\nu_1+\nu_2}$.

Um corolário a essa propriedade da aditividade das distribuições χ^2 afirma que, se temos três variáveis, χ^2_ν, $\chi^2_{\nu_1}$, e $\chi^2_{\nu_2}$, tais que

$$\chi^2_\nu = \chi^2_{\nu_1} + \chi^2_{\nu_2}, \qquad (7.1)$$

[1] Uma extensa bibliografia pode ser encontrada sobre o assunto, na qual o mesmo é tratado pormenorizadamente. Destacamos as Refs. 2, 7, 10 e 19.

então a condição necessária e suficiente para que $\chi^2_{\nu_1}$ e $\chi^2_{\nu_2}$ sejam independentes é que $\nu = \nu_1 + \nu_2$. Essa propriedade é de imediata generalização a uma soma de um número finito de variáveis χ^2.

7.2 UMA CLASSIFICAÇÃO — AMOSTRAS DE MESMO TAMANHO

Vamos considerar que temos k amostras de tamanho n, retiradas de k populações cujas médias μ_i ($i = 1, 2, \ldots, k$) queremos comparar. Vamos, pois, testar a hipótese

$$H_0\colon\ \mu_1 = \mu_2 = \cdots = \mu_k \tag{7.2}$$

contra a alternativa de que pelo menos uma das médias populacionais seja diferente.

Note-se que, se considerarmos as médias μ_i sob a forma $\mu + \delta_i$, $i = 1, 2, \ldots, k$, poderemos formular, alternativamente,

$$H_0\colon\ \delta_1 = \delta_2 = \cdots = \delta_k = 0\,. \tag{7.3}$$

São hipóteses implícitas básicas à aplicação do modelo que vamos estudar as de que as k populações tenham a mesma variância σ^2 (condição de *homocedasticidade*) e que a variável de interesse seja normalmente distribuída em todas as populações. Isso equivale a dizer que a hipótese H_0 testada é a de que todos os valores experimentais são igualmente distribuídos. Entretanto o método é robusto; quer dizer, mesmo com algum afastamento das hipóteses básicas ainda leva a resultados válidos com razoável aproximação.

Por outro lado, devemos considerar a diferenciação entre os chamados *modelo fixo* e *modelo aleatório* da Análise de Variância. A fim de esclarecer a diferença existente entre as duas situações, imaginemos que as k populações que vão ser comparadas quanto a suas médias resultem da aplicação de k diferentes tratamentos sobre os elementos em estudo. Queremos, portanto, saber se aceitamos ou rejeitamos a hipótese de que todos os tratamentos produzem, em média, o mesmo efeito. Ora, pode ocorrer que os k tratamentos representem a totalidade dos tratamentos que nos interessa examinar; mas também pode ocorrer que os k tratamentos utilizados sejam apenas uma amostra aleatória de uma população de possíveis tratamentos. Note-se que, em ambos os casos, desejamos fazer uma indução sobre a população de tratamentos, mas existe uma diferença básica de situações. No primeiro caso, temos o modelo fixo da Análise de Variância; no segundo, o modelo aleatório. Note-se também que, se o experimento objeto da Análise de Variância precisasse ser repetido, no primeiro caso os mesmos tratamentos seriam aplicados, ao passo que, no segundo, deveríamos ter uma outra amostra aleatória de tratamentos para que a indução fosse conduzida de acordo com a condição real. Entretanto, embora ambos os casos mencionados sejam diversos em essência, o modelo da Análise de Variância conduz em geral a uma mesma montagem formal da solução do problema e, por essa razão, não nos aprofundaremos mais na questão, por ora.

Vamos usar a notação segundo a qual x_{ij} ($i = 1, 2, \ldots, k$; $j = 1, 2, \ldots, n$) é o j-ésimo valor da i-ésima amostra de n elementos, e:

$T_i = \Sigma_{j=1}^{n} x_{ij} =$ soma dos valores da i-ésima amostra;

$Q_i = \Sigma_{j=1}^{n} x_{ij}^2 =$ soma dos quadrados dos valores da i-ésima amostra;

$T = \Sigma_{i=1}^{k} T_1 = \Sigma_{i=1}^{k} \Sigma_{j=1}^{n} x_{ij} =$ soma total dos valores;

$Q = \Sigma_{i=1}^{k} Q_i = \Sigma_{i=1}^{k} \Sigma_{j=1}^{n} x_{ij}^2 =$ soma total dos quadrados;

$\bar{x}_i = T_i / n =$ média da i-ésima amostra;

$\bar{\bar{x}} = T / nk =$ média de todos os valores.

A Análise de Variância baseia-se em que, *sendo verdadeira a hipótese* H_0, existem três maneiras pelas quais a variância σ^2 comum, implicitamente, a todas as populações, pode ser estimada. As três estimativas possíveis são apresentadas a seguir.

Estimativa total s_T^2

Essa estimativa é obtida considerando-se as k amostras reunidas em uma só, cuja variância s_T^2 é calculada. Isso fornecerá uma estimativa válida de σ^2 se e somente se a hipótese H_0 for verdadeira, pois então todas as populações serão identicamente distribuídas (normais de mesma média e mesma variância), tendo sentido fundir as k amostras em uma só.

A estimativa total de σ^2 será dada por

$$s_T^2 = \frac{\sum_{i=1}^{k}\sum_{j=1}^{n}(x_{ij}-\bar{\bar{x}})^2}{nk-1} = \frac{\sum_{i=1}^{k}\sum_{j=1}^{n}x_{ij}^2 - [(\sum_{i=1}^{k}\sum_{j=1}^{n}x_{ij})^2/nk]}{nk-1} = \frac{Q - T^2/nk}{nk-1} \quad (7.4)$$

[2]

Ao numerador de s_T^2 denominaremos *soma de quadrados total,* ou *SQT*.

Estimativa entre amostras s_E^2

Vimos acima que, sendo verdadeira a hipótese H_0, podemos considerar todos os valores x_{ij} como provenientes de uma única população. Nas mesmas condições, podemos também considerar as médias $\bar{x}_i$ das k amostras como uma amostra de k valores retirados da população dos possíveis valores de $\bar{x}$. Ora, sabemos que a população de valores de $\bar{x}$ é normalmente distribuída com variância σ^2/n. Logo, a variância da amostra formada pelos k valores x_i estima σ^2/n. Temos, pois, a segunda estimativa de σ^2, que será n vezes a variância dessa amostra, ou seja,

$$\begin{aligned} s_E^2 &= n\frac{\sum_{i=1}^{k}(\bar{x}_i-\bar{\bar{x}})^2}{k-1} = \frac{n}{k-1}\left[\sum_{i=1}^{k}\bar{x}_i^2 - \frac{(\sum_{i=1}^{k}\bar{x}_i)^2}{k}\right] = \\ &= \frac{nk}{k-1}\left[\sum_{i=1}^{k}\left(\frac{T_i}{n}\right)^2 - \frac{T^2}{n^2k}\right] = \frac{\sum_{i=1}^{k}T_i^2/n - T^2/nk}{k-1}. \end{aligned} \quad (7.5)$$

Ao numerador de s_E^2 denominaremos *soma de quadrados entre amostras*, ou *SQE*.

Estimativa residual s_R^2

Evidentemente, a variância comum σ^2 pode ser também estimada individualmente a partir dos elementos de cada uma das k amostras disponíveis, ou seja, dentro de cada amostra. Teríamos, portanto, k estimativas individuais de σ^2, todas elas válidas, independentemente da veracidade ou não de H_0. Ora, vimos em 4.3.5 que podemos construir uma estimativa única de σ^2 combinando as k estimativas. Cada amostra individual fornecerá uma estimativa, dada por

$$s_i^2 = \frac{\sum_{j=1}^{n}(x_{ij}-\bar{x}_i)^2}{n-1} = \frac{\sum_{j=1}^{n}x_{ij}^2 - (\sum_{j=1}^{n}x_{ij})^2/n}{n-1} = \frac{Q_i - T_i^2/n}{n-1}. \quad (7.6)$$

[2] Notar que a passagem aqui realizada é a mesma utilizada no Cap. 2, da expressão (2.10) para a (2.12). Casos análogos serão vistos a seguir, ao se calcularem s_E^2 e s_R^2

Sendo as amostras de mesmo tamanho, a estimativa resultante para o conjunto de amostras será a média aritmética das k estimativas individuais, ou seja,

$$s_R^2 = \frac{\sum_{i=1}^k s_i^2}{k} = \sum_{i=1}^k \frac{Q_i - T_i^2 / n}{k(n-1)} = \frac{Q - \sum_{i=1}^k T_i^2 / n}{k(n-1)} \qquad (7.7)$$

Ao numerador de s_R^2 denominaremos *soma dos quadrados residual,* ou SQR.

Antes de prosseguir, vamos procurar ilustrar como irá funcionar o método da Análise de Variância. Para tanto, vamos supor três amostras de cinco elementos cada uma, cujos valores são:

Amostra 1:	64	66	59	65	62
Amostra 2:	71	73	66	70	68
Amostra 3:	52	57	53	56	53

Temos claramente um caso em que a hipótese H_0 seria rejeitada pela Análise de Variância, conforme podemos concluir da Fig. 7.1, em que os valores das três amostras foram plotados. Vemos que as três amostras parecem confirmar a hipótese implícita de homocedasticidade, mas as faixas em que os valores se apresentam diferem claramente de amostra para amostra. Entretanto sempre poderemos estimar σ^2 pela estimativa residual, obtida dentro das amostras. No presente caso, obteríamos $s_1^2 = 7{,}7$; $s_2^2 = 7{,}3$; $s_3^2 = 4{,}7$ e $s_R^2 = 6{,}567$.[3] Se resolvêssemos, porém, calcular s_T^2 para os dados acima, iriamos obter seguramente um valor muito maior, pois a evidente falsidade de H_0 torna a faixa total em que os valores ocorrem, muito maior que a faixa em que ocorrem dentro de cada amostra individual. Com efeito, no presente exemplo, obteríamos $s_T^2 = 48{,}381$, valor esse que sabemos não ser uma estimativa válida para σ^2. Da mesma forma, também não seria válida a estimativa s_E^2, a qual, pelo mesmo motivo, tenderia a superestimar σ^2. Com efeito, teríamos obtido $s_E^2 = 299{,}27$. Note-se que, sendo falsa H_0, considerável parte da variação total se deve à diferença existente entre as médias populacionais, restando uma parcela atribuível ao acaso. Por seu turno, a variação residual deve-se apenas ao acaso, sendo a variação que resta quando se desconsideram todas as fontes identificáveis de variação, daí sua denominação.

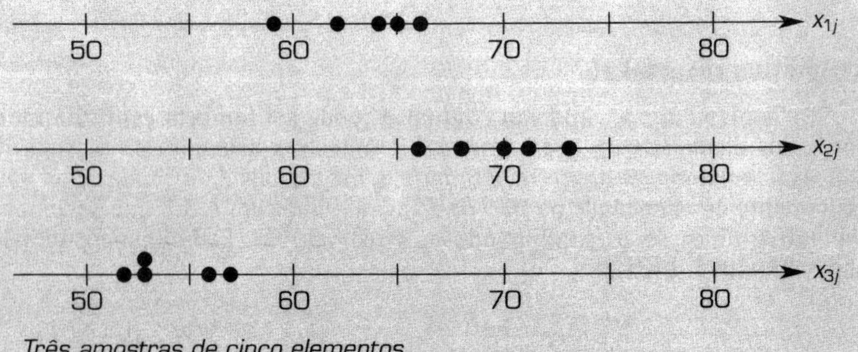

Figura 7.1 *Três amostras de cinco elementos.*

[3] A aplicação do teste de Cochran, (ver 5.10.1) a essas variâncias levaria a $g = 0{,}391 < 0{,}7457 = g_{3,5;\,5\%}$, comprovando a homocedasticidade.

Vemos, do exemplo anterior, que, sendo falsa a hipótese H_0, haverá uma tendência a que s_T^2 e s_E^2 superestimem σ^2, o que não ocorrerá com s_R^2. Inversamente, se H_0 for verdadeira, s_T^2, s_E^2 e s_R^2 fornecerão estimativas justas para a variância comum σ^2.

Temos aí o ponto em que se apóia o método da Análise de Variância. Veremos a seguir que, sendo H_0 verdadeira, as estimativas s_E^2 e s_R^2 serão independentes, podendo-se compará-las mediante um teste F.

De fato, das relações obtidas em (7.4), (7.5) e (7.7), vemos facilmente que:

$$SQT = SQE + SQR. \tag{7.8}$$

Por outro lado, a relação (3.16), vista no Cap. 3, indica que, se dividirmos uma soma de quadrados correspondente ao numerador de uma estimativa de variância pela variância teórica, obteremos uma variável χ^2 com os correspondentes graus de liberdade. Logo, se dividirmos os três termos de (7.8) pela variância σ^2 teremos, no primeiro membro, um χ^2_{nk-1}, que é desdobrado, no segundo membro, em duas parcelas, χ^2_{k-1} e $\chi^2_{k(n-1)}$. Como $nk - 1 = (k - 1) + k(n - 1)$, resulta, pela propriedade vista em 7.1.1, que os χ^2 do segundo membro são independentes. Logo, também o serão SQE e SQR e, conseqüentemente, s_E^2 e s_R^2. Deve-se notar que essa independência só existirá se H_0 for verdadeira, pois, caso contrário, s_T^2 e s_E^2 não estimarão σ^2.

Como conseqüência do que foi visto, podemos, portanto, substituir a hipótese H_0 original pela hipótese de que s_E^2 e s_R^2 estimem a mesma variância σ^2, ou seja, $\sigma_E^2 = \sigma^2$, onde σ_E^2 é a variância estimada por s_E^2. Essa hipótese pode ser testada, de modo análogo ao visto na Sec. 5.7, mediante

$$F = \frac{s_E^2}{s_R^2} \tag{7.9}$$

Esse teste F será conduzido com $k - 1$ graus de liberdade no numerador e $k(n - 1)$ no denominador, ou seja, H_0 será rejeitada se $F > F_{k-1,\, k(n-1),\, \alpha}$, onde α é o nível de significância escolhido para o teste. O procedimento de teste será sempre unilateral, pois, sendo H_0 falsa, F tenderá sempre a crescer. De fato, se considerarmos o modelo fixo da Análise de Variância, pode-se mostrar que, independentemente de H_0, s_E^2 estima

$$\sigma_E^2 = \sigma^2 + \frac{n}{k=1} \Sigma_{i=1}^k \delta_i^2 \tag{7.10}$$

onde os δ_i tem o significado expresso em (7.3). A expressão (7.10) mostra que, se H_0 for verdadeira, s_E^2, assim como s_R^2, estimará σ^2, ao passo que, se H_0 for falsa, s_E^2 estimará $\sigma_E^2 > \sigma^2$, Vemos imediatamente que, se obtivermos $F < 1$, tal fato somente poderá ser atribuído ao acaso, e a hipótese H_0 deverá ser automaticamente aceita.

Ao se fazer a Análise de Variância, é usual e recomendável dispor os cálculos segundo o chamado "quadro" da Análise de Variância, conforme mostrado na Tab. 7.1. Essa prática é, em geral, adotada pelos *softwares* estatísticos.

Antes de iniciar os cálculos, codificações lineares poderão ser utilizadas por facilidade, sem influenciar o resultado final. Isso se deve ao fato de que uma codificação linear afetará igualmente s_E^2 e s_R^2, mantendo F inalterado.[4]

---

[4] Nesse caso, entretanto, deve-se lembrar que o valor de s_R^2 precisa ser convenientemente corrigido para poder ser usado isoladamente, como, por exemplo, para se fazerem comparações múltiplas (ver 7.6).

Tabela 7.1 Disposição prática para a Análise de Variância

Fonte de variação	Soma de quadrados	Graus de liberdade	Quadrado médio	F	F_α
Entre amostras	$SQE = \Sigma_{i=1}^{k} \frac{T_i^2}{n} - \frac{T^2}{nk}$	$k - 1$	$s_E^2 = \frac{SQE}{k-1}$	$F = \frac{s_E^2}{s_R^2}$	$F_{k-1,\, k(n-1),\, \alpha}$
Residual	$SQR = Q - \Sigma_{i=1}^{k} \frac{T_i^2}{n}$	$k(n-1)$	$s_R^2 = \frac{SQR}{k(n-1)}$		
Total	$SQT = Q - \frac{T^2}{nk}$	$nk - 1$			

Exemplo

Três chapas de uma liga metálica de mesma procedência foram submetidas a três diferentes tratamentos térmicos, A, B, e C. Após o tratamento, foram tomadas cinco medidas de dureza superficial de cada chapa, obtendo-se os seguintes resultados:

Tratamento	Dureza				
A	68	74	77	70	71
B	67	65	69	66	67
C	73	77	76	69	80

Verificar, aos níveis de 5 e 1% de significância, se existe diferença significativa entre os tratamentos térmicos aplicados.

Solução

Antes de aplicar a Análise de Variância, vamos subtrair uma constante, digamos, 72, de todos os valores, pois isso simplifica os cálculos e não afeta o resultado. Temos, então, os valores da Tab. 7.2. Devemos ainda calcular:

$$\Sigma_{i=1}^{k} \frac{T_i^2}{n} = \frac{901}{5} = 180,2,$$

$$\frac{T^2}{nk} = \frac{(-11)^2}{15} = \frac{121}{15} \cong 8,067,$$

$$SQT = Q - \frac{T^2}{nk} \cong 309 - 8,067 = 300,933,$$

$$SQE = \Sigma_{i=1}^{k} \frac{T_i^2}{n} - \frac{T^2}{nk} \cong 180,2 - 8,067 = 172,133,$$

$$SQR = SQT - SQE \cong 300,933 - 172,133 = 128,800.$$

Podemos agora montar o quadro da Análise de Variância, dado na Tab. 7.3, e vemos que existe diferença significativa entre os tratamentos térmicos, mesmo ao nível de 1% de significância.

Tabela 7.2 Valores necessários à aplicação da Análise de Variância

	Tratamentos						
	A		B		C		
	x_{1j}	x^2_{1j}	x_{2j}	x^2_{2j}	x_{3j}	x^2_{3j}	
	-4 2 5 -2 -1	16 4 25 4 1	-5 -7 -3 -6 -5	25 49 9 36 25	1 5 4 -3 8	1 25 16 9 64	
T_i	0		-26		15		$T=-11$
Q_i		50		144		115	$Q = 309$
T_i^2	0		676		225		$\Sigma T_i^2 = 901$

Tabela 7.3 Quadro da Análise de Variância

Fonte de variação	Soma de quadrados	Graus de liberdade	Quadrado médio	F	F_α
Entre amostras	172,133	2	86,067	8,02	$F_{5\%} = 3{,}89$
Residual	128,800	12	10,733		$F_{1\%} = 6{,}93$
Total	300,933	14			

7.3 UMA CLASSIFICAÇÃO — AMOSTRAS DE TAMANHOS DIFERENTES

Mediante pequenas modificações, o método visto em 7.2 pode ser adaptado para o caso de amostras de tamanhos diferentes. Nesse caso, o índice j referente à caracterização do elemento dentro da amostra variará de 1 a n_i, sendo n_i o tamanho da i-ésima amostra.

Evidentemente, teremos:

$$T_i = \Sigma_{j=1}^{n_i} x_{ij}; \qquad Q_i = \Sigma_{j=1}^{n_i} x_{ij}^2;$$

$$T = \Sigma_{i=1}^{k} T_i = \Sigma_{i=1}^{k} \Sigma_{j=1}^{n_i} x_{ij}; \quad Q = \Sigma_{i=1}^{k} Q_i = \Sigma_{i=1}^{k} \Sigma_{j=1}^{n_i} x_{ij}^2; \tag{7.11}$$

$$\bar{x}_i = \frac{T_i}{n_i}; \qquad \bar{\bar{x}} = T \,/\, \Sigma_{i=1}^{k} n_i .$$

Resultarão as seguintes expressões:

$$s_T^2 = \frac{Q - T \,/\, \Sigma_{i=1}^{k} n_i}{\Sigma_{i=1}^{k} n_i - 1} = \frac{SQT}{\Sigma_{i=1}^{k} n_i - 1}, \tag{7.12}$$

$$s_E^2 = \frac{\sum_{i=1}^k (T_i^2 / n_i) - T^2 / \sum_{i=1}^k n_i}{k-1} = \frac{SQE}{k-1}, \quad (7.13)$$

$$s_R^2 = \frac{Q - \sum_{i=1}^k (T_i^2 / n_i)}{\sum_{i=1}^k n_i - k} = \frac{SQR}{\sum_{i=1}^k n_i - k}. \quad (7.14)$$ [5]

Feitas as modificações, a aplicação do método é análoga à vista em 7.2. O quadro da Análise de Variância fica conforme mostrado na Tab. 7.4. Pode-se mostrar que, no caso de $k = 2$, esse modelo equivale ao teste da igualdade de duas médias com dados não-emparelhados, visto no item 5.6.3.

Tabela 7.4 Análise de Variância — amostras de tamanhos diferentes

Fonte de variação	Soma de quadrados	Graus de liberdade	Quadrado médio	F	F_α
Entre amostras	$SQE = \Sigma \frac{T_i^2}{n_i} - \frac{T^2}{\Sigma n_i}$	$k - 1$	$s_E^2 = \frac{SQE}{k-1}$	$F = \frac{s_E^2}{s_R^2}$	$F_{k-1, \Sigma n_i - k, \alpha}$
Residual	$SQR = Q - \Sigma \frac{T_i^2}{n_i}$	$\Sigma n_i - k$	$s_R^2 = \frac{SQR}{\Sigma n_i - k}$		
Total	$SQT = Q - \frac{T^2}{\Sigma n_i}$	$\Sigma n_i - 1$			

7.4 DUAS CLASSIFICAÇÕES (SEM REPETIÇÃO)**

Vamos imaginar agora que os elementos observados tenham sido classificados segundo dois critérios, constituindo duas classificações cruzadas. Admitiremos que exista um total de nk observações, constituindo k amostras de n elementos, segundo um dos critérios, e n amostras de k elementos, segundo o outro critério. Teremos, assim, as nk observações dispostas segundo uma matriz com k linhas e n colunas, conforme mostrado na Tab. 7.5.[6]

A Análise de Variância permitirá testar simultânea e independentemente as hipóteses

$$H_{01}: \mu_{1.} = \mu_{2.} = \cdots = \mu_{k.},$$
$$H_{02}: \mu_{.1} = \mu_{.2} = \cdots = \mu_{.n}.$$

A aceitação de H_{01} significa a não-comprovação de diferença significativa entre as médias devida à classificação segundo o critério das linhas, e a aceitação de H_{02} significa a não-comprovação de diferença significativa entre as médias devida à classificação segundo o critério das colunas.

Pode-se notar que cada valor observado x_{ij} corresponde a uma diferente combinação de uma condição segundo sua linha, e de uma condição segundo sua coluna. Diremos que cada combinação linha *versus* coluna representa um diferente *tratamento* a que cada

[5] A expressão de s_R^2 resulta da média ponderada das estimativas dentro das amostras, tendo como pesos de ponderação os números de graus de liberdade, conforme (4.18).
[6] Na terminologia do delineamento de experimentos, isso corresponde a um experimento fatorial completo envolvendo dois fatores.

elemento foi submetido. No presente modelo, portanto, temos nk tratamentos aplicados aos elementos amostrais.

Tabela 7.5 Dois critérios de classificação

	Segundo critério (colunas)
Primeiro critério (linhas)	$x_{11} \quad x_{12} \dots x_{1j} \dots x_{1n}$ $x_{21} \quad x_{22} \dots x_{2j} \dots x_{2n}$ $\vdots \qquad\qquad \vdots$ $x_{i1} \quad x_{i2} \dots x_{ij} \dots x_{in}$ $\vdots \qquad\qquad \vdots$ $x_{k1} \quad x_{k2} \dots x_{kj} \dots x_{kn}$

Quanto ao tipo de modelo de Análise de Variância a considerar, podemos ter um modelo fixo, aleatório ou misto. O modelo fixo deverá ser considerado quando os efeitos resultantes das classificações segundo linhas e colunas forem ambos fixos, ou seja, as condições dadas pelas várias linhas e colunas representam a totalidade das condições existentes. O modelo será aleatório se as condições, tanto das linhas como das colunas, forem amostras de duas populações de possíveis condições experimentais. O modelo será misto se o efeito de uma das classificações for fixo e o da outra classificação for aleatório.

Continuamos admitindo as mesmas hipóteses implícitas vistas na Sec. 7.2. Assim, para todos os tratamentos, a variável de interesse deverá ser normalmente distribuída e com a mesma variância ($\sigma_{ij}^2 = \sigma^2$).

Um outro problema que deve ser considerado ao se analisar um modelo de Análise de Variância envolvendo duas classificações é a possibilidade de existência de *interação* entre essas classificações. A inexistência de interação equivale à aditividade dos efeitos das linhas e das colunas, ou seja, considera que

$$x_{ij} = \mu + \delta_i + \gamma_i + \psi, \tag{7.15}$$

sendo:

μ a média geral teórica;
δ_i a efeito da i-ésima linha;
γ_i a efeito da j-ésima coluna;
ψ a variação aleatória.

Havendo interação, deve-se acrescentar à (7.15) um termos correspondente ao seu efeito, obtendo-se

$$x_{ij} = \mu + \delta_i + \gamma_i + h_{ij} + \psi. \tag{7.16}$$

Esses dois casos são ilustrados na Fig. 7.2, na qual supomos a primeira classificação com três níveis e a segunda com dois níveis, ou seja, $k = 3$ e $n = 2$.

O significado de um efeito de interação é mais facilmente explicável através de um exemplo. Suponhamos que a variável de interesse seja o tempo gasto para produzir determinada peça. São usadas diferentes máquinas (linhas), manipuladas por diferentes operários (colunas). Evidentemente, pode haver diferenças entre as máquinas quanto à facilidade de operação, e entre os operários quanto à eficiência individual. Estas seriam as

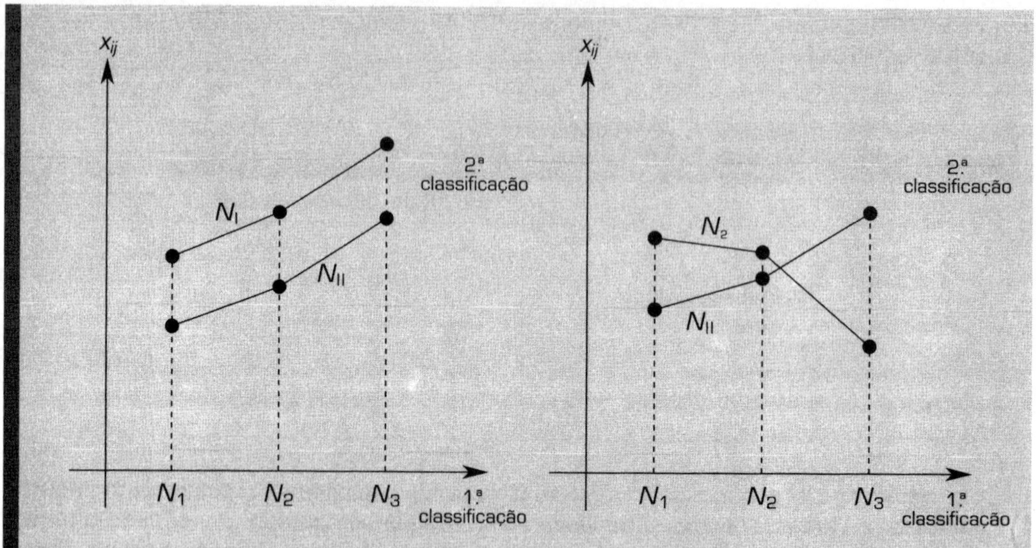

Figura 7.2 Não-interação e interação.

causas das diferenças observadas entre linhas e colunas. Mas pode também ocorrer que determinado operário tenha uma peculiar dificuldade (ou facilidade) ao lidar com uma certa máquina. Esse fato resultaria em um efeito adicional, um efeito de interação máquina-operário.[7]

No caso do modelo que estamos analisando, a eventual presença de interação pode fazer com que s_R^2 não mais seja uma estimativa válida de s^2. Isso faz com que cuidados adicionais devam ser tomados quanto às hipóteses implícitas ao se aplicar o modelo.

Assim, caso o modelo a ser considerado seja o modelo fixo da Análise de Variância, uma hipótese implícita adicional deverá ser a de inexistência de interação entre linhas e colunas. Isso admitido, chegamos a uma situação semelhante à analisada no caso de uma única classificação. Caso o modelo seja aleatório, sua aplicação é válida sem necessidade de qualquer hipótese adicional quanto à existência ou não de interação. Por outro lado, se for o caso de se considerar um modelo misto, o teste da hipótese referente à classificação com efeito fixo prescinde a hipótese de não-interação, ao passo que o teste da hipótese referente à classificação com efeito aleatório parte da validade dessa hipótese.[8]

Feitas essas importantes considerações, passemos à sistemática de teste, a qual será a mesma para qualquer dos modelos vistos. A notação utilizada será a seguinte:

$$\begin{aligned} T_{i.} &= \textstyle\sum_{j=1}^{n} x_{ij} = \text{soma dos valores da } i\text{-ésima linha;} \\ Q_{i.} &= \textstyle\sum_{j=1}^{n} x_{ij}^2 = \text{soma dos quadrados dos valores da } i\text{-ésima linha;} \\ T_{.j} &= \textstyle\sum_{i=1}^{k} x_{ij} = \text{soma dos valores da } j\text{-ésima coluna;} \\ Q_{.j} &= \textstyle\sum_{i=1}^{k} x_{ij}^2 = \text{soma dos quadrados dos valores da } j\text{-ésima coluna;} \end{aligned} \qquad (7.17)$$

---

[7] Talvez esse exemplo se encaixasse bem num modelo misto, supondo-se uma indústria com apenas k máquinas, ao passo que os n operários examinados são uma amostra da população de operários.

[8] Essa frase está correta, embora a assertiva possa parecer contraditória. Ver, a respeito, a próxima nota de rodapé.

$T = \sum_{i=1}^{k} T_{i.} = \sum_{j=1}^{n} T_{.j}$ = soma total dos valores;

$Q = \sum_{i=1}^{k} Q_{i.} = \sum_{j=1}^{n} Q_{.j}$ = soma total dos quadrados;

$\bar{x}_{i.} = T_{i.} / n =$ média da i - ésima linha; (7.17)

$\bar{x}_{.j} = T_{.j} / k =$ média da j - ésima coluna;

$\bar{\bar{x}} = T / nk =$ média de todos os valores.

A variância comum σ^2 pode ser agora estimada de quatro maneiras: a estimativa total, s_T^2, obtida pela expressão (7.4); a estimativa entre linhas, s_L^2; a estimativa entre colunas, s_C^2; e a estimativa residual, s_R^2. Analogamente ao visto em 7.2, obtém-se

$$s_L^2 = n\frac{\sum_{i=1}^{k}(\bar{x}_{i.} - \bar{\bar{x}})^2}{k-1} = \frac{\sum_{i=1}^{k} T_i^2 / n - T^2 / nk}{k-1}, \qquad (7.18)$$

$$s_C^2 = k\frac{\sum_{j=1}^{n}(\bar{x}_{.j} - \bar{\bar{x}})^2}{n-1} = \frac{\sum_{j=1}^{n} T_{.j}^2 / k - T^2 nk}{n-1}; \qquad (7.19)$$

designaremos os numeradores de (7.18) e (7.19), respectivamente, por SQL e SQC.

Por sua vez, pode-se mostrar que s_R^2 será dada por

$$s_R^2 = \frac{Q - \sum_{i=1}^{k} T_{i.}^2 / n - \sum_{j=1}^{n} T_{.j}^2 / k + T^2 / nk}{nk - n - k + 1}, \qquad (7.20)$$

podendo seu denominador ser escrito $(n - 1)(k - 1)$. Disso resulta que

$$SQT = SQL + SQC + SQR \qquad (7.21)$$

e, tendo em vista que os graus de liberdade são aditivos, concluímos que s_L^2 e s_C^2 são independentes de s_R^2, podendo-se, portanto, conforme já sabemos, testar a igualdade das médias segundo as linhas e/ou colunas mediante, respectivamente,

$$F_L = \frac{s_L^2}{s_R^2} \quad \text{e} \quad F_C = \frac{s_C^2}{s_R^2}. \text{ [9]} \qquad (7.22)$$

Deve-se também mencionar que o fato de H_{01} não ser verdadeira não impede que se teste H_{02}, e vice-versa; ou seja, as duas hipóteses são testadas independentemente. A Tab. 7.6 fornece a disposição prática para se realizar a Análise de Variância no presente caso.

Pode-se mostrar que o presente teste, utilizado no caso em que k = 2 (apenas duas linhas), é equivalente ao teste da igualdade de duas médias com dados emparelhados, visto no item 5.6.1.

[9] Nesse caso, em verdade, s_R^2, s_L^2 (se H_{01} for verdadeira) e s_C^2 (se H_{02} for verdadeira) estimam σ^2 apenas no caso do modelo fixo. Mesmo assim, s_R^2 apenas estima σ^2 se não há interação, daí a necessidade dessa hipótese restritiva. No caso do modelo aleatório, s_R^2, s_L^2 (se H_{01} for verdadeira) e s_C^2 (se H_{02} for verdadeira) estimarão σ^2 mais uma eventual parcela de variação devida a interação, daí se poder realizar o teste, haja ou não interação. No caso do modelo misto, s_R^2 e s_L^2 ou s_C^2 (aquela que corresponder ao efeito fixo, se a correspondente H_0 for verdadeira) estimarão σ^2 mais a parcela de variação devida a interação, daí se poder, nesse caso, realizar o teste, haja ou não interação.

Tabela 7.6 Disposição prática para a Análise de Variância — duas classificações sem repetições

Fonte de variação	Soma de quadrados	Graus de liberdade	Quadrado médio	F	F_α
Entre linhas	$SQL = \sum_{i=1}^{k} \frac{T_{i.}^2}{n} - \frac{T^2}{nk}$	$k-1$	$s_L^2 = \frac{SQL}{k-1}$	$F_L = \frac{s_L^2}{s_R^2}$	$F_{k-1,(k-1)(n-1),\alpha}$
Entre colunas	$SQC = \sum_{j=1}^{n} \frac{T_{.j}^2}{k} - \frac{T^2}{nk}$	$n-1$	$s_C^2 = \frac{SQC}{n-1}$	$F_C = \frac{s_C^2}{s_R^2}$	$F_{n-1,(k-1)(n-1),\alpha}$
Residual	Por diferença	$(k-1)(n-1)$	$s_R^2 = \frac{SQR}{(k-1)(n-1)}$		
Total	$SQT = Q - \frac{T^2}{nk}$	$nk-1$			

Exemplo

Numa experiência agrícola, foram usados seis diferentes fertilizantes em duas variedades de milho, tendo sido obtidas as colheitas dadas a seguir, em sacas, para os vários canteiros de mesma área que foram plantados.

Fertilizante:	A	B	C	D	E	F
Variedade 1:	5,4	3,2	3,8	4,6	5,0	4,4
Variedade 2:	5,7	4,0	4,2	4,5	5,3	5,0

Utilizar a Análise de Variância para verificar se existem diferenças significativas entre os fertilizantes e entre as variedades ao nível de 1% de significância.

Solução

Adotando uma disposição semelhante à utilizada na Tab. 7.2, construímos a Tab. 7.7, a qual facilita o cálculo das várias quantidades necessárias.

Tabela 7.7 Valores necessários à aplicação da Análise de Variância

Fertilizante (i)	Variedade (j)						
	1		2				
	x_{ij}	x_{ij}^2	x_{ij}	x_{ij}^2	$T_{i.}$	$Q_{i.}$	$T_{i.}^2$
A	5,4	29,16	5,7	32,49	11,1	61,65	123,21
B	3,2	10,24	4,0	16,00	7,2	26,24	51,84
C	3,8	14,44	4,2	17,64	8,0	32,08	64,00
D	4,6	21,16	4,5	20,25	9,1	41,41	82,81
E	5,0	25,00	5,3	28,09	10,3	53,09	106,09
F	4,4	19,36	5,0	25,00	9,4	44,36	88,36
$T_{.j}$	26,4		28,7		55,1		516,31
$Q_{.j}$		119,36		139,47		258,83	
$T_{.j}^2$	696,96		823,69		1.520,65		

Temos:

$$SQT = Q - \frac{T^2}{nk} = 258,83 - \frac{(55,1)^2}{12} \cong 5,829,$$

$$SQL = \Sigma_{i=1}^{k} \frac{T_{i.}^2}{n} - \frac{T^2}{nk} = \frac{516,31}{2} - \frac{(55,1)^2}{12} \cong 5,154,$$

$$SQC = \Sigma_{j=1}^{n} \frac{T_{.j}^2}{k} - \frac{T^2}{nk} = \frac{1.520,65}{6} - \frac{(55,1)^2}{12} \cong 0,441.$$

O valor de SQR pode ser calculado por diferença:

$$SQR = SQT - SQL - SQC \cong 0,234.$$

Podemos, então, montar o quadro da Análise de Variância conforme indicado na Tab. 7.6, o que é feito na Tab. 7.8.

Vemos que, ao nível de 1% de significância, existe diferença significativa entre as linhas, ou seja, entre os fertilizantes, mas não existe diferença significativa entre as colunas, ou seja, entre as variedades.

Tabela 7.8 Quadro da Análise de Variância

Fonte de variação	Soma de quadrados	Graus de liberdade	Quadrado médio	F	$F_{1\%}$
Entre linhas	5,154	5	1,0308	22,03	10,97
Entre colunas	0,441	1	0,4410	9,42	16,26
Residual	0,234	5	0,0468		
Total	5,829	11			

7.5 DUAS CLASSIFICAÇÕES (COM REPETIÇÃO)* *

Vamos agora estender o teste anterior para o caso em que são feitas r observações sob cada tratamento, com $r > 1$. Ou seja, temos r observações correspondendo ao cruzamento da linha i com a coluna j ($i = 1, 2, ..., k; j = 1, 2, ..., n$), num total de nkr observações.

O fato de haver repetições, também chamadas *replicações*, nos permitirá obter uma estimativa de σ^2 dentro dos nk tratamentos. Representaremos essa estimativa por s_{Tr}^2 e a respectiva soma de quadrados por $SQTr$.

Evidentemente, podemos aplicar o modelo visto em 7.2 para testar a hipótese de igualdade entre todos os nk tratamentos. Isso será feito com base em que

$$SQT = SQTr + SQR \tag{7.23}$$

e

$$nkr - 1 = (nk - 1) + nk(r - 1), \tag{7.24}$$

ficando verificada a independência entre s_{Tr}^2 e s_R^2.

Por outro lado, o eventual efeito dos tratamentos pode ser decomposto em uma parcela devida às diferenças entre as linhas e outra devida às diferenças entre as colunas. Calculando as somas de quadrados entre linhas e colunas de modo análogo ao que vimos nos casos anteriores, temos:[10]

$$SQL = \Sigma_{i=1}^{k} \frac{T_{i..}^2}{nr} - \frac{T^2}{nkr}, \tag{7.25}$$

$$SQC = \Sigma_{j=1}^{n} \frac{T_{.j.}^2}{kr} - \frac{T^2}{nkr}. \tag{7.26}$$

Essas quantidades, somadas, não atingem $SQTr$, dada por

$$SQTr = \Sigma_{i=1}^{k} \Sigma_{j=1}^{n} \frac{T_{ij.}^2}{r} - \frac{T^2}{nkr}, \tag{7.27}$$

verificando-se também que $(k - 1) + (n - 1) < nk - 1$. Isso se deve à existência de uma parcela adicional, a ser considerada, referente à interação entre linhas e colunas.

Pode-se demonstrar que a propriedade vista em 7.1.1 se aplica à partição de SQT_r nas três parcelas mencionadas, o que permite realizar a Análise de Variância conforme a disposição prática indicada na Tab. 7.9. Evidentemente, podemos também verificar se existe interação significativa através de F_I.

Tabela 7.9 Disposição prática para a Análise de Variância — duas classificações com repetição

Fonte de variação	Soma de quadrados	Graus de liberdade	Quadrado médio	F	F_α
Entre linhas	$SQL = \Sigma_{i=1}^{k} \frac{T_{i..}^2}{nr} - \frac{T^2}{nkr}$	$k - 1$	$s_L^2 = \frac{SQL}{k-1}$	F_L	
Entre colunas	$SQC = \Sigma_{j=1}^{n} \frac{T_{.j.}^2}{kr} - \frac{T^2}{nkr}$	$n - 1$	$s_C^2 = \frac{SQC}{n-1}$	F_C	
Interação	$SQI = SQTr - SQL - SQC$	$(k-1)(n-1)$	$s_I^2 = \frac{SQI}{(k-1)(n-1)}$	$F_I = \frac{s_I^2}{s_R^2}$	$F_{(k-1)(n-1),\, nk(r-1),\, \alpha}$
Entre tratamentos	$SQTr = \Sigma_{i=1}^{k} \Sigma_{j=1}^{n} \frac{T_{ij.}^2}{r} - \frac{T^2}{nkr}$	$nk - 1$	$s_{Tr}^2 = \frac{SQTr}{nk-1}$	$F_{Tr} = \frac{s_{Tr}^2}{s_R^2}$	$F_{nk-1,\, nk(r-1),\, \alpha}$
Residual	$SQR = SQT - SQTr$	$nk(r - 1)$	$s_R^2 = \frac{SQR}{nk(r-1)}$		
Total	$SQT = Q - \frac{T^2}{nkr}$	$nkr - 1$			

[10] O terceiro índice usado no presente caso refere-se, evidentemente, às repetições, sendo para ele usada a letra l, sendo $l = 1, 2, \ldots, r$.

Entretanto, as considerações seguintes deverão ser feitas ao se aplicar esse modelo. No caso do modelo fixo, se admitimos não haver interação (por hipótese inicial ou como conclusão do teste por meio de F_I), a correspondente soma de quadrados poderá ser acrescida à residual, realizando-se o teste de maneira semelhante ao visto em 7.4, com a vantagem adicional de se trabalhar com maior número de graus de liberdade. Caso comprovemos a existência de interação, não poderemos testar globalmente a influência das classificações segundo as linhas e/ou segundo as colunas, pois isso perderia sentido, devido à existência da interação. O teste poderia ser feito, para as linhas dentro de uma coluna ou para as colunas dentro de uma linha, usando o modelo visto em 7.2.

De modo análogo, poderemos testar a influência das classificações segundo as linhas e/ou segundo as colunas, se não houver interação, no caso do modelo aleatório, considerando incluída no resíduo a parcela da soma de quadrados que corresponderia à interação. Havendo interação, o que pode ficar constatado pelo valor de F_I, é ainda possível, nesse caso, testar as hipóteses H_{01} e H_{02}. Deve-se mencionar, entretanto, que os testes deverão ser feitos com base, respectivamente, em

$$F_L = \frac{s_L^2}{s_I^2} \quad \text{e} \quad F_C = \frac{s_C^2}{s_I^2}, \qquad (7.28)$$

sendo esses valores comparados com os valores críticos de F aos correspondentes números de graus de liberdade. Finalmente, no caso do modelo misto, não havendo interação, procede-se analogamente aos casos anteriores. Havendo interação, o efeito fixo será testado pela comparação (teste F) do respectivo s^2 com s_I^2, e o efeito aleatório pela comparação do respectivo s^2 com s_R^2.

Exemplo

Foram observados os tempos, em segundos, gastos por quatro operários para montar certa peça por três métodos diferentes. Cada operário montou duas peças por cada método, sendo os resultados os fornecidos pela Tab. 7.10. É considerada admissível a existência de interação entre operários e métodos. Verificar, pela Análise de Variância, se existe diferença significativa entre os métodos e/ou entre os operários.

Tabela 7.10 Resultados observados para três métodos e quatro operários

		Operários			
		1	2	3	4
Métodos	I	54 52	46 47	55 54	51 60
	II	59 57	61 55	59 61	56 57
	III	59 62	63 58	63 61	59 60

Solução

Subtraindo 55 a cada dado, resultam os valores apresentados na Tab. 7.11. Temos, portanto,

$$\frac{T^2}{nkr} = \frac{(49)^2}{24} \cong 100{,}04,$$

$$SQL = \Sigma_{i=1}^{k} \frac{T_{i..}^2}{nr} - \frac{T^2}{nkr} = \frac{3.091}{8} - 100{,}04 \cong 286{,}34,$$

$$SQC = \Sigma_{j=1}^{n} \frac{T_{.j.}^2}{kr} - \frac{T^2}{nkr} = \frac{867}{6} - 100{,}04 \cong 44{,}46,$$

$$SQT = Q - \frac{T^2}{nkr} = 589 - 100{,}04 = 488{,}96.$$

Para calcular $SQTr$, entretanto, necessitamos ainda obter a soma dos $T_{ij.}^2$. Verificando os totais de todos os tratamentos, temos

$$\Sigma_{i=1}^{k} \Sigma_{j=1}^{n} T_{ij.}^2 = (-4)^2 + (-17)^2 +) (-1)^2 + (1)^2 + (6)^2 + (6)^2 +$$

$$+ (10)^2 + (3)^2 + (11)^2 + (11)^2 + (14)^2 + (9)^2 = 1.007,$$

$$\therefore SQTr = \Sigma_{i=1}^{k} \Sigma_{j=1}^{n} \frac{T_{ij.}^2}{r} - \frac{T^2}{nkr} = \frac{1.007}{2} - 100{,}04 = 403{,}46.$$

Podemos agora montar o quadro da Análise de Variância, dado na Tab. 7.12. Vemos que a interação resultou não-significativa ao nível $\alpha = 5\%$, o que justifica testar H_{01} e H_{02} mediante, respectivamente, F_L e F_C. Para os resultados da Tab. 7.12, haveria então diferença significativa somente entre as linhas, ou seja, entre os métodos. Entretanto, já que consideramos não haver interação,

Tabela 7.11 Valores necessários a aplicação da Análise de Variância

		Operários										
		1		2		3		4				
		x	x^2	x	x^2	x	x^2	x	x^2	$T_{i..}$	$Q_{i..}$	$T_{i..}^2$
Métodos	I	−1 −3	1 9	−9 −8	81 64	0 −1	0 15	−4 5	16 25	−21	197	441
	II	4 2	16 4	6 0	36 0	4 6	16 36	1 2	1 4	25	113	625
	III	4 7	16 49	8 3	64 9	8 6	64 36	4 5	16 25	45	279	2.025
$T_{.j.}$		13		0		23		13		49		3.091
$Q_{.j.}$			95		254		153		87		589	
$T_{.j.}^2$		169		0		529		169		867		

a correspondente soma de quadrados, SQI, cuja existência estamos atribuindo somente ao acaso, pode ser anexada ao resíduo.[11] Resultam então os valores da Tab. 7.13.

Observamos, nesse caso, que o rearranjo não trouxe qualquer modificação aos resultados anteriores. Logo, rejeitamos H_{01} e aceitamos H_{02}. Ficou apenas constatada diferença significativa entre os métodos, a 5% de significância.

Note-se que, se estivéssemos interessados apenas nos três métodos considerados, o efeito das linhas seria fixo e o modelo, misto. Nesse caso, se a interação tivesse sido significativa, deveríamos testar os métodos conforme (7.28).

Tabela 7.12 Quadro da Análise de Variância

Fonte de variação	Soma de quadrados	Graus de liberdade	Quadrado médio	F	$F_{5\%}$
Entre linhas	286,34	2	143,17	20,08	3,89
Entre colunas	44,46	3	14,82	2,08	3,49
Interação	72,66	6	12,11	1,70	3,00
Entre tratamentos	403,46	11	36,68	5,14	2,73
Residual	85,50	12	7,13		
Total	488,96	23			

Tabela 7.13 Quadro modificado da Análise de Variância

Fonte de variação	Soma de quadrados	Graus de liberdade	Quadrado médio	F	$F_{5\%}$
Entre linhas	286,34	2	143,17	16,40	3,55
Entre colunas	44,46	3	14,82	1,69	3,16
Residual	158,16	18	8,79		
Total	488,96	23			

[11] A Ref. 8 recomenda que tal procedimento seja adotado só quando $F_I < 2F_{(k-1)(n-1),\, nk(r-1),\, 50\%}$. No nosso caso, tal ocorre, pois $F_I = 1{,}70$ e $F_{(k-1)(n-1),\, nk(r-1),\, 50\%} = 0{,}943$.

7.6 COMPARAÇÕES MÚLTIPLAS**

Deve-se notar que o método da Análise de Variância aceita ou rejeita a(s) hipótese(s) H_0 de igualdade das médias populacionais testada(s). Se H_0 for rejeitada, estaremos admitindo que pelo menos uma das médias é diferente das demais. Surge, porém, a questão: quais médias devem ser consideradas diferentes de quais outras?

A idéia de responder a essa pergunta aplicando diretamente o teste t, visto em 5.6.3, para a comparação de todas as médias duas a duas, não é satisfatória. Isso se deve ao fato de que o nível de significância seria desvirtuado, pois, quanto maior o número de comparações feitas, maior a probabilidade de se obterem rejeições por mera casualidade.

Vários autores sugeriram procedimentos mais adequados para a solução desse problema. Veremos a seguir dois desses procedimentos.

7.6.1 Métodos de Tukey e Scheffé

No caso de comparações múltiplas entre amostras de tamanhos iguais, o procedimento mais eficiente parece ser o proposto por Tukey, que utiliza valores críticos da *amplitude studentizada*, que denotamos por q. A Tab. A6.7 fornece valores críticos de q no caso de população normal. Para efeito da aplicação do método de Tukey, os valores tabelados da amplitude studentizada são utilizados conforme descrito a seguir.

No caso do modelo apresentado na Sec. 7.2, em que desejamos comparar k amostras de n elementos cada, o procedimento de Tukey recomenda considerar distintas as médias μ_l e μ_m tais que

$$|\bar{x}_l - \bar{x}_m| > q_{k,\nu,\alpha}\sqrt{s_R^2 / n}, \tag{7.29}$$

onde α é o nível de significância desejado e $\nu = k(n-1)$.

No caso do modelo apresentado em 7.4, em que temos k linhas e n colunas, as médias $\mu_{l.}$ e $\mu_{m.}$ serão consideradas distintas se

$$|\bar{x}_{l.} - \bar{x}_{m.}| > q_{k,\nu,\alpha}\sqrt{s_R^2 / n}, \tag{7.30}$$

e as médias $\mu_{.l}$ e $\mu_{.m}$ serão consideradas distintas se

$$|\bar{x}_{.l} - \bar{x}_{.m}| > q_{n,\nu,\alpha}\sqrt{s_R^2 / k}. \tag{7.31}$$

Em ambas as expressões, $\nu = (k-1)(n-1)$, que corresponde ao número de graus de liberdade da estimativa s_R^2.

Outro método, devido a Scheffé, tem a vantagem de utilizar os próprios valores do quadro da Análise de Variância, além de poder ser usado no caso de amostras de tamanhos diferentes.

Tratando-se do modelo fixo da Análise de Variância apresentado em 7.2, Scheffé demonstrou que devem ser consideradas distintas entre si, ao nível de significância adotado, as médias μ_l e μ_m tais que

$$|\bar{x}_l - \bar{x}_m| > \sqrt{s_R^2 \frac{2(k-1)}{n} F_{k-1,\, k(n-1),\, \alpha}}. \tag{7.32}$$

Tratando-se de amostras de tamanhos diferentes (modelo visto em 7.3), a expressão (7.32) fica

$$|\bar{x}_l - \bar{x}_m| > \sqrt{s_R^2(k-1)\left(\frac{1}{n_l}+\frac{1}{n_m}\right)F_{k-1,\ \Sigma n_i - k,\ \alpha}} \,. \tag{7.33}$$

Para o caso de duas classificações cruzadas (modelo visto em 7.4), a expressão correspondente, para testar diferenças segundo as linhas, é

$$|\bar{x}_{l.} - \bar{x}_{m.}| > \sqrt{s_R^2 \frac{2(k-1)}{n} F_{k-1,\ (k-1)(n-1),\ \alpha}} \tag{7.34}$$

e, para testar diferenças entre as colunas, é

$$|\bar{x}_{.l} - \bar{x}_{.m}| > \sqrt{s_R^2 \frac{2(n-1)}{k} F_{n-1,\ (k-1)(n-1),\ \alpha}} \,. \tag{7.35}$$

No caso de duas classificações cruzadas com repetição (modelo visto em 7.5), a expressão, desde que aplicável, para testar diferenças segundo as linhas, será

$$|\bar{x}_{l..} - \bar{x}_{m..}| > \sqrt{s_R^2 \frac{2(k-1)}{nr} F_{k-1,\ nk(r-1),\ \alpha}} \tag{7.36}$$

e, para testar diferenças segundo as colunas,

$$|\bar{x}_{.l.} - \bar{x}_{.m.}| > \sqrt{s_R^2 \frac{2(n-1)}{kr} F_{n-1,\ nk(r-1),\ \alpha}} \,. \tag{7.37}$$

As expressões (7.36) e (7.37) não consideram como incluída no resíduo a parcela de soma de quadrados que seria devida à interação.

Uma forma geral para o teste de Scheffé nos casos vistos de modelo fixo seria

$$\Delta_\alpha = \sqrt{s_R^2(p-1)\left(\frac{1}{n_l}+\frac{1}{n_m}\right)F_{p-1,\ \nu_R,\ \alpha}} \,, \tag{7.38}$$

onde p é o número de linhas ou colunas, conforme o caso, V_R é o número de graus de liberdade de s_R^2, e Δ_α é a diferença crítica que deve ser superada pela diferença das médias amostrais.[12]

[12] Nos casos de modelo aleatório, não tem sentido tentar identificar quais médias diferem, pois as populações observadas são apenas amostras de um total de possíveis populações. Nesse caso, tem sentido, isto sim, estimar a variância da população dos valores μ_i ou μ_j. Essa variância seria estimada, no caso do modelo descrito na Sec. 7.2, por $(s_L^2 - s_R^2)/n$. No caso do modelo descrito na Sec. 7.4, a estimativa da variância dos μ_i, seria dada por $(s_L^2 - s_R^2)/n$ e a estimativa da variância dos $\mu_{.j}$, seria dada por $(s_C^2 - s_R^2)/k$. No caso do modelo descrito na Sec. 7.5, a estimativa da variância dos $\mu_{i.}$ pode ser considerada como dada por $(s_L^2 - s_I^2)/nr$, e a da variância dos $\mu_{.j}$ por $(s_C^2 - s_I^2)/kr$. Evidentemente, diferenças negativas levam a estimativas nulas. No caso do modelo misto, as expressões (7.36) e (7.37) serão utilizadas com s_R^2 e ν_R ou s_I^2 e ν_I, conforme o procedimento que tenha sido usado no teste F para o efeito fixo. Para o efeito aleatório, a variância dos $\mu_{i.}$ ou $\mu_{.j}$ será estimada por $(s_L^2 - s_R^2)/nr$ ou $(s_C^2 - s_R^2)/kr$, conforme o caso.

Exemplo

Para o exemplo apresentado em 7.2, verificar quais os tratamentos térmicos que diferem significativamente, ao nível de 5% de significância.

Solução

As médias das amostras submetidas aos tratamentos A, B e C são, respectivamente,

$$\bar{x}_1 = 72,0; \quad \bar{x}_2 = 66,8; \quad \bar{x}_3 = 75,0;$$

$$\therefore |\bar{x}_1 - \bar{x}_2| = 5,2,$$

$$|\bar{x}_1 - \bar{x}_3| = 3,0,$$

$$|\bar{x}_2 - \bar{x}_3| = 8,2.$$

Em função de $k = 3$ e $v = k(n - 1) = 3(5 - 1) = 12$, a Tab. A6.7 nos fornece $q_{3;\,12;\,5\%} = 3,77$. Como $s_R^2 = 10,733$, temos

$$q_{k,v,\alpha}\sqrt{\frac{s_R^2}{n}} = 3,77\sqrt{\frac{10,733}{5}} \cong 5,52.$$

Logo, segundo o método de Tukey, são significativamente distintas as médias cujas diferenças superem 5,52. Portanto existe diferença assinalável, ao nível $\alpha = 5\%$, entre os tratamentos B e C.

Pelo método de Scheffé, teríamos $\Delta_{5\%}$ calculado conforme indicado na expressão (7.32). Como $F_{k-1,\,k(n-1),\,\alpha} = F_{2;\,12;\,5\%} = 3,89$, temos

$$\Delta_{5\%} = \sqrt{10,733\frac{2(3-1)}{5}3,89} \cong 5,78,$$

o que leva à mesma conclusão anterior. Entretanto, como 5,78 > 5,52, notamos que o método de Tukey é mais poderoso que o de Scheffé, para efeito de comparação das médias duas a duas.

Exemplo

Supondo que os tratamentos mencionados no exemplo resolvido em 7.2 fossem apenas uma amostra de uma grande variedade de possíveis tratamentos térmicos, o que poderíamos inferir sobre a dureza média fornecida por esses tratamentos térmicos?

Solução

Tratando-se de um modelo aleatório, não tem sentido fazer comparações múltiplas. Uma vez que foi rejeitada a igualdade entre as médias populacionais, admitiremos que a dureza média varia com o tratamento térmico aplicado.

Estimaremos a média da distribuição das μ_i através de

$$\bar{\bar{x}} = \frac{\bar{x}_1 + \bar{x}_2 + \bar{x}_3}{3} = \frac{T}{nk} = \frac{-11}{15} + 72 \cong 71,27,$$

e a variância dessa distribuição (suposta normal por hipótese implícita) através de (veja a nota de rodapé anterior):

$$s^2 = \frac{s_E^2 - s_R^2}{n} = \frac{86,067 - 10,733}{5} \cong 15,067.$$

7.6.2 Contrastes

Uma generalização da idéia de diferença entre duas médias é dada pelos *contrastes* entre k médias consideradas.

Um contraste entre k médias fica definido por k coeficientes, $c_1, c_2, \ldots, c_k$, tais que sua soma seja nula. Interessam-nos, em particular, os *contrastes normalizados*, em que

$$\sum_{i=1}^{k} c_i = 0 \quad \text{e} \quad \sum_{i=1}^{k} |c_i| = 2. \tag{7.39}$$

Vamos procurar ilustrar a idéia através de um exemplo. Sejam $\bar{x}_1$, $\bar{x}_2$, $\bar{x}_3$ e $\bar{x}_4$ as médias de n verificações do peso de tomates de certa espécie que foram submetidos a quatro diferentes tratamentos:

tratamento 1, sem fertilizante;
tratamento 2, fertilizante A;
tratamento 3, fertilizante B;
tratamento 4, fertilizante A + fertilizante B.

Admitem-se os fertilizantes A e B aplicados em iguais quantidades.

Podemos construir diversos contrastes entre as médias das quatro amostras. Por exemplo,

$C_1 = (-1, 1, -1, 1)$,

$C_2 = (-1, -1, 1, 1)$,

$C_3 = (-1, 1, 1, -1)$. [13]

Em forma normalizada, esses contrastes representam, respectivamente, as comparações

$$-\frac{\bar{x}_1}{2} + \frac{\bar{x}_2}{2} - \frac{\bar{x}_3}{2} + \frac{\bar{x}_4}{2} = \frac{\bar{x}_2 + \bar{x}_4}{2} - \frac{\bar{x}_1 + \bar{x}_3}{2},$$

$$-\frac{\bar{x}_1}{2} - \frac{\bar{x}_2}{2} + \frac{\bar{x}_3}{2} + \frac{\bar{x}_4}{2} = \frac{\bar{x}_3 + \bar{x}_4}{2} - \frac{\bar{x}_1 + \bar{x}_2}{2},$$

$$-\frac{\bar{x}_1}{2} + \frac{\bar{x}_2}{2} + \frac{\bar{x}_3}{2} - \frac{\bar{x}_4}{2} = \frac{\bar{x}_2 + \bar{x}_3}{2} - \frac{\bar{x}_1 + \bar{x}_4}{2}.$$

Vemos que, não havendo interação, C_1 mede o efeito do fertilizante A apenas, uma vez que o efeito de B foi somado e subtraído nesse contraste. Analogamente, C_2 mede o efeito apenas do fertilizante B. O contraste C_3, por sua vez, mede o efeito da eventual interação

[13] Notar que usamos C para designar um particular contraste, e c para os coeficientes de um contraste.

entre os fertilizantes A e B. De fato, não havendo interação, o valor esperado desse contraste é nulo, uma vez que os efeitos de A e de B são somados e subtraídos.[14]

Evidentemente, o contraste $C_4 = (-1, 1, 0, 0)$, ou simplesmente $\bar{x}_2 - \bar{x}_1$, também mediria o efeito do fertilizante A, mas, não havendo interação, C_1 deve ser preferido, pois baseia-se em maior número de observações.

Supondo agora que o tratamento 4 fosse constituído por um terceiro fertilizante, e que quiséssemos medir o efeito médio dos três fertilizantes, poderíamos usar o contraste $C_5 = (-3, 1, 1, 1)$, o qual, normalizado, representaria a comparação

$$-\bar{x}_1 + \frac{\bar{x}_2}{3} + \frac{\bar{x}_3}{3} + \frac{\bar{x}_4}{3} = \frac{\bar{x}_2 + \bar{x}_3 + \bar{x}_4}{3} - \bar{x}_1.$$

7.6.3 Induções quanto aos contrastes

Podemos desejar construir intervalos de confiança ou testar hipóteses a respeito de certos contrastes. Para tanto, basta calcular a estimativa do desvio-padrão do contraste e utilizar procedimentos semelhantes aos vistos nos Caps. 4 e 5.

Assim, admitindo que todas as populações tenham a mesma variância σ^2, estimada por s_R^2, temos, por exemplo, o intervalo de confiança para o contraste C_1 normalizado dado, no caso de todas as amostras serem de mesmo tamanho n, por

$$\left(\frac{\bar{x}_2 + \bar{x}_4}{2} - \frac{\bar{x}_1 + \bar{x}_3}{2}\right) \pm t_{4(n-1),\, \alpha/2}\sqrt{\frac{s_R^2}{n}}. \tag{7.40}$$

Note-se que a variância amostral de C_1 normalizado resulta de

$$\frac{1}{4}\cdot\frac{s_R^2}{n} + \frac{1}{4}\cdot\frac{s_R^2}{n} + \frac{1}{4}\cdot\frac{s_R^2}{n} + \frac{1}{4}\cdot\frac{s_R^2}{n} = \frac{s_R^2}{n}. \tag{7.41}$$

Analogamente, o leitor poderá verificar que, para o contraste C_5, o intervalo de confiança é dado por

$$\left(\frac{\bar{x}_2 + \bar{x}_3 + \bar{x}_4}{3} - \bar{x}_1\right) \pm t_{4(n-1),\, \alpha/2}\sqrt{\frac{4}{3}\cdot\frac{s_R^2}{n}}. \tag{7.42}$$

Para amostras de tamanhos diferentes, esses intervalos seriam dados por

$$\left(\frac{\bar{x}_2 + \bar{x}_4}{2} - \frac{\bar{x}_1 + \bar{x}_3}{2}\right) \pm t_{\Sigma n_i - 4,\, \alpha/2}\sqrt{\frac{s_R^2}{4}\sum_{i=1}^{4}\frac{1}{n_i}} \tag{7.43}$$

e

$$\left(\frac{\bar{x}_2 + \bar{x}_3 + \bar{x}_4}{3} - \bar{x}_1\right) \pm t_{\Sigma n_i - 4,\, \alpha/2}\sqrt{s_R^2\left[\frac{1}{9}\left(\frac{1}{n_2} + \frac{1}{n_3} + \frac{1}{n_4}\right) + \frac{1}{n_1}\right]}. \tag{7.44}$$

[14] Esse exemplo ilustra o caso que, na simbologia do delineamento de experimentos, seria considerado um delineamento fatorial 2^2, indicando que temos dois fatores envolvidos (fertilizante A, fertilizante B), a dois níveis cada (sim, não). Se tivéssemos três fertilizantes, teríamos um delineamento 2^3. A esse respeito, ver, por exemplo, a Ref. 17.

Evidentemente, tal procedimento associa um nível de confiança $1 - \alpha$ a cada intervalo construído. Assim, as expressões precedentes seriam indicadas se se desejasse construir um intervalo com confiança $1 - \alpha$ para um único contraste de interesse. Analogamente, se se desejasse testar a significância de um único contraste, poder-se-ia verificar se o correspondente intervalo de confiança contém 0, ou realizar o teste através do t de Student.

Caso desejemos estimar (ou testar) simultaneamente diversos contrastes, devemos, a exemplo do que foi feito em 7.6.1, utilizar procedimentos adequados. Aliás, podemos considerar que, em 7.6.1, lidamos com um caso particular de contrastes do tipo ilustrado por C_4. Para esse caso particular, o procedimento de Tukey é, conforme vimos, mais eficiente que o de Scheffé. Para os demais contrastes, em geral, a situação se inverte, sendo mais recomendável o procedimento de Scheffé.[15]

O procedimento de Scheffé para estabelecer o intervalo de confiança para diversos contrastes C com estimativas $\hat{C}$ pode ser resumido na expressão

$$\hat{C} \pm S \cdot s_{\hat{C}}, \tag{7.45}$$

onde $s_{\hat{C}}$ é a estimativa de $\sigma_{\hat{C}}$ e S é dado por

$$S = \sqrt{\nu_1 F_{\nu_1,\, \nu_2,\, \alpha}}, \tag{7.46}$$

expressão em que ν_1 é o número de médias a serem contrastadas menos 1, e ν_2 é o número de graus de liberdade da estimativa $s^2_{\hat{C}}$, em geral o mesmo de s^2_R.

Pode-se notar que as comparações múltiplas apresentadas em 7.6.1 correspondem a um caso particular do procedimento descrito. De fato, se considerarmos, por exemplo, a expressão (7.33), veremos que

$$s_{\hat{C}} = \sqrt{s^2_R\left(\frac{1}{n_l} + \frac{1}{n_m}\right)}$$

e

$$S = \sqrt{(k-1)F_{k-1,\, \Sigma n_i - k,\, \alpha}}.$$

Exemplo

Com referência ao exemplo dado em 7.4, estabelecer um intervalo de 99% de confiança para o contraste entre o efeito médio dos fertilizantes A, C e E e o efeito médio dos fertilizantes B e D. Esse é apenas um entre diversos contrastes que se deseja comparar.

---

[15] Na verdade, o procedimento de Tukey, que é aproximadamente 37% mais eficiente que o de Scheffé para comparações de médias duas a duas, seria ainda ligeiramente mais eficiente para contrastes do tipo (–2, 1, 1, 0, 0, ..., 0). Por outro lado, um terceiro método altamente recomendável é descrito na Ref. 10.

Solução

Vamos utilizar o método de Scheffé. Temos, das Tabs. 7.7 e 7.8,

$$\bar{x}_A = \frac{11,1}{2} = 5,55, \quad \bar{x}_B = \frac{7,2}{2} = 3,60, \quad \bar{x}_C = \frac{8,0}{2} = 4,00,$$

$$\bar{x}_D = \frac{9,1}{2} = 4,55, \quad \bar{x}_E = \frac{10,3}{2} = 5,15,$$

$$k = 6, \qquad n = 2, \qquad (k-1)(n-1) = 5,$$

$$s_R^2 = 0,0468, \qquad F_{k-1,\,(k-1)(n-1),\,\alpha} = F_{5;\,5;\,1\%} = 10,97.$$

Logo, pela (7.46), lembrando que $k = 6$, temos

$$S = \sqrt{5 \cdot 10,97} \cong 7,406.$$

O contraste desejado é estimado por

$$\hat{C} = \frac{\bar{x}_A + \bar{x}_C + \bar{x}_E}{3} - \frac{\bar{x}_B + \bar{x}_D}{2},$$

$$\therefore \hat{C} = \frac{5,55 + 4,00 + 5,15}{3} - \frac{3,60 + 4,55}{2} = 0,825$$

e sua variância é estimada por

$$s_{\hat{C}}^2 = \left(\frac{1}{9} + \frac{1}{9} + \frac{1}{9} + \frac{1}{4} + \frac{1}{4}\right)\frac{s_R^2}{2} = \frac{5}{12} s_R^2,$$

$$\therefore \quad s_{\hat{C}} = \sqrt{\frac{5}{12} \cdot 0,0468} \cong 0,1396,$$

$$\therefore S s_{\hat{C}} \cong 7,406 \cdot 0,1396 \cong 1,034.$$

Logo, o intervalo com 99% de confiança é

$$0,825 \pm 1,034.$$

Vemos, de passagem, que esse contraste não é significativo ao nível $\alpha = 1\%$.

Note-se que, se esse contraste fosse o único a ser estudado, poderíamos estabelecer o intervalo de confiança através do t de Student, e a semi-amplitude do intervalo seria proporcional a

$$t_{k(n-1),\,\alpha/2} = t_{6(2-1);\,0,5\%} = t_{6;\,0,5\%} = 3,707,$$

ou seja, seria $3,707 \cdot 0,1396 \cong 0,517$. O intervalo de confiança seria

$$0,825 \pm 0,517$$

e o contraste seria significativo.

7.7 EXERCÍCIOS PROPOSTOS

1. Quatro pneus de cada uma das marcas A, B e C foram testados quanto à durabilidade. Os resultados obtidos (em milhares de quilômetros) são os que seguem.

Marca	Durabilidade			
A	34	38	31	35
B	32	34	31	29
C	30	25	28	23

Ao nível de 1% de significância, há evidência de que os pneus tenham diferentes durabilidades médias?

2. Numa fábrica com cinco máquinas automáticas de embalagem, existe a suspeita de que pelo menos uma delas esteja desregulada em relação às outras quanto ao peso médio embalado. Para tirar as dúvidas, foram extraídas cinco amostras de quatro elementos cada, uma de cada máquina. Ao nível 1% de significância, qual a conclusão? Os dados das cinco amostras, em gramas, são apresentados a seguir, correspondendo cada coluna a uma amostra.

230	228	225	231	226
235	233	227	229	230
237	236	230	231	229
230	230	224	225	228

3. Quatro indivíduos com visão perfeita foram submetidos a três determinações do tempo, em segundos, para a acomodação visual a um dado aumento da luminosidade ambiente. Os resultados foram:

Indivíduo	Tempo		
1	3,6	3,8	4,1
2	3,7	3,5	3,7
3	3,4	3,9	3,6
4	3,9	4,2	3,8

Ao nível de 5% de significância, existe diferença significativa entre os indivíduos?

4. São dados três grupos de observações:

Grupo A	15	18	18	20	19	24	19		
Grupo B	19	20	16	21	19	15	9	13	19
Grupo C	29	27	23	20	21				

Podemos identificar, aos níveis de significância usuais, a existência de diferença entre as médias das populações das quais provieram essas amostras?

5. Os dados que seguem representam o tempo, em segundos, gasto por cinco operários para realizar certa operação usando três máquinas diferentes. Ao nível de 5% de significância, verifique se existe diferença assinalável entre as máquinas e entre os operários.

	Máquina A	Máquina B	Máquina C
Operário 1	32	49	30
Operário 2	41	45	29
Operário 3	35	45	37
Operário 4	30	40	35
Operário 5	31	42	42

6. Utilize o modelo correto de Análise de Variância para resolver os seguintes exercícios do Cap. 5:

a) o exercício 25,

b) o exercício 27,

c) o exercício 31.

7. Um terreno quadrangular foi dividido em dezesseis canteiros, sobre os quais semeou-se a mesma cultura. Os índices que seguem referem-se às colheitas obtidas com respeito à posição geográfica de cada canteiro. Ao nível de 5% de significância, teste se existe variação na fertilidade do solo segundo as direções da subdivisão.

18	15	20	16
20	22	16	17
16	21	18	25
21	22	24	20

8. Numa experiência didática, vinte alunos de uma classe considerada muito homogênea receberam aulas de certa disciplina segundo dois métodos diferentes (A e B), sendo todas as aulas dadas pelo mesmo professor em dois períodos diferentes: no comeco da manhã e no fim da tarde. Assim, o professor ministrou aulas a quatro turmas de cinco alunos cada, duas pela manhã e duas a tarde. Os alunos foram distribuídos pelas turmas por sorteio. As médias finais foram:

Manhã, método A	6,4	7,0	7,3	6,2	6,9
Manhã, método B	7,5	8,0	9,8	6,9	8,4
Tarde, método A	6,8	7,2	6,0	7,7	5,3
Tarde, método B	5,4	8,3	9,0	7,5	7,7

Realize a Análise de Variância pertinente. Quais as conclusões, aos níveis usuais? Foi encontrada interação entre horário de aula e método de ensino?

9. Trinta e seis peças de uma liga de alumínio foram fabricadas segundo três processos diferentes, a quatro níveis de temperatura. Três peças foram produzidas sob cada combinação processo/nível de temperatura. A resistência à corrosão foi então determinada para cada peça, obtendo-se os resultados dados na Tab. 7.14. Use o modelo conveniente de Análise de Variância para analisar esses dados, ao nível de 5% de significância. Quais as conclusões?

Tabela 7.14 Resistência á corrosão

Processo	Nível de temperatura			
	1	2	3	4
I	79 96 110	122 128 128	72 109 111	131 72 111
II	122 44 82	100 117 103	115 59 79	72 69 130
III	80 74 72	34 50 85	126 146 114	115 99 133

10. Em uma análise de variância a duas classificações, temos quatro linhas e cinco colunas. Cada tratamento foi repetido quatro vezes, num total de oitenta observações. As somas de quadrados obtidas estão resumidas a seguir.

Entre linhas	108,6
Entre colunas	97,8
Entre tratamentos	243,2
Total	388,0

Realize a análise de variância, fazendo as hipóteses que julgar necessárias e dando as conclusões obtidas aos níveis usuais.

11. Utilizando o método de Tukey, estabeleça quais médias devem ser consideradas estatisticamente distintas, ao nível de 5% de significância, para os dados:

a) do exercício 1,

b) do exercício 2,

c) do exercício 3,

d) do exercício 5,

todos deste capítulo. Em qual dos casos o teste proposto parece nitidamente fora de propósito ?

12. Utilizando o método de Scheffé, estabeleca quais médias devem ser consideradas estatisticamente distintas aos níveis de 5 e 1% de significância para os dados:

a) do exercício 1,

b) do exercício 2,

c) do exercício 4,

d) do exercício 5,

e) do exercício 8,

todos deste capítulo.

13. Com referência aos dados do exercício 8, pede-se:

a) estabeleça um contraste com a finalidade de medir a interação porventura existente entre horário de aula e método de ensino;

b) teste a significância desse contraste ao nível $\alpha = 5\%$;

c) admitida a não-existência de interação, estabeleça os contrastes indicados à caracterização das diferenças médias entre os métodos e entre os horários;

d) construa intervalos individuais de 95% de confiança para os contrastes mencionados em (c);

e) usando o método de Tukey, estabeleça os intervalos em que depositamos 95% de confiança em que ambos os contrastes mencionados em (c) estarão contidos;

f) idem, usando o método de Scheffé;

g) compare os resultados dos itens (e) e (f).

Capítulo 8

Correlação e regressão

8.1 INTRODUÇÃO — DESCRIÇÃO GRÁFICA

Nos capítulos precedentes, consideramos sempre a existência de uma única variável de interesse.[1] Passaremos agora a examinar os importantes problemas de Estatística envolvendo duas ou mais variáveis quantitativas. Por motivos didáticos, iniciaremos nosso estudo com o caso mais simples, em que temos apenas duas variáveis de interesse.

Tomemos um exemplo. Seja uma amostra de dez pessoas adultas, do sexo masculino, e sejam a altura (cm) e o peso (kg) as variáveis que nos interessam investigar. Designemo-las, respectivamente, por X e Y. Para cada elemento da amostra, portanto, iremos verificar um par ordenado (x, y). Teremos então $n = 10$ pares de valores das duas variáveis, que poderão ser plotados em um diagrama cartesiano bidimensional. Tal diagrama chama-se *diagrama de dispersão*.

Suponhamos que tenham sido obtidos os resultados apresentados na Tab. 8.1. O diagrama de dispersão correspondente é mostrado na Fig. 8.1. A vantagem de se construir o diagrama de dipersão está em que, muitas vezes, sua simples observação já nos dá uma idéia bastante boa de como as duas variáveis se correlacionam, isto é, qual a tendência de variação conjunta que apresentam. Nos itens seguintes estudaremos em maior profundidade o problema da correlação.

Tabela 8.1 Valores de altura e peso de dez pessoas

Pessoa	Altura (cm)	Peso (kg)	Pessoa	Altura (cm)	Peso (kg)
1	174	73	6	164	72
2	161	66	7	156	62
3	170	64	8	168	64
4	180	94	9	176	90
5	182	79	10	175	81

[1] Salvo no estudo das tabelas de contingência, onde se considerava o caso de duas (ou mais) variáveis qualitativas.

Figura 8.1 Diagrama de dispersão para os dados da Tab. 8.1.

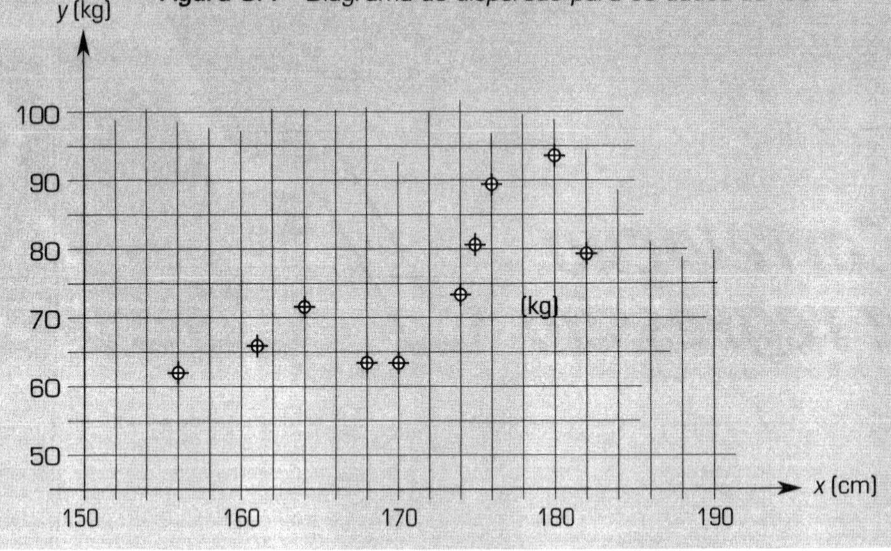

Caso o número de pontos seja grande, podemos dividir os intervalos de variação de X e Y em classes e construir um histograma bidimensional. Ilustraremos esse caso através de um segundo exemplo. Suponhamos que os pares a seguir representem as notas, dadas com a precisão de meio ponto, de cinqüenta alunos de uma turma, obtidas respectivamente na primeira prova de Cálculo e na primeira prova de Estatística.

(4,0; 6,5),	(3,5; 9,0),	(4,0; 6,0),	(7,0; 9,5),	(2,5; 5,5),
(3,0; 6,5),	(4,0; 7,0),	(1,0; 4,5),	(2,0; 4,5),	(4,5; 4,0),
(3,5; 3,5),	(7,0; 7,0),	(5,0; 5,5),	(4,0; 3,0),	(3,5; 5,5),
(7,5; 8,0),	(2,5; 4,5),	(5,5; 4,5),	(3,0; 5,0),	(2,0; 6,5),
(4,0; 8,0),	(4,0; 5,0),	(6,0; 6,5),	(3,0; 3,0),	(2,0; 4,5),
(1,5; 2,5),	(4,5; 5,5),	(2,5; 3,5),	(2,0; 3,0),	(9,0; 5,5),
(5,5; 5,5),	(3,0; 6,0),	(3,0; 5,0),	(6,0; 4,5),	(5,5; 7,5),
(0,5; 3,0),	(3,5; 4,5),	(6,0; 7,0),	(5,5; 7,5),	(3,0; 4,5),
(5,0; 8,5),	(14,0; 6,0),	(4,5; 5,0),	(2,0; 4,0),	(3,5; 6,0),
(5,5; 8,0),	(4,0; 4,5),	(2,0; 5,0),	(7,5; 6,0),	(5,5; 9,0).

O diagrama de dispersão é mostrado na Fig. 8.2, em que os valores x indicam a nota de Cálculo e os valores y, a nota de Estatística. Sendo o conjunto de valores razoavelmente grande, vamos considerá-lo agrupado em classes de amplitude 1,5 quanto a ambas as variáveis, conforme indicado no próprio diagrama.

Podemos, então, utilizando o agrupamento feito, construir o histograma bidimensional mostrado na Fig. 8.3, onde os volumes dos paralelepípedos são proporcionais às freqüências.

Figura 8.2 *Diagrama de dispersão para as notas de Cálculo e Estatística de cinqüenta alunos.*

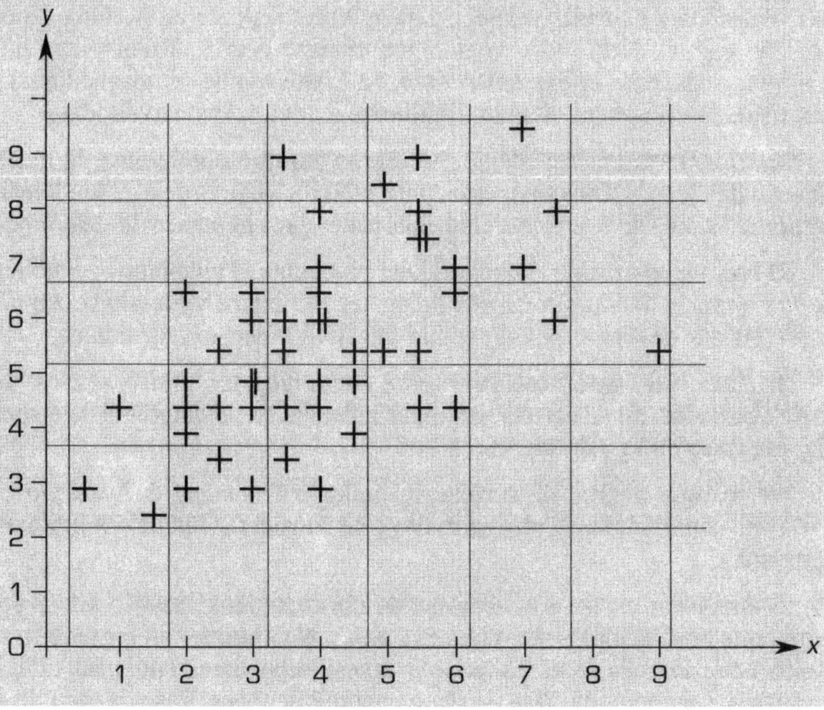

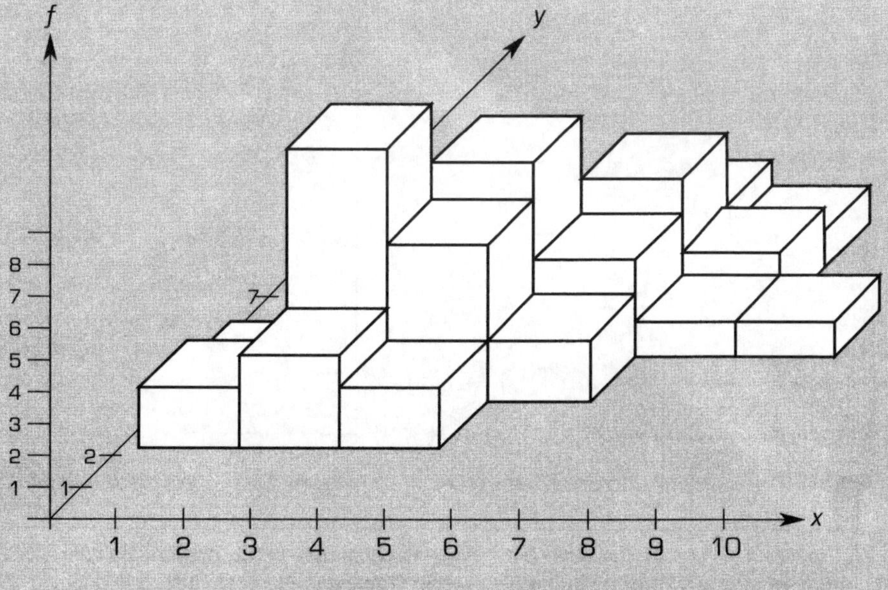

Figura 8.3 *Histograma bidimensional dos dados da Fig. 8.2.*

8.2 CORRELAÇÃO LINEAR

Observados os pontos dos diagramas de dispersão mostrados nas Figs. 8.1 e 8.2, vemos que, em ambos os casos, existe, para maiores valores de X, uma tendência a obtermos maiores valores de Y e vice-versa. Quando isso ocorre, dizemos que há correlação linear positiva. Aliás, para os exemplos vistos, a existência de correlação linear positiva não deve surpreender a ninguém, devido à natureza das variáveis envolvidas.

Entretanto também podemos ter casos em que o diagrama de dispersão apresenta o aspecto da Fig. 8.4, indicando que, para maiores valores de X, a tendência é observarem-se menores valores de Y, e vice-versa. Tais casos são chamados de *correlação linear negativa*.

O preço de um artigo e a quantidade procurada, a temperatura ambiente e o rendimento de um motor, a renda *per capita* de países e o índice de analfabetismo, são exemplos de variáveis que devemos esperar sejam negativamente correlacionadas.

É claro que, intermediariamente, devemos ter muitos casos de variáveis não-correlacionadas, ou de correlação linear nula, em que o diagrama de dispersão deve mostrar alguma coisa do tipo da Fig. 8.5.[2]

Vemos que o sinal da correlação indica a tendência da variação conjunta das duas variáveis consideradas. Entretanto deve-se considerar também a intensidade ou o grau da correlação.

Observemos a Fig. 8.6. Trata-se de um caso de correlação linear positiva, da mesma forma que nos exemplos das Figs. 8.1 e 8.2. No entanto, na Fig. 8.6, a correlação linear é muito mais intensa, pois os pontos apresentam uma tendência mais acentuada de se colocarem segundo uma reta. Diremos então que, nesse caso, o grau de correlação linear é mais acentuado que nos outros dois, ou que, nesse caso, a correlação linear é mais perfeita. Evidentemente, o caso extremo é aquele em que todos os pontos se situam sobre uma

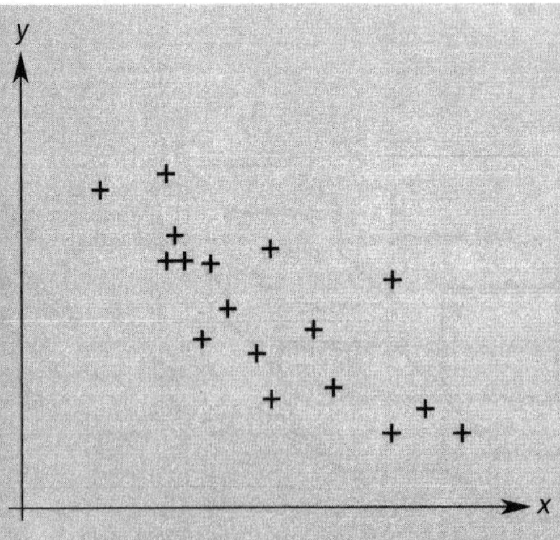

Figura 8.4 *Correlação linear negativa.*

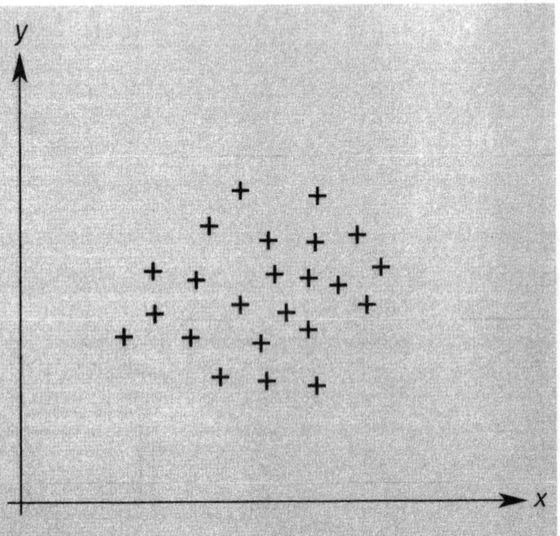

Figura 8.5 *Correlação linear nula*

[2] A idéia de não-correlacionamento entre variáveis é, muitas vezes, confundida com a de independência estatística, devido à semelhança entre os dois conceitos. De fato, a independência implica o não-correlacionamento, mas a recíproca nem sempre é verdadeira. Na Fig. 8.7, por exemplo, temos um caso de duas variáveis que, claramente, não apresentam correlação linear, mas não são independentes.

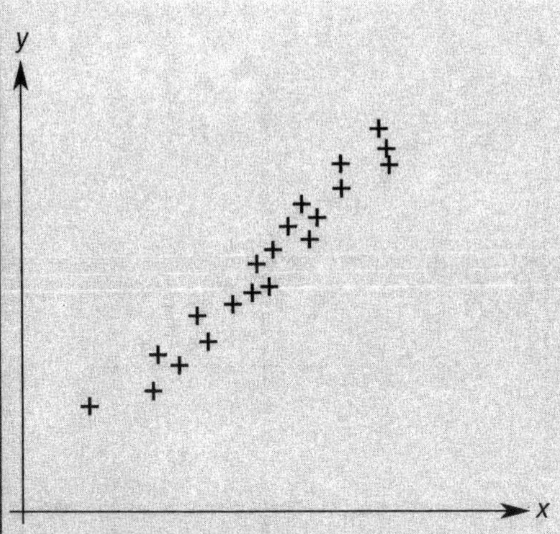

Figura 8.6 *Correlação linear positiva.*

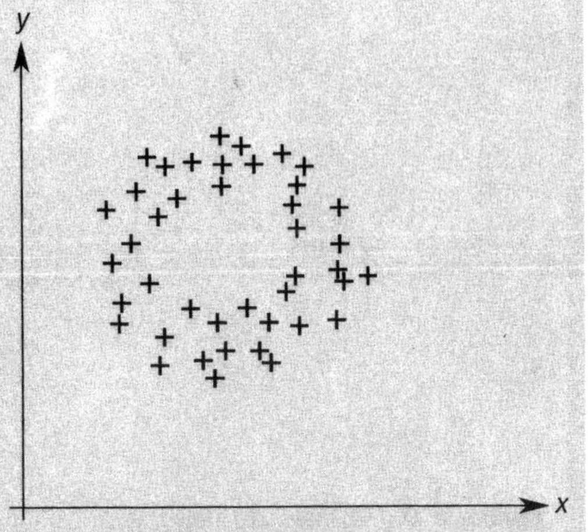

Figura 8.7 *Correlação não-linear.*

mesma reta com inclinação positiva ou negativa, em que teríamos a correlação linear perfeita. Na prática, é claro, tal caso dificilmente ocorrerá.

A discussão precedente acerca da maior ou menor tendência de que os pontos do diagrama se agrupem segundo uma reta esclarece a necessidade do termo linear que temos tido o cuidado de usar. No presente estudo, estamos interessados em verificar exatamente o quanto os pontos se aproximam de uma reta, daí estudarmos a correlação linear. Outros tipos de correlação podem existir, mas não os veremos aqui. Assim, os pontos da Fig. 8.7 apresentam nítida correlação, mas não linear.

Uma medida do grau e do sinal da correlação linear é dada pela covariância entre as duas variáveis, definida por

$$s_{xy} = \text{cov}\ (x, y) = \frac{\sum_{i=1}^{n}(x_i - \bar{x})(y_i - \bar{y})}{n-1}. \quad [3] \qquad (8.1)$$

É fácil verificar que a covariância é um indicador do grau e do sinal da correlação. De fato, por exemplo, no caso de correlação negativa ilustrado na Fig. 8.8, a maioria dos pontos está nos quadrantes 1 e 3, quando $(x_i - \bar{x})$ e $(y_i - \bar{y})$ têm sinais opostos, resultando parcelas negativas no somatório de (8.1).

Entretanto é, em geral, mais conveniente usar-se, para a medida da correlação, o chamado *coeficiente de correlação linear de Pearson*, ou, simplesmente, coeficiente de correlação, definido por

$$r = \frac{\text{cov}\ (x, y)}{s_x s_y}, \qquad (8.2)$$

onde s_x e s_y são os desvios-padrão das variáveis X e Y na amostra. Como

$$s_x = \sqrt{\frac{\sum_{i=1}^{n}(x_i - \bar{x})^2}{n-1}} \quad \text{e} \quad s_y = \sqrt{\frac{\sum_{i=1}^{n}(y_i - \bar{y})^2}{n-1}},$$

[3] Temos aqui o mesmo problema, já citado anteriormente no Cap. 2, a respeito de se colocar n ou $n - 1$ no denominador. Como estamos pensando na covariância de uma amostra, usaremos $n - 1$.

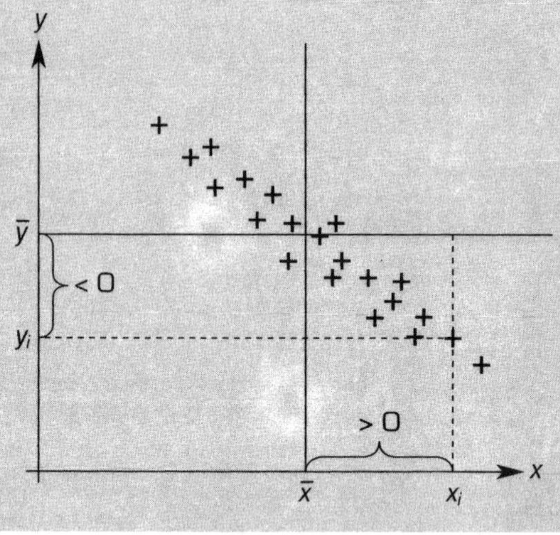

Figura 8.8 Correlação negativa.

resulta que

$$r = \frac{\Sigma_{i=1}^{n}(x_i - \bar{x})(y_i - \bar{y})}{\sqrt{\Sigma_{i=1}^{n}(x_1 - \bar{x})^2 \cdot \Sigma_{i=1}^{n}(y_i - \bar{y})^2}} = \frac{S_{xy}}{\sqrt{S_{xx} \cdot S_{yy}}}. \quad (8.3)$$

A representação abreviada dos somatórios da expressão (8.3) mediante a notação S_{xy}, S_{xx} e S_{yy} é bastante útil, e será por nós adotada. Não é difícil mostrar que

$$S_{xy} = \Sigma_{i=1}^{n}(x_i - \bar{x})(y_i - \bar{y}) = \Sigma(x_i - \bar{x})y_i = \Sigma(y_i - \bar{y})x_i = \Sigma x_i y_i - \frac{\Sigma x_i \cdot \Sigma y_i}{n}, \quad (8.4)$$

$$\begin{cases} S_{xx} = \Sigma_{i=1}^{n}(x_i - \bar{x})^2 = \Sigma x_i^2 - \dfrac{(\Sigma x_i)^2}{n}, \\ S_{yy} = \Sigma_{i=1}^{n}(y_i - \bar{y})^2 = \Sigma y_i^2 - \dfrac{(\Sigma y_i)^2}{n}. \end{cases} \text{[4]} \quad (8.5)$$

Combinando as expressões anteriores, podemos também chegar facilmente à fórmula seguinte, para o cálculo direto do coeficiente de correlação linear de Pearson:

$$r = \frac{n\Sigma x_i y_i - \Sigma x_i \Sigma y_i}{\sqrt{[n\Sigma x_i^2 - (\Sigma x_i)^2] \cdot [n\Sigma y_i^2 - (\Sigma y_i)^2]}}. \quad (8.6)$$

O coeficiente de correlação linear de Pearson tem as importantes propriedades de ser adimensional e de variar entre -1 e $+1$, o que não ocorria com a covariância. A vantagem de ser adimensional está no fato de seu valor não ser afetado pelas unidades adotadas. Resulta também, como conseqüência, que codificações lineares introduzidas nas variáveis não afetam o valor de r. Por outro lado, o fato de termos $-1 \le r \le +1$ (que será posteriormente demonstrado), faz com que um dado valor de r seja facilmente interpretado. Como $r = -1$ corresponde ao caso de correlação linear negativa perfeita e $r = +1$ corresponde ao de correlação linear positiva perfeita, o significado de valores intermediários é rapidamente percebido. Esse assunto será aprofundado no item seguinte.

[4] Essas últimas expressões já são nossas conhecidas do Cap. 2. A utilização, aqui e na expressão (8.4), das formas desdobradas, em geral, simplifica o cálculo.

Deve-se frisar, entretanto, que, muitas vezes, um alto valor do coeficiente de correlação, embora estatisticamente significativo, pode não implicar qualquer relação de causa e efeito, mas simplesmente a tendência que aquelas variáveis apresentam quanto à sua variação conjunta. No item 8.7.2, o leitor encontrará um exemplo que pode ilustrar essa questão.

Apresentamos, a seguir, exemplo do cálculo de *r*, referente aos dados apresentados em 8.1. Se desejássemos calcular o coeficiente de correlação para os dados do exemplo referente à Fig. 8.2, poderíamos adaptar a expressão (8.6) à sua versão envolvendo freqüência, dada por (8.7):

$$r = \frac{n\sum_{i=1}^{k}\sum_{j=1}^{l} x_i y_j f_{ij} - \sum_{i=1}^{k} x_i f_{i.} \cdot \sum_{j=1}^{l} y_j f_{.j}}{\sqrt{[n\sum_{i=1}^{k} x_i^2 f_{i.} - (\sum_{i=1}^{k} x_i f_{i.})^2]\cdot[n\sum_{j=1}^{l} y_j^2 f_{.j} - (\sum_{j=1}^{l} y_j f_{.j})^2]}}, \quad (8.7)$$

onde x_i e y_j são os pontos médios das respectivas classes, f_{ij} são as freqüências das classes bidimensionais, $f_{i.}$ são as freqüências marginais das classes em x, e $f_{.j}$ são as freqüências marginais das classes em y. De forma análoga, seriam modificadas as expressões (8.4) e (8.5).

Exemplo

Calcular o coeficiente *r* para os dados da Tab. 8.1.

Solução

Vamos reproduzir os dados da Tab. 8.1 e aplicar as seguintes codificações lineares:

$$z = x - 170 \quad \text{e} \quad w = y - 75$$

Os valores de x, y, z, w e demais quantidades necessárias ao cálculo encontram-se na Tab. 8.2. Temos

$$S_{zw} = \sum z_i w_i - \frac{\sum z_i \cdot \sum w_i}{n} = 653 - \frac{6\,(-5)}{10} = 656,0,$$

$$S_{zz} = \sum z_i^2 - \frac{(\sum z_i)^2}{n} = 638 - \frac{6^2}{10} = 634,4,$$

$$S_{ww} = \sum w_i^2 - \frac{(\sum w_i)^2}{n} = 1.143 - \frac{(-5)^2}{10} = 1.140,5,$$

$$\therefore r = \frac{S_{zw}}{\sqrt{S_{zz}\,S_{ww}}} = \frac{656,0}{\sqrt{634,4 \cdot 1.140,5}} \cong 0,772.$$

Conforme era esperado, obtivemos para *r* um valor positivo e relativamente alto, pois os pontos indicam uma correlação linear positiva razoavelmente alta. O cálculo poderia também ter sido feito pela expressão (8.6).

Tabela 8.2 Valores para o cálculo de r

x_i	y_i	z_i	w_i	z_i^2	w_i^2	$z_i w_i$
174	73	4	−2	16	4	−8
161	66	−9	−9	81	81	81
170	64	0	−11	0	121	0
180	94	10	19	100	361	190
182	79	12	4	144	16	48
164	72	−6	−3	36	9	18
156	62	−14	−13	196	169	182
168	64	−2	−11	4	121	22
176	90	6	15	36	225	90
175	81	5	6	25	36	30
		6	−5	638	1.143	653

8.2.1 Testes do coeficiente de correlação*

Um ponto importante diz respeito à interpretação do valor de r obtido a partir de uma amostra. Vimos que, estando necessariamente entre − 1 e + 1, o valor de r por si só deve nos dar uma boa idéia do grau e do sinal da correlação linear. Não devemos, no entanto, esquecer que, em geral, o valor de r é calculado com base nos n elementos de uma amostra aleatória e que, portanto, representa apenas uma estimativa do verdadeiro coeficiente de correlação populacional ρ.[5] Logo, todas as idéias anteriormente vistas, referentes à estimação e testes de hipóteses, aplicam-se também aqui.

Um simples exemplo de que a interpretação estatística do coeficiente de correlação r se faz necessária está em que, se tivermos apenas dois pontos, r será + 1 ou − 1, pois quaisquer dois pontos estarão alinhados. Isso, entretanto, não quer absolutamente dizer que tenhamos um caso de correlação linear perfeita; simplesmente, a amostra é tão pequena que não se pode tirar qualquer conclusão. Vemos que a correta interpretação de um valor r calculado está diretamente ligada ao número de pontos com base no qual foi calculado.

Muitas vezes desejamos saber se um dado valor de r, combinado com o respectivo tamanho da amostra n, permite concluir, a um dado nível de significância α, que realmente existe correlação linear entre as variáveis. Testamos, então, as hipóteses

$$H_0: \quad \rho = 0,$$
$$H_1: \quad \rho \neq 0.$$

Esse teste pode ser feito através da estatística

$$t_{n-2} = r\sqrt{\frac{n-2}{1-r^2}}, \tag{8.8}$$

[5] Esse conceito nos remete ao Cálculo de Probabilidades. Assim, por exemplo, a correlação teórica entre os pontos de dois dados (variáveis aleatórias independentes) seria característica por $\rho = 0$. É claro, entretanto, que, se realizarmos uma experiência jogando dois dados e calculando o coeficiente de correlação, devemos esperar apenas $r \cong 0$, devido à aleatoriedade amostral. Devemos esperar, também, que a aplicação do teste descrito em seguida leve à aceitação de H_0 (com probabilidade $1 - \alpha$).

que será testada como um t de Student com n – 2 graus de liberdade.[6] O teste poderá também ser feito unilateralmente.

Se desejarmos, entretanto, testar uma hipótese referente a um valor não-nulo de ρ, o procedimento visto não deverá ser adotado. Nesse caso, Fisher sugere a transformação

$$\mathscr{Z} = \frac{1}{2}\ln\frac{1+r}{1-r} = 1{,}1513\ [\log_{10}(1+r) - \log_{10}(1-r)], \qquad (8.9)$$

o que equivale a considerar r como a tangente hiperbólica de $\mathscr{Z}$. A vantagem dessa transformação está em que os valores de $\mathscr{Z}$ têm distribuição bastante próxima da normal, com

$$\mu(\mathscr{Z}) = \frac{1}{2}\ln\frac{1+\rho}{1-\rho} \quad \text{e} \quad \sigma(\mathscr{Z}) = \sqrt{\frac{1}{n-3}}. \qquad (8.10)$$

Essa transformação permite, portanto, realizar testes de hipóteses e construir intervalos de confiança para os coeficientes de correlação, trabalhando-se com $\mathscr{Z}$ e usando a distribuição normal. Comparações de dois coeficientes de correlação são também possíveis de fazer, analogamente ao visto no item 5.6.2, do Cap. 5. A Tab. A6.8 foi incluída para permitir que se realize facilmente a transformação de r em $\mathscr{Z}$.

Exemplo

Verificar se podemos, ao nível de 5% de significância, concluir pela existência de correlação positiva entre a altura e o peso das pessoas na população de onde foi extraída a amostra cujos valores são dados na Tab. 8.1.

Solução

Devemos testar

$$H_0: \ \rho = 0,$$
$$H_1: \ \rho > 0.$$

Temos n = 10 e $r \cong 0{,}772$, conforme calculado atrás. Logo,

$$t_8 \cong 0{,}772\sqrt{\frac{10-2}{1-(0{,}772)^2}} \cong 3{,}44.$$

O valor crítico é $t_{8;5\%} = 1{,}860$. Logo, com boa margem, rejeitamos H_0 e podemos concluir pela existência de correlação positiva.

[6] Deve-se frisar que esse teste só é válido para a hipótese testada de correlação nula, sendo equivalente ao teste do coeficiente de regressão linear que será visto em 8.5, onde o leitor encontrará sua justificação e a menção às hipóteses implícitas.

Exemplo

Considerando representativa a amostra de dez pessoas, usada no exemplo anterior, construir um intervalo de 95% de confiança para o coeficiente de correlação populacional entre a altura e o peso das pessoas consideradas.

Solução

A amostra forneceu $r = 0{,}772$. O valor correspondente de $\mathscr{Z}$, obtido por interpolação na Tab. A6.8, é 1,025. Para $n = 10$, temos, conforme a expressão (8.10),

$$\sigma(\mathscr{Z}) = \sqrt{\frac{1}{7}} \cong 0{,}378.$$

Assim, o intervalo de 95% de confiança construído em termos de $\mathscr{Z}$ será $1{,}025 \pm 1{,}96 \cdot 0{,}378$, ou seja, $1{,}025 \pm 0{,}741$, cujas extremidades são 0,284 e 1,766. Voltando à tabela, vemos que os correspondentes valores de r são, respecti-vamente, 0,277 e 0,943. Com boa aproximação, pois, depositamos 95% de confiança em que o verdadeiro valor de ρ esteja contido nesse intervalo. Não é, indubitavelmente, um resultado dotado de muita precisão, mas não devemos esquecer que a amostra tinha apenas dez elementos.

8.2.2 Correlação linear de postos*

Algumas vezes, temos elementos organizados segundo duas classificações ordinais, ou seja, através de seus postos, e desejamos estudar a correlação entre essas classificações. Podemos, por exemplo, querer analisar, através de um grupo de estudantes que disputaram um campeonato de xadrez, se existe correlação entre o sucesso no jogo de xadrez e o aprendizado de Matemática. Isso poderá ser feito estudando-se a correlação entre os postos obtidos no torneio de xadrez e nas notas de Matemática.

Entretanto, ao invés de se calcular o coeficiente de correlação entre os postos pela expressão (8.6), é equivalente e menos trabalhoso utilizar a expressão (8.11), onde d_i são as diferenças entre os postos de cada elemento segundo cada classificação:

$$r_s = 1 - \frac{6\sum_{i=1}^{n} d_i^2}{n(n^2-1)}. \tag{8.11}$$

O coeficiente r_s é comumente chamado de *coeficiente de correlação de Spearman*, como menção ao introdutor dessa expressão.

O fato de calcular-se o coeficiente de correlação para postos não modifica suas propriedades. O teste visto em 8.2.1 pode também ser aplicado. O cálculo do coeficiente de correlação com base nos postos pode ser utilizado como alternativa ao cálculo com base nos valores de duas variáveis quantitativas por uma questão de facilidade, desde que não se tenha muita exigência quanto ao rigor.

Exemplo

Oito estudantes de uma mesma turma participaram de um torneio de xadrez, obtendo a classificação indicada na Tab. 8.3, na qual são também dadas suas notas de Matemática. Calcule o coeficiente de correlação de postos para esses dados.

Solução

Vamos estabelecer os postos, por exemplo, na ordem de excelência dos valores das duas variáveis. Resultam os postos dados na Tab. 8.3,[7] na qual são também calculados os valores de d_i e d_i^2. A seguir, basta aplicar a expressão (8.11), obtendo-se

$$r_s = 1 - \frac{6 \cdot 82{,}5}{8(64-1)} \cong 0{,}028.$$

Tudo parece indicar não haver correlação entre conhecimento de Matemática e habilidade para jogar xadrez.

Tabela 8.3 Cálculo da soma dos quadrados das diferenças entre os postos

Aluno	Xadrez	Nota	Xadrez	Nota	d_i	d_2^i
A	1º	6,5	1	5	−4	16
B	2º	8,0	2	2,5	−0,5	0,25
C	3º	7,5	3,5	4	−0,5	0,25
D	3º	5,0	3,5	6	−2,5	6,25
E	5º	9,0	6	1	5	25
F	5º	4,5	6	7,5	−1,5	2,25
G	5º	4,5	6	7,5	−1,5	2,25
H	8º	8,0	8	2,5	5,5	30,25
					0,0	82,5

8.3 REGRESSÃO

Muitas vezes a posição dos pontos experimentais no diagrama de dispersão sugere a existência de uma relação funcional entre as duas variáveis. Surge então o problema de se determinar uma função que exprima esse relacionamento.

Esse é o problema da *regressão*, conforme a denominação introduzida por Fisher e universalmente adotada.

Assim, se os pontos experimentais se apresentarem como na Fig. 8.9, admitiremos existir um relacionamento funcional entre os valores y e x, responsável pelo aspecto do

[7] O leitor está convidado a verificar como foram obtidos esses postos.

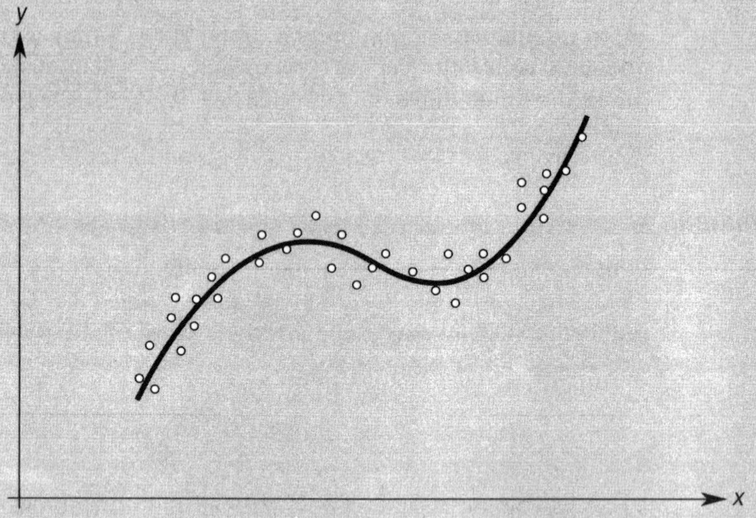

Figura 8.9 Linha de regressão.

diagrama, e que *explica* grande parte da variação de y com x, ou vice-versa. Esse relacionamento funcional corresponderia à linha existente na figura, que seria a *linha de regressão*. Uma parcela da variação, entretanto, permanece em geral sem ser explicada, e será atribuída ao acaso. Em outras palavras, admitimos existir uma função que justifica, em média, a variação de uma das variáveis com a outra. Na prática, os pontos experimentais terão uma variação em torno da linha representativa dessa função, devido à existência de uma variação aleatória adicional, que chamaremos de *variação residual*. Essa função de regressão, portanto, nos dá o valor médio de uma das variáveis em função da outra; por exemplo, $\mu(Y/x)$. Posto dessa forma, o problema que vamos examinar será, dados os pontos experimentais, o de realizar uma indução quanto à expressão matemática da função de regressão.

Evidentemente, tudo se simplificará se a forma da linha de regressão for suposta conhecida. O problema, então, se reduzirá apenas à estimação de seus parâmetros. Esse caso ocorrerá se existirem razões teóricas que permitam saber de antemão qual o modelo que rege o comportamento de uma variável em função da outra. A Lei de Hook, por exemplo, afirma que, dentro de certos limites, as deformações de corpos metálicos variam linearmente com as tensões aplicadas. Na análise de um experimento desse tipo, portanto, o modelo linear para a linha de regressão poderia ser adotado de início. Pode também ocorrer o caso em que a forma da linha fica evidente da própria análise do diagrama de dispersão.

Caso a forma da linha de regressão não seja conhecida de antemão, ela deverá ser inferida juntamente com seus parâmetros. Teremos, então, além do problema de estimação dos parâmetros do modelo da linha de regressão, a dificuldade adicional de especificar a forma do modelo. Uma técnica muito útil nesse caso é a análise de melhoria, que será estudada posteriormente.

No estudo que segue, vamos admitir inicialmente que a forma da linha de regressão seja uma reta. Teremos então o problema da *regressão linear simples*, que veremos a seguir. O termo “simples” destina-se a frisar que temos apenas duas variáveis. Posteriormente, estudaremos a regressão polinomial, em que a forma da função é suposta um polinômio de grau superior a 1, e a regressão linear múltipla, em que temos mais de duas variáveis envolvidas. Em todos os casos, entretanto, a idéia e os princípios fundamentais serão os mesmos que discutiremos em seguida.

Vamos também admitir que a variável X seja suposta sem erro, ou seja, não-aleatória, enquanto que a variável Y apresenta uma parcela de variação residual, a qual é responsável pela dispersão dos pontos experimentais em torno da linha de regressão. Essa suposição permite utilizar um modelo que simplifica a solução do problema, e é justificável porque muitos casos práticos se aproximam dele. Na verdade, encontraremos, na prática, muitos casos em que a variável X pode ser medida com precisão muito maior do que Y, o que coloca o problema praticamente nas condições supostas.

A situação descrita corresponde, muitas vezes, a experimentos em que os valores de X são pré-determinados ou pré-escolhidos pelo experimentador, já que a variável X é suposta não-aleatória. No entanto, os valores de Y, sendo aleatórios, não podem ser exatamente previstos, e serão determinados experimentalmente. Podemos, por exemplo, medir as temperaturas de um forno em aquecimento de 5 em 5 minutos, a partir de um instante 0. Ora, a menos de pequenas imprecisões, totalmente desprezíveis, os tempos (valores de X) estão bem determinados, ao passo que as temperaturas deverão ser verificadas no decurso do experimento. Vemos que, nesse exemplo, os valores de X independem dos de Y, pois foram simplesmente arbitrados, enquanto que os valores de Y dependerão dos de X, desde que exista regressão. Por essa razão, a variável X é dita *variável independente*, enquanto Y é dita *variável dependente*.

No caso da regressão múltipla, em que mais de duas variáveis são envolvidas, obteremos uma equação para prever valores de uma variável dependente em função de duas ou mais variáveis independentes. Esse caso será estudado em 8.7.

O modelo acima descrito, portanto, considera que os valores da variável aleatória Y dependerão do(s) valor(es) assumido(s) pela(s) variável(is) independentes) e também do acaso, isto é, estarão sujeitos a uma variação aleatória que se sobrepõe à variação explicada pela função de regressão. Isso pode ser expresso sob a forma

$$y = \varphi(x) + \psi,$$

onde φ denota a função de regressão e ψ a componente aleatória da variação de Y. No caso de regressão múltipla, x deverá ser interpretado como um vetor de valores das variáveis independentes.

Ora, é perfeitamente coerente com a idéia contida no modelo admitir-se que a variável aleatória ψ tenha média 0, a fim de que toda a variação explicada de y fique concentrada em $\varphi(x)$. Isso significa que a função de regressão fornece a média de y para cada x considerado, conforme já mencionado.

Uma outra suposição básica que adotaremos no nosso estudo é a de que a variação residual da variável Y seja constante com x. Dito em outras palavras, isso significa admitir que a variação de Y em torno da linha teórica de regressão pode ser descrita por um desvio-padrão residual que independe do ponto considerado.

Por fim, para efeito da realização dos testes de hipóteses sobre a regressão que serão vistos em 8.5, admitiremos que a variação de Y em torno da linha teórica de regressão se dê segundo distribuições normais independentes, para qualquer valor da variável X, o que implica dizer que os desvios residuais em relação a $\varphi(x)$ são independentes.[8] Como a linha teórica de regressão dá os valores médios de Y em função de x, essa suposição implica

[8] Essa hipótese de independência entre os resíduos muitas vezes não se verifica, caracterizando uma situação denominada de *autocorrelação*. A inexistência de autocorrelação pode ser testada através do método de Durbin-Watson. Ver, por exemplo, a Ref. 14.

considerar que a variação residual de Y seja normalmente distribuída com média zero e desvio-padrão constante. Uma tentativa de representar graficamente essa situação é feita na Fig. 8.10. Frise-se que a linha ali representada é a linha teórica de regressão, da qual obteremos uma estimativa a partir dos pontos experimentais.

As três hipóteses acima feitas, ou seja, variável(eis) independente(s) isenta(s) de erro, variação residual normalmente distribuída e variância residual constante correpondem ao que poderíamos chamar de *modelo usual de regressão*. Salvo menção contrária, este é o modelo implicitamente admitido nos *softwares* estatísticos que fazem regressão.[9]

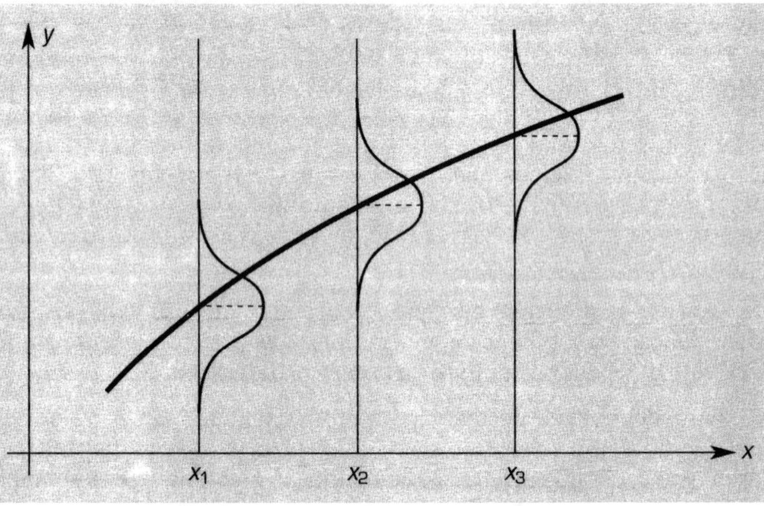

Figura 8.10
Variação residual em torno da linha teórica de regressão.

8.4 REGRESSÃO LINEAR SIMPLES

Suponhamos ser a linha teórica de regressão uma reta e que queiramos estabelecer a regressão de Y em função de X. Logo, o modelo é da forma

$$y = \alpha + \beta x + \psi, \tag{8.12}$$

onde $y = \alpha + \beta x$ é a equação da reta teórica de regressão, cujos parâmetros α e β serão estimados através dos pontos experimentais fornecidos pela amostra, obtendo-se uma reta estimativa na forma

$$\hat{y} = a + bx, \tag{8.13}$$

onde a é a estimativa do parâmetro α e b, também chamado *coeficiente de regressão linear*, é a estimativa do parâmetro β. O símbolo $\hat{y}$ é utilizado para uma conveniente distinção dos valores dados pela reta estimativa, das ordenadas dos pontos experimentalmente obtidos.

Existem diversos métodos para a obtenção da reta desejada. O mais simples de todos, que podemos chamar de *método do ajuste visual*, consiste simplesmente em traçar diretamente a reta, com auxílio de uma régua, no diagrama de dispersão, procurando fazer, da melhor forma possível, com que essa reta passe por entre os pontos. Esse procedimento, entretanto, somente será razoável se a correlação linear for muito forte, caso contrário

[9] Não são raros os casos em que a hipótese de homocedasticidade com X claramente não se verifica. Seria necessário, então, a utilização de algum processo de homogeneização da variância, para se poder aplicar o modelo usual de regressão.

levará a resultados subjetivos. Acima de tudo, ademais, merece a crítica de ser um procedimento nem um pouco científico.

Por outro lado, a aplicação do princípio de máxima verossimilhança, visto em 4.2.2, leva, nas condições admitidas, ao chamado procedimento de *mínimos quadrados*, segundo o qual a reta a ser adotada deverá ser aquela que torna mínima a soma dos quadrados das distâncias da reta aos pontos experimentais, medidas no sentido da variação aleatória.[10] Ou seja, devemos procurar a reta para a qual se consiga minimizar $\sum_{i=1}^{n} d_i^2$, sendo as distâncias d_i as indicadas na Fig. 8.11. A idéia central desse procedimento é simplesmente a de minimizar a variação residual em torno da reta estimativa.

Tendo em vista a expressão (8.13), devemos, portanto, impor a condição

$$\min \sum d_i^2 = \min \sum (y_i - \hat{y}_i)^2 = \min \sum (y_i - a - bx_i)^2. \quad (8.14)$$

Os valores a e b que minimizam essa expressão serão aqueles que anulam as derivadas parciais dessa expressão. Ou seja, devemos ter

$$\frac{\partial}{\partial a}\sum d_i^2 = 0 \quad \text{e} \quad \frac{\partial}{\partial b}\sum d_i^2 = 0. \quad (8.15)$$

Considerando a última forma dada em (8.14), chega-se facilmente às expressões

$$\begin{aligned} -2\sum (y_i - a - bx_i) &= 0, \\ -2\sum x_i(y_i - a - bx_i) &= 0, \end{aligned} \quad (8.16)$$

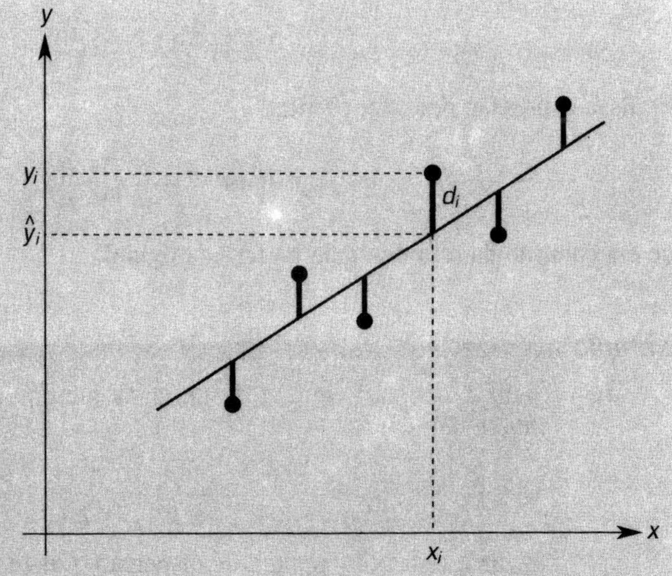

Figura 8.11 *Distâncias cuja soma dos quadrados deve ser minimizada.*

[10] Como estamos considerando aleatória apenas a variável Y, essas distâncias serão medidas na direção vertical. Se as duas variáveis fossem aleatórias e com igual desvio-padrão, as distâncias a considerar seriam as próprias distâncias geométricas. Se as duas variáveis fossem aleatórias e com desvios-padrão diferentes, as distâncias seriam consideradas com uma inclinação tendendo para a direção da variável de maior desvio-padrão. Mais pormenores podem ser obtidos na Ref. 6.

as quais imediatamente fornecem o seguinte sistema de duas equações a duas incógnitas:

$$\begin{cases} \sum y_i = na + b\sum x_i \\ \sum x_i y_i = a\sum x_i + b\sum x_i^2. \end{cases} \tag{8.17}$$

Os pontos experimentais fornecem os elementos para a montagem desse sistema, cuja solução forneceria os coeficientes a e b. Entretanto é mais fácil considerar de uma vez a solução analítica do sistema, segundo a qual

$$b = \frac{\Sigma(x_i - \bar{x})y_i}{\Sigma(x_i - \bar{x})^2} = \frac{S_{xy}}{S_{xx}} \tag{8.18}$$

$$a = \bar{y} - b\bar{x}, \tag{8.19}$$

expressões que dão diretamente os coeficientes a e b que desejávamos obter.[11]

Algumas vezes torna-se interessante fazer codificações lineares nos valores das variáveis para simplificar os cálculos, quando feitos manualmente. Entretanto isso não acarreta maiores problemas, bastando, ao final, compensar as codificações feitas. Por exemplo, se fizermos as transformações

$$w_i = \frac{x_i - x_0}{h} \quad \text{e} \quad z_i = y_i - y_0. \tag{8.20}$$

obteremos, aplicando o procedimento visto, a reta na forma

$$\hat{z} = a + bw,$$

$$\therefore \hat{y} - y_0 = a + b \cdot \frac{x - x_0}{h},$$

Essa expressão pode ser escrita

$$\hat{y} = \left(a + y_0 - \frac{bx_0}{h}\right) + \frac{b}{h}x, \tag{8.21}$$

que é a equação da reta desejada na forma original.

Exemplo

Obter a equação da reta de mínimos quadrados para os seguintes pontos experimentais:

x	1	2	3	4	5	6	7	8
y	0,5	0,6	0,9	0,8	1,2	1,5	1,7	2,0

Traçar a reta no diagrama de dispersão. Calcular o coeficiente de correlação linear.

[11] Uma forma cômoda de desenvolver a solução analítica seria estabelecer a regressão de y em função de $x - \bar{x}$. Como $\Sigma(x_i - \bar{x}) = 0$, o correspondente sistema forneceria imediatamente $a' = y$ e $b' = S_{xy}/S_{xx}$, levando à reta $\hat{y} = \bar{y} + b'(x - \bar{x})$, que pode ser escrita $\hat{y} = (\bar{y} - b'\bar{x}) + b'x$, donde vemos que $b = b'$ (pois, de fato, as duas retas consideradas são paralelas) e $a = \bar{y} - b\bar{x}$.

Solução

Na Tab. 8.4, temos os valores necessários para a determinação dos coeficientes da reta. Temos, aplicando as expressões (8.4) e (8.5),

$$S_{xy} = 50,5 - \frac{36 \cdot 9,2}{8} = 50,5 - 41,4 = 9,1,$$

$$S_{xx} = 204 - \frac{(36)^2}{8} = 204 - 162 = 42.$$

Logo, aplicando (8.18) e (8.19), temos

$$b = \frac{S_{xy}}{S_{xx}} = \frac{9,1}{42} \cong 0,217,$$

$$a = \bar{y} - b\bar{x} \cong \frac{9,2}{8} - 0,217 \cdot \frac{36}{8} = 0,174.$$

A equação da reta de mínimos quadrados, dada na Fig. 8.12, é

$$\hat{y} = 0,174 + 0,217x.$$

Tabela 8.5 — Valores para o cálculo da reta e do coeficiente de correlação linear

x_i	y_i	$x_i y_i$	x_i^2	y_i^2
1	0,5	0,5	1	0,25
2	0,6	1,2	4	0,36
3	0,9	2,7	9	0,81
4	0,8	3,2	16	0,64
5	1,2	6,0	25	1,44
6	1,5	9,0	36	2,25
7	1,7	11,9	49	2,89
8	2,0	16,0	64	4,00
36	9,2	50,5	204	12,64

Para o cálculo do coeficiente de correlação, é necessário usar os valores da coluna y_i^2 da Tab. 8.4, calculando-se

$$S_{yy} = 12,64 - \frac{(9,2)^2}{8} = 12,64 - 10,58 = 2,06,$$

$$\therefore r = \frac{S_{xy}}{\sqrt{S_{xx}\, S_{yy}}} = \frac{9,1}{\sqrt{42 \cdot 2,06}} \cong 0,98.$$

Esse alto valor do coeficiente de correlação linear de Pearson justifica o traçado da reta de regressão.

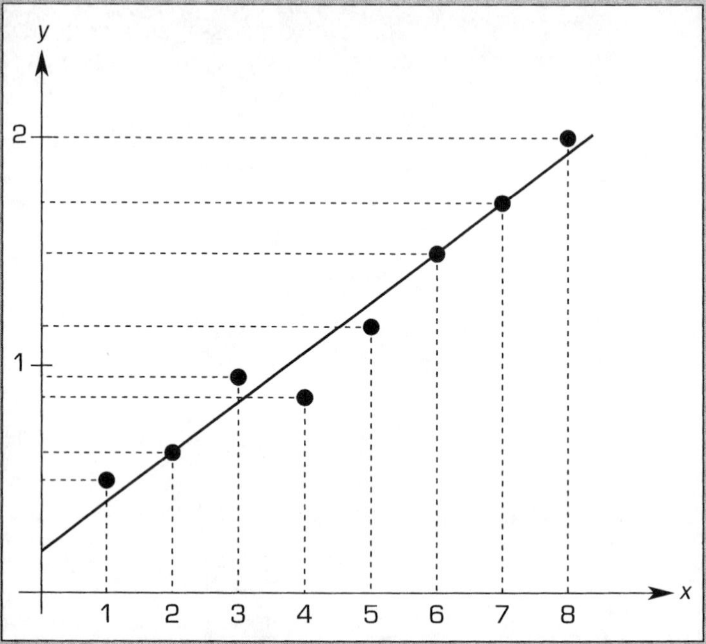

Figura 8.12 Reta de mínimos quadrados.

8.4.1 Reta passando pela origem*

Em certos casos, sabemos que a reta teórica de regressão deve passar pela origem, ou seja, o modelo é da forma

$$y = \beta x + \psi. \tag{8.22}$$

Nesse caso, temos apenas a estimar o coeficiente angular β da reta. A reta-estimativa será

$$\hat{y} = bx, \tag{8.23}$$

e a aplicação do princípio dos mínimos quadrados leva a impor a condição

$$\min \Sigma d_i^2 = \min \Sigma (y_i - bx_i)^2. \tag{8.24}$$

Anulando a derivada em relação a b, temos, de forma análoga à vista para o caso geral,

$$\begin{aligned} &\frac{d}{db}\Sigma(y_i - bx_i)^2 = 0, \\ \therefore\ & -2\Sigma x_i(y_i - bx_i) = 0, \\ \therefore\ & \Sigma x_i y_i = b\Sigma x_i^2, \\ \therefore\ & b = \frac{\Sigma x_i y_i}{\Sigma x_i^2}. \end{aligned} \tag{8.25}$$

Assim, no exemplo anteriormente visto, se considerássemos que a reta de regressão devesse passar pela origem, o coeficiente b seria

$$b = \frac{50,5}{204} \cong 0,248,$$

e a equação da reta de mínimos quadrados seria

$$\hat{y} = 0,248x.$$

8.4.2 Funções linearizáveis*

O modelo de regressão linear simples que acabamos de estudar é útil em muitas situações reais. Um caso que merece menção e que recai naquele modelo é o das funções linearizáveis.

Certas funções, mediante transformações convenientes, linearizam-se, o que torna simples a solução do problema de regressão. Assim, por exemplo, se admitirmos que a função de regressão seja uma função exponencial do tipo

$$y = \alpha \cdot \beta^x,$$

a aplicação de logaritmos promove a linearização da função na forma

$$\log y = \log \alpha + x \log \beta. \quad [12]$$

Chamando $z = \log y$, $A = \log \alpha$ e $B = \log \beta$, passamos a ter o problema de estimar os parâmetros da reta

$$z = A + Bx,$$

o qual sabemos resolver. Para tanto, basta trabalhar com os valores x_i *versus* $z_i = \log y_i$, obtendo as estimativas de A e B, cujos antilogaritmos serão as estimativas de α e β. Analogamente, se tivermos $y = \alpha x^\beta$, caso da função potência, o problema se resolverá trabalhando-se com $\log y_i$ *versus* $\log x_i$.

Outros casos de fácil linearização podem também ser encontrados, como, por exemplo, se $y = a + bx^2$, $y = (a + bx)^{-1}$, etc. Cuidado especial, entretanto, deve ser tomado quando o processo de linearização envolve transformações na variável dependente Y, pois as hipóteses mencionadas em 8.3 podem deixar de valer após a transformação. Nesse caso, fica prejudicada a aplicação dos testes estatísticos que veremos a seguir.

[12] Um artifício simples para se saber se a transformação logarítmica promove uma boa linearização consiste em usar papéis monologarítmicos ou dilogarítmicos. No presente caso, a adequabilidade da transformação vista seria evidenciada se, plotando-se os valores de x segundo a escala linear e os de y segundo a escala logarítmica de um papel monologarítmico, os pontos observados se aproximassem de uma reta. No caso da função potência, a linearização ocorre no papel dilogarítmico.

8.5 INDUÇÕES QUANTO AOS PARÂMETROS DA RETA

Os mesmos problemas de estimação e testes de hipóteses sobre parâmetros vistos nos Caps. 4 e 5 podem ser considerados no problema da regressão, com referência aos parâmetros α e β da reta teórica. Evidentemente, as conclusões serão baseadas nos valores de a e b experimentalmente obtidos, que serão estimador ou variável de teste, conforme o caso. Assim, por exemplo, um caso de muito interesse é o teste das hipóteses

$$H_0: \quad \beta = 0,$$
$$H_1: \quad \beta \neq 0,$$

em que a hipótese H_0 é a de não haver regressão. Se H_0 for rejeitada, ficará estatisticamente provada a existência de regressão, ao nível de significância adotado. Esse teste será estudado a seguir em sua forma geral.

Não seria muito difícil imaginar que qualquer tentativa de abordar os problemas mencionados devesse começar pelo estudo das distribuições amostrais de a e b. Isso será feito, de fato.

Entretanto vamos iniciar a abordagem definindo a *variância residual*, ou *variância em torno* da reta de mínimos quadrados. Já mencionamos que a idéia do procedimento de mínimos quadrados é a de minimizar a variação residual em torno da reta obtida. Ora, uma medida dessa variação é dada pela variância residual, definida por

$$s_R^2 = \frac{\Sigma_{i=1}^{n}(y_i - \hat{y}_i)^2}{n-2}. \tag{8.26}$$

Vemos que a variância residual é definida semelhantemente à variância de uma amostra no caso unidimensional, dada pela expressão (2.10). Deve-se notar que os $\hat{y}_i$ dados pela equação obtida são as estimativas, em função dos x_i, dos valores médios teóricos de Y, da mesma forma que $\bar{x}$ era a estimativa de μ no caso unidimensional. Como, para a obtenção dos $\hat{y}_i$, necessitamos anteriormente estimar os dois parâmetros α e β da reta teórica, a estatística s_R^2 terá $n-2$ graus de liberdade. Daí se usar $n-2$ no denominador de s_R^2, a fim de conseguir-se uma estimativa justa da variância residual populacional σ_R^2.

Neste momento, é oportuno lembrar que, de (8.13) e (8.19), resulta que

$$\hat{y}_i = \bar{y} - b\bar{x} + bx_i. \tag{8.27}$$

Isso permite chegar aos relacionamentos que citamos a seguir, e que são de grande importância na análise do problema da regressão linear.

a) Se considerarmos a média geral $\bar{y}$ dos valores y_i, e tomarmos as diferenças entre os valores y_i e $\bar{y}$, teremos

$$\Sigma_{i=1}^{n}(\hat{y}_i - \bar{y})^2 = \Sigma(\bar{y} - b\bar{x} + bx_i - \bar{y})^2 = b^2\,\Sigma(x_i - \bar{x})^2.$$

Usando a notação introduzida em (8.5) e lembrando (8.18), teremos, pois,

$$\Sigma(\hat{y}_i - \bar{y})^2 = b^2 \cdot S_{xx} = b \cdot S_{xy} = \frac{S_{xy}^2}{S_{xx}}. \tag{8.28}$$

Note-se que essa soma de quadrados é calculada com base nos desvios da reta de mínimos quadrados em relação à horizontal $\bar{y}$, conforme ilustrado na Fig. 8.13.

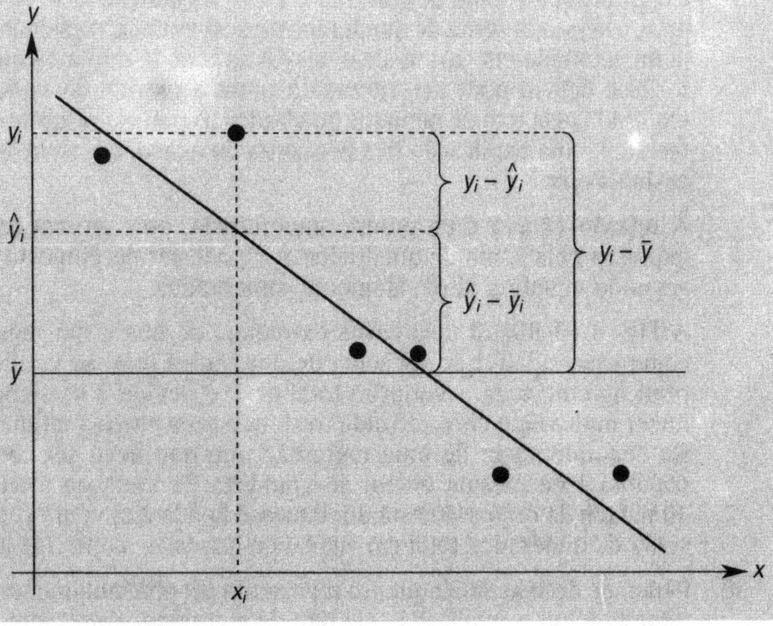

Figura 8.13
Desvios que dão origem às somas de quadrados.

b) Se considerarmos as diferenças residuais, poderemos escrever, lembrando (8.27),

$$\begin{aligned}\Sigma_{i=1}^{n}(y_i - \hat{y}_i)^2 &= \Sigma(y_i - \bar{y} + b\bar{x} - bx_i)^2 = \\ &= \Sigma[(y_i - \bar{y}) - b(x_i - \bar{x})]^2 = \\ &= \Sigma[(y_i - \bar{y})^2 - 2b(x_i - \bar{x})(y_i - \bar{y}) + b^2(x_i - \bar{x})^2].\end{aligned}$$

Distribuindo o somatório, lembrando (8.19), utilizando a notação introduzida em (8.4) e (8.5) e simplificando, chegamos a

$$\Sigma(y_i - \hat{y}_i)^2 = S_{yy} - bS_{xy}. \tag{8.29}$$

Isso nos permite obter uma expressão mais condensada para a variância residual, ou seja,

$$s_R^2 = \frac{S_{yy} - bS_{xy}}{n-2}. \quad [13] \tag{8.30}$$

c) Da Fig. 8.13 se percebe imediatamente que

$$(y_i - \bar{y}) = (y_i - \hat{y}_i) + (\hat{y}_i - \bar{y}).$$

Essa relação também vale para as somas de quadrados, pois, tendo em vista (8.28), é fácil perceber que o resultado (8.29) pode ser escrito

$$S_{yy} = \Sigma(y_i - \bar{y})^2 = \Sigma(y_i = \hat{y})^2 + \Sigma(\hat{y}_i - \bar{y})^2. \tag{8.31}$$

---

[13] Também se poderá escrever

$$s_R^2 = \frac{S_{yy} - b^2S_{xx}}{n-2} = \frac{S_{yy} - S_{xy}^2 / S_{xx}}{n-2} = \frac{S_{yy}(1-r^2)}{n-2}.$$

A terceira expressão será justificada a seguir. A segunda é a melhor em termos de cálculo, pois elude aproximações (ver nota [16]).

Ora, a primeira soma de quadrados mede a variação total de Y independentemente de x, a segunda soma de quadrados mede a variação residual e a terceira, conforme já mencionado em (a), mede o desvio da reta de mínimos quadrados em relação a $\bar{y}$. Esse desvio pode ser entendido como a parcela da variação total de Y que é explicada pela reta de mínimos quadrados. A parcela restante diz respeito à variação residual, cuja explicação fica por conta do acaso, ou, se quiserem, de causas não-assinaláveis.

A relação (8.31) é de grande importância, pois mostra como a variação total, expressa pela soma de quadrados S_{yy}, pode ser decomposta nas duas parcelas do segundo membro, já devidamente comentadas.

A Fig. 8.14 ilustra dois casos extremos, de boa e má regressão, em função de como essa subdivisão da soma de quadrados total se verifica. No primeiro caso, praticamente toda a variação total de Y é devida à existência de uma regressão linear muito bem caracterizada, restando uma parcela ínfima de variação residual. No segundo caso, de uma regressão que não deve ser considerada, a variação residual é da mesma ordem de grandeza da variação total. Vemos, pois, que a qualidade da regressão está diretamente ligada à maneira como se dá a partição da soma de quadrados total em suas duas parcelas, conforme a expressão (8.31).

d) Podemos desejar saber quanto representa proporcionalmente a parcela da variação total de Y que é explicada pela reta de regressão. Para tanto, dividimos a soma de quadrados referente à parcela de variação explicada, pela soma de quadrados total. Mas, tendo em vista o resultado (8.28), podemos escrever

$$\frac{\Sigma(\hat{y}_i - \bar{y})^2}{\Sigma(y_i - \bar{y})^2} = \frac{b \cdot S_{xy}}{S_{yy}}.$$

Lembrando agora (8.18) e a expressão (8.3) para o coeficiente de correlação linear de Pearson, temos

$$\frac{b \cdot S_{xy}}{S_{yy}} = \frac{S_{xy}}{S_{xx}} \cdot \frac{S_{xy}}{S_{yy}} = \frac{S_{xy}^2}{S_{xx}\, S_{yy}} = r^2. \qquad (8.32)$$

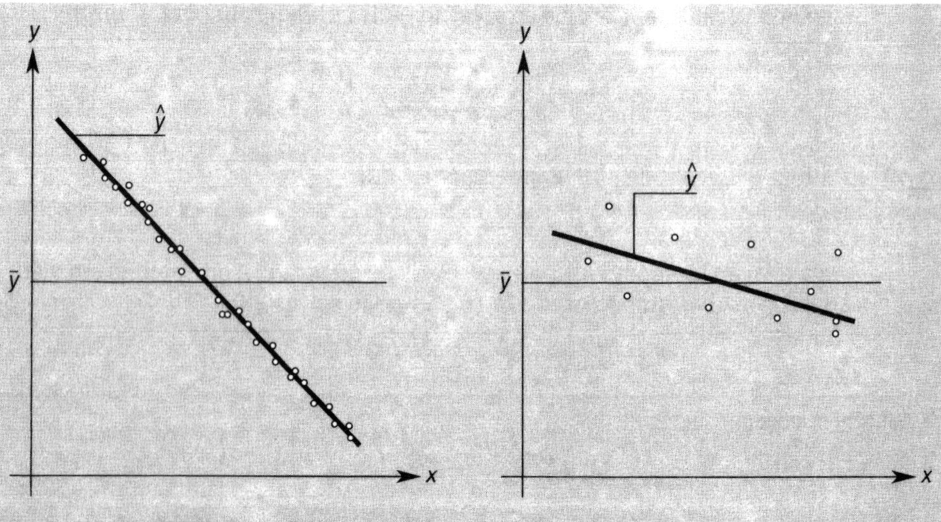

Figura 8.14 Boa e má regressão.

Vemos que r^2 exprime a proporção da variação total de Y (dada por S_{yy}) que é "explicada" pela reta de mínimos quadrados. Ou, o que dá na mesma, que a parcela da variação total explicada pela reta de mínimos quadrados é $r^2 S_{yy}$.[14] Por meio de complementação, a variação residual corresponde a $(1 - r^2)S_{yy}$. Por essa razão, r^2 é chamado *coeficiente de determinação* (e $1 - r^2$, *coeficiente de indeterminação*), pois seus valores são indicativos de quanto a reta de regressão fica bem determinada em função da correlação entre os pontos experimentais, dizendo respeito, portanto, à qualidade da regressão.

Assim, por exemplo, no caso ideal em que $r^2 = 1$, não haveria variação residual, e todos os pontos estariam alinhados. Por outro lado, para $r = \pm\ 0{,}7$, teremos um coeficiente de determinação igual a 0,49, significando que a reta de regressão não consegue explicar nem a metade da variação de Y. Por essa razão, para $-0{,}7 < r < 0{,}7$, não se deve, em geral, cogitar de se estabelecer a reta de mínimos quadrados. Por outro lado, podemos considerar que, se $|r| \geq 0{,}9$, terá bastante utilidade o traçado da reta de regressão, pois ela explicará mais de 80% da variação total de Y. Os resultados (8.31) e (8.32) deixam claro que $r^2 \leq 1$; logo, fica demonstrada a afirmação feita em 8.2, de que $-1 \leq r \leq +1$.

Feitas as considerações de (a) a (d), voltemos agora aos problemas de estimação e testes dos parâmetros da reta de regressão. Para tanto, devemos nos concentrar sobre as distribuições amostrais das variáveis a e b. Na exposição a respeito, dada a seguir, omitiremos intencionalmente certas demonstrações, as quais o leitor poderá encontrar no Ap. 5.

Adotadas a hipóteses vistas em 8.3, pode-se demonstrar que a distribuição amostral do estimador b é tal que

$$\mu(b) = \beta \quad \text{e} \quad \sigma^2(b) = \frac{\sigma_R^2}{S_{xx}}, \tag{8.33}$$

onde σ_R^2 é a variância residual, suposta constante. Como em geral não conhecemos σ_R^2, $\sigma^2(b)$ será estimada por

$$s^2(b) = \frac{s_R^2}{S_{xx}}. \tag{8.34}$$

Devido à admitida normalidade da variação residual de Y, resulta adicionalmente que a distribuição amostral de b será também normal, pois b resulta de uma combinação linear dos valores y_i [15]. Logo, podemos, de maneira análoga ao visto no item 5.3.2 para o teste de uma média populacional quando o desvio-padrão da população é desconhecido, testar a hipótese H_0: $\beta = \beta_0$ através da estatística

$$t_{n-2} = \frac{b - \beta_0}{s_R / \sqrt{S_{xx}}}, \tag{8.35}$$

a qual, sob a validade de H_0, terá distribuição t de Student com $n - 2$ graus de liberdade (compativelmente com s_R) e, como tal, será testada uni ou bilateralmente, conforme o caso.

[14] Segundo a Referência 23, uma medida mais adequada para a proporção da variação total de Y explicada pela reta de mínimos quadrados é dada pelo coeficiente corrigido $r^2 = 1 - (s_R^2/s_Y^2)$. Essa observação é extensiva ao R^2 definido em 8.7.1, sendo o valor corrigido $R^2 = 1 - (s_M^2/s_Y^2)$.

[15] Essa afirmação é fácil de compreender a partir da relação (8.18) e lembrando que os valores x_i são supostos não-aleatórios e os de y_i independentes entre si.

No caso particular, já mencionado, em que se testa a hipótese $\beta = 0$, esse teste é equivalente ao visto em 8.2.1 para a hipótese $\rho = 0$, pois

$$\frac{b-0}{S_R/\sqrt{S_{xx}}} = \frac{b\sqrt{S_{xx}}}{s_R} = r\sqrt{\frac{n-2}{1-r^2}}, \tag{8.36}$$

o que o leitor poderá demonstrar sem grande dificuldade.

Esse caso particular assume especial importância, pois a rejeição da hipótese $\beta = 0$ em um teste bicaudal significa a comprovação estatística da existência da regressão, ao nível de significância adotado. Tal condição, aliada a um valor satisfatório de r^2, corresponde às regressões que, em princípio, podem ser usadas sem maiores problemas.

Os resultados acima mencionados podem também ser usados para construir intervalos de confiança para o coeficiente de regressão β, analogamente ao que fazíamos no Cap. 4, ou para realizar a comparação de coeficientes de regressão.

Quanto à distribuição por amostragem de a, será também normal, pelas mesmas razões, com

$$\mu(a) = \alpha$$

e (8.37)

$$\sigma^2(a) = \frac{\sigma_R^2 \sum x_i^2}{nS_{xx}},$$

conforme demonstrado no Ap. 5. Esses resultados permitem testar hipóteses referentes ao parâmetro α, embora seja um caso de menor interesse prático. Quando necessário, estimar-se-á σ_R^2 por s_R^2, trabalhando-se com t de Student com $n - 2$ graus de liberdade, analogamente ao caso anterior.

Exemplo

Verificar se podemos afirmar, ao nível de 5% de significância, que a reta teórica objeto do exemplo anterior tem uma inclinação superior a 10%. Caso afirmativo, construir um intervalo de 95% de confiança para o coeficiente angular da reta real de regressão. Ainda ao nível de 5% de significância, verificar se podemos eliminar a possibilidade de a reta teórica passar pela origem.

Solução

Inicialmente, devemos testar as hipóteses

$$H_0: \quad \beta = 0{,}1,$$
$$H_1: \quad \beta > 0{,}1.$$

Do exemplo anterior, já temos

$$b = 0{,}217; \qquad S_{xy} = 9{,}1; \qquad S_{yy} = 2{,}06;$$
$$n = 8; \qquad S_{xx} = 42;$$

$$\therefore s_R^2 = \frac{S_{yy} - b \cdot S_{xy}}{n-2} = \frac{2{,}06 - 0{,}217 \cdot 9{,}1}{6} = \frac{0{,}0853}{6} = 0{,}01422,$$ [16]

$$\therefore s^2(b) = \frac{s_R^2}{S_{xx}} = \frac{0{,}01422}{42} = 0{,}0003385,$$

$$\therefore t_6 = \frac{b - \beta_0}{s(b)} = \frac{0{,}217 - 0{,}1}{\sqrt{0{,}0003385}} \cong 6{,}36.$$

Como $t_{\text{crítico}} = t_{6;\,5\%} = 1{,}943$, rejeitamos folgadamente H_0, e podemos afirmar com segurança que a inclinação da reta teórica é superior a 10%.

O intervalo de 95% de confiança para β será dado, obviamente, por

$$b \pm t_{6;\,2{,}5\%} \cdot s(b).$$

Da Tab. A6.3, tiramos $t_{6;\,2{,}5\%} = 2{,}447$. Logo, o intervalo será

$$0{,}217 \pm 2{,}477 \cdot \sqrt{0{,}0003385},$$

$$\therefore 0{,}217 \pm 0{,}045,$$

significando que, com 95% de confiança,

$$0{,}172 \le \beta \le 0{,}262.$$

Para saber, ao nível de 5% de significância, se podemos eliminar a possibilidade de a reta teórica passar pela origem, vamos testar, a esse nível, as hipóteses

$$H_0:\quad \alpha = 0,$$

$$H_1:\quad \alpha \ne 0.$$

Já calculamos $a = 0{,}174$ e sabemos, do exemplo anterior, que $\Sigma x_i^2 = 204$. Temos então

$$s^2(a) = \frac{s_R^2\, \Sigma x_i^2}{n S_{xx}} \cong \frac{0{,}01422 \cdot 204}{8 \cdot 42} \cong 0{,}00863,$$

$$\therefore t = \frac{a - 0}{s(a)} = \frac{0{,}174}{\sqrt{0{,}00863}} \cong 1{,}87.$$

Como $t_{\text{crítico}} = t_{6;\,2{,}5\%} = 2{,}447$, devemos aceitar H_0. Portanto não podemos rejeitar a hipótese de a reta teórica passar pela origem.

[16] Em geral se requer cuidado no cálculo da soma de quadrados residual mediante $S_{yy} - bS_{xy}$, especialmente se a regressão for bastante significativa, pois, nesse caso, a soma de quadrados residual será muito menor que S_{yy} e bS_{xy}, e pequenos erros de aproximação no cálculo dessas quantidades podem levar a um substancial erro percentual no cálculo de $S_{yy} - bS_{xy}$. A parcela bS_{xy}, em particular, seria mais convenientemente calculada mediante S_{xy}^2/S_{xx}.

Figura 8.15 — Regiões de confiança e de previsão

202 CORRELAÇÃO E REGRESSÃO

8.5.1 Intervalos de confiança para $\alpha + \beta x'$ e y'*

Sabemos que a reta obtida por mínimos quadrados é uma estimativa da reta teórica que admitimos como sendo a função de regressão. Logo, para um dado x' fixado, $\hat{y}'$ é a estimativa do correspondente valor que seria dado pela reta teórica, ou seja, $\alpha + \beta x' = \mu(Y \mid x = x')$.

Ora, podemos desejar construir um intervalo de confiança para $\alpha + \beta x'$, com base em sua estimativa $\hat{y}'$. Considerado um valor x' que não foi usado para o cálculo da reta, pode-se mostrar que [17]

$$\mu(\hat{y}') = \alpha + \beta x',$$
$$\sigma^2(\hat{y}') = \sigma_R^2 \left[\frac{1}{n} + \frac{(x' - \bar{x})^2}{S_{xx}} \right]. \tag{8.38}$$

Logo, podemos construir o intervalo de confiança desejado, o qual será dado por

$$\hat{y}' \pm t_{n-2;\,\alpha/2} \cdot s_R \sqrt{\frac{1}{n} + \frac{(x' - \bar{x})^2}{S_{xx}}}, \tag{8.39}$$

onde $\hat{y}' = a + bx'$.

Evidentemente, a amplitude do intervalo assim calculado será mínima para $x' = \bar{x}$. Se fizermos x' variar, os limites superior e inferior dos intervalos de confiança determinados pela expressão (8.39) definirão uma região em torno da reta de mínimos quadrados, a qual chamaremos *região de confiança para* $\alpha + \beta x'$. Isso significa que temos confiança $1 - \alpha$ de que os valores de $\alpha + \beta x'$ estejam contidos nessa região, ou, o que é o mesmo, que a reta teórica esteja nessa região. As curvas internas mostradas na Fig. 8.15 definem a região de confiança no exemplo dado.

Por outro lado, podemos desejar determinar um intervalo no qual, com $1 - \alpha$ de certeza, possamos prever que o valor experimental de Y, obtido para dado x', venha a estar contido.

Ora, o valor experimental y' a ser previsto ocorrerá em torno de $\alpha + \beta x'$, cuja estimativa é $\hat{y}'$. Como o ponto x' considerado não foi usado para o cálculo da reta, resulta que y' e $\hat{y}'$ são independentes. Portanto o desvio que se verificará entre o valor experimental y' e o valor calculado $\hat{y}'$ terá variância dada por

$$\sigma^2(y' - \hat{y}') = \sigma^2(y') + \sigma^2(\hat{y}') = \sigma_R^2 + \sigma_R^2 \left[\frac{1}{n} + \frac{(x' - \bar{x})^2}{S_{xx}} \right] = \sigma_R^2 \left[1 + \frac{1}{n} + \frac{(x' - \bar{x})^2}{S_{xx}} \right]. \tag{8.40}$$

Como $\hat{y}'$ é estimativa justa de y', podemos, portanto, prever que, com confiança $1 - \alpha$, o valor experimental de Y estará contido no intervalo

$$\hat{y}' \pm t_{n-2,\,\alpha/2} \cdot s_R \sqrt{1 + \frac{1}{n} + \frac{(x' - \bar{x})^2}{S_{xx}}}. \tag{8.41}$$

Fazendo x' variar, teremos definida a *região de previsão para* y', definida pelas curvas externas mostradas na Fig. 8.15.

Muita cautela, entretanto, é necessária quando se pretende usar regressão para estimar valores médios ou fazer previsões em regiões afastadas daquela em que os pontos experimentais ocorrem, pois pode haver modificações imprevistas nas condições gerais do fenômeno, prejudicando a validade dessas inferências.

[17] A demonstração encontra-se no Ap. 5.

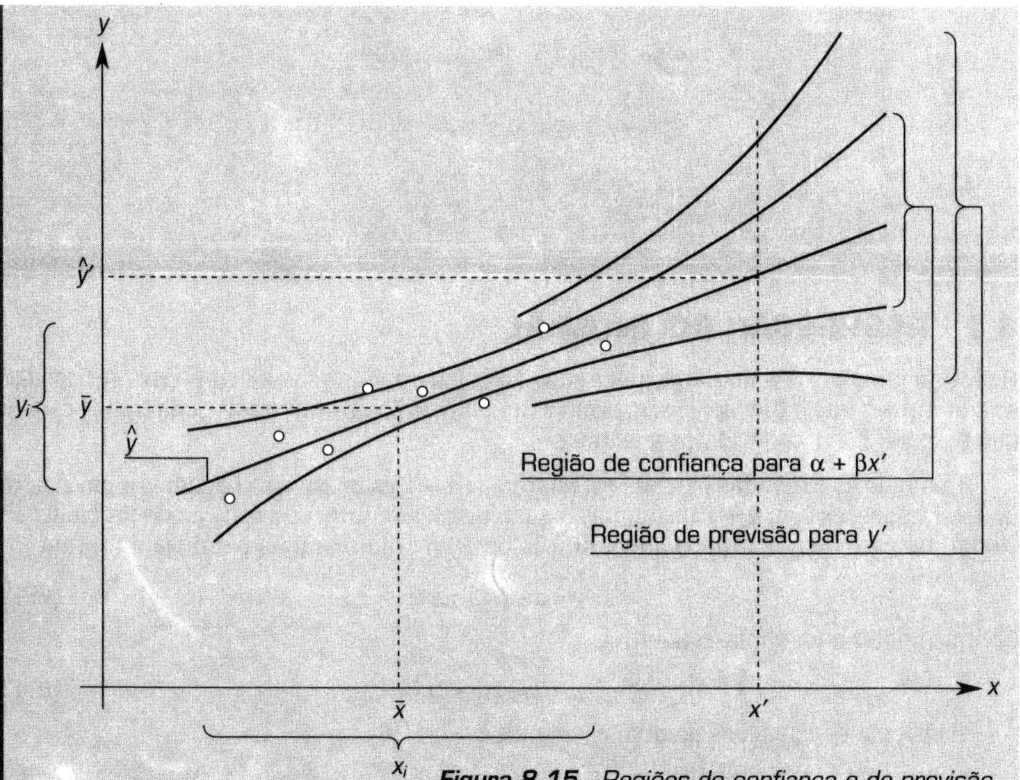

Figura 8.15 *Regiões de confiança e de previsão.*

Exemplo

Construir intervalos de 95% de confiança para o valor médio de Y e para a previsão y', quando $x = 10$, para o exemplo resolvido em 8.4.

Solução

Já vimos, para esse exemplo, que

$$n = 8, \qquad \bar{x} = 4{,}5,$$
$$S_{xx} = 42, \qquad s_R^2 = 0{,}0142,$$
$$t_{6;\,2{,}5\%} = 2{,}447, \qquad \therefore\ s_R = 0{,}119.$$

Temos que, para $x' = 10$,

$$\hat{y}' = a + bx' \cong 0{,}174 + 0{,}217 \cdot 10 = 2{,}344.$$

O intervalo de confiança para o valor médio $a + bx'$ será, de acordo com (8.39),

$$2{,}344 \pm 2{,}447 \cdot 0{,}119\sqrt{\frac{1}{8} + \frac{(10-4{,}5)^2}{42}},$$
$$\therefore 2{,}344 \pm 0{,}268,$$
$$\therefore P(2{,}076 \le \alpha + 10\beta \le 2{,}612) = 0{,}95.$$

O intervalo de previsão para y' será, conforme (8.41),

$$2{,}344 \pm 2{,}447 \cdot 0{,}119\sqrt{1+\frac{1}{8}+\frac{(10-4{,}5)^2}{42}},$$

$$\therefore 2{,}344 \pm 0{,}396,$$

$$\therefore P(1{,}948 \le y' \le 2{,}740) = 0{,}95,$$

8.6 REGRESSÃO POLINOMIAL

O mesmo princípio dos mínimos quadrados visto para a regressão linear poderá ser aplicado se admitirmos que a função de regressão é um polinômio de grau $k > 1$. A diferença está em que teremos $k + 1$ coeficientes a estimar.

Tomando as derivadas parciais em relação às $k + 1$ estimativas, chegamos a um sistema de $k + 1$ equações com $k + 1$ incógnitas o qual, resolvido, fornece a solução do problema.[18] Assim, no caso de admitirmos que a função de regressão seja uma parábola na forma

$$y = \alpha + \beta x + \gamma x^2, \tag{8.42}$$

devemos obter a parábola-estimativa

$$\hat{y}_P = a + bx + cx^2. \tag{8.43}$$

O sistema de equações ao qual chegamos é:

$$\begin{cases} \sum y_i = na + b\sum x_i + c\sum x_i^2, \\ \sum x_i y_i = a\sum x_i + b\sum x_i^2 + c\sum x_i^3, \\ \sum x_i^2 y_i = a\sum x_i^2 + b\sum x_i^3 + c\sum x_i^4. \end{cases} \tag{8.44}$$

[19]

Se os valores de x_i forem igualmente espaçados, a solução desse sistema ficará bastante simplificada se trabalharmos com $x_i - \bar{x}$ ao invés dos x_i, pois os somatórios de potências ímpares se anulam.[20] O sistema ficará, então

$$\begin{cases} \sum y_i = na + c\sum(x_i - \bar{x})^2, \\ \sum(x_i - \bar{x})y_i = b\sum(x_i - \bar{x})^2, \\ \sum(x_i - \bar{x})^2 y_i = a\sum(x_i - \bar{x})^2 + c\sum(x_i - \bar{x})^4. \end{cases} \tag{8.45}$$

Vemos que o coeficiente b do sistema modificado seria obtido diretamente, sendo o mesmo da reta, e restaria apenas resolver um sistema de duas equações a duas incógnitas para se determinar a e c. A parábola seria, evidentemente, obtida na forma

$$\hat{y}_P = a + b(x - \bar{x}) + c(x - \bar{x})^2. \tag{8.46}$$

[18] Uma dificuldade tradicional nesse tipo de problema era a solução do sistema no caso de valores relativamente grandes de k. Com o aperfeiçoamento dos computadores, essa dificuldade praticamente deixou de existir. A mesma observação é válida no caso da regressão linear múltipla.

[19] É fácil perceber que, no caso de um polinômio de grau k, as $k + 1$ equações do sistema poderiam ser obtidas multiplicando-se a expressão do polinômio-estimativa por $x^0, x^1, x^2, \ldots, x^k$ e aplicando somatórios.

[20] Veja a nota de rodapé referente à obtenção das expressões (8.18) e (8.19) no caso da regressão linear simples.

Exemplo

Ajustar a parábola de mínimos quadrados aos dados do exemplo de 8.4.

Solução

Já temos

$$\begin{aligned}
n &= 8;\\
S_{xy} &= \Sigma(x_i - \bar{x})y_i = 9,1;\\
S_{xx} &= \Sigma(x_i - \bar{x})^2 = 42;\\
\Sigma\, y_i &= 9,2;\\
b &= \frac{S_{xy}}{S_{xx}} = \frac{9,1}{42} \cong 0,2167 \cong 0,217;\\
\bar{x} &= 4,5.
\end{aligned}$$

Falta obtermos $\Sigma(x_i - \bar{x})^2 y_i$ e $\Sigma(x_i - \bar{x})^4$, o que será feito com auxílio da Tab. 8.6. Temos, então, o sistema

$$\begin{cases} 9,2 = 8a + 42c, \\ 50,9 = 42a + 388,5c, \end{cases}$$

o qual, resolvido, fornece

$$a = 1,0688 \quad \text{e} \quad c = 0,0155.$$

Tabela 8.6 Valores para o cálculo da parábola

x_i	y_i	$x_i - \bar{x}$	$(x_i - \bar{x})^2$	$(x_i - \bar{x})^2 y_i$	$(x_i - \bar{x})^4$
1	0,5	-3,5	12,25	6,125	150,0625
2	0,6	-2,5	6,25	3,750	39,0625
3	0,9	-1,5	2,25	2,025	5,0625
4	0,8	-0,5	0,25	0,200	0,0625
5	1,2	0,5	0,25	0,300	0,0625
6	1,5	1,5	2,25	3,375	5,0625
7	1,7	2,5	6,25	10,625	39,0625
8	2,0	3,5	12,25	24,500	150,0625
	9,2		42,00	50,900	388,5000

Logo, a parábola de mínimos quadrados será

$$\hat{y}_P = 1,0688 + 0,2167(x - 4,5) + 0,0155(x - 4,5)^2,$$

que pode ser colocada na forma

$$\hat{y}_P = 0,408 + 0,0772x + 0,0155x^2.$$

Essa parábola, juntamente com a reta já obtida, está traçada na Fig. 8.16.

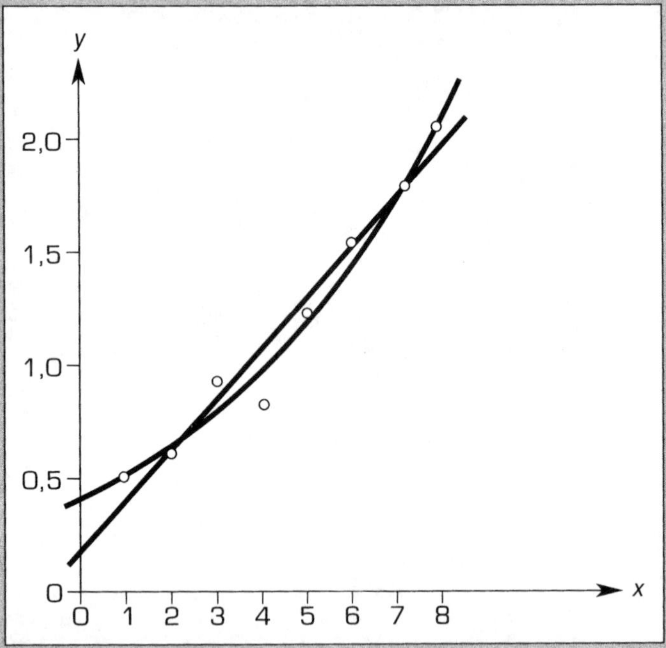

Figura 8.16 Parábola e reta de mínimos quadrados.

8.7 REGRESSÃO LINEAR MÚLTIPLA

Vamos agora considerar o caso em que queremos estudar o comportamento de uma variável dependente Y em função de duas ou mais variáveis independentes X_i [21]. Teremos, então, uma regressão múltipla. Se admitirmos que Y varia linearmente com as várias X_i, teremos o caso da *regressão linear múltipla.* [22]

Tomemos o caso mais simples, em que temos apenas duas variáveis independentes X_1 e X_2. Devemos, nesse caso, obter uma equação na forma

$$\hat{y} = a + b_1x_1 + b_2x_2, \tag{8.47}$$

equação do plano estimativa no espaço a três dimensões.

[21] Usaremos aqui o índice i para denotar as variáveis independentes, e o índice j para denotar os elementos da amostra.

[22] No presente texto, não iremos além do estudo da regressão linear múltipla. Entretanto, conforme já discutido em 8.4.2, há a considerar também o caso de funções linearizáveis. De fato, são comuns em Economia os casos em que temos funções do tipo

$$y = ab_1^{x_1} b_2^{x_2} \dots b_k^{x_k},$$

que são de imediata linearização por meio de logaritmos.

A imposição do critério de mínimos quadrados leva ao seguinte sistema:

$$\begin{cases} \Sigma_{j=1}^{n} y_j = na + b_1 \Sigma x_{1j} + b_2 \Sigma x_{2j}, \\ \Sigma_{j=1}^{n} x_{1j} y_j = a \Sigma x_{1j} + b_1 \Sigma x_{1j}^2 + b_2 \Sigma x_{1j} x_{2j} \quad , \\ \Sigma_{j=1}^{n} x_{2j} y_j = a \Sigma x_{2j} + b_1 \Sigma x_{1j} x_{2j} + b_2 \Sigma x_{2j}^2 . \end{cases} \tag{8.48}$$

De forma semelhante, no caso geral, em que a equação procurada é da forma

$$\hat{y} = a + b_1 x_1 + b_2 x_2 + \cdots + b_k x_k, \tag{8.49}$$

equação de um hiperplano no espaço a $k + 1$ dimensões, chegaríamos a um sistema cuja primeira equação seria

$$\begin{gathered} \Sigma y_j = na + b_1 \Sigma x_{1j} + \cdots + b_k \Sigma x_{kj}, \\ \therefore a = \bar{y} - b_1 \bar{x}_1 - b_2 \bar{x}_2 - \cdots - b_k \bar{x}_k . \end{gathered} \tag{8.50}$$

As demais k equações seriam da forma

$$\begin{cases} \Sigma x_{1j} y_j = a \Sigma x_{1j} + b_1 \Sigma x_{1j}^2 + b_2 \Sigma x_{1j} x_{2j} + \cdots + b_k \Sigma x_{1j} x_{kj}, \\ \Sigma x_{2j} y_j = a \Sigma x_{2j} + b_1 \Sigma x_{1j} x_{2j} + b_2 \Sigma x_{2j}^2 + \cdots + b_k \Sigma x_{2j} x_{kj}, \\ \vdots \\ \Sigma x_{kj} y_j = a \Sigma x_{kj} + b_1 \Sigma x_{1j} x_{kj} + b_2 \Sigma x_{2j} x_{kj} + \cdots + b_k \Sigma x_{kj}^2 . \end{cases} \tag{8.51}$$

Se, agora, ao invés de trabalharmos com y_j e x_{ij}, usarmos $y_j - \bar{y}$ e $x_{ij} - \bar{x}_i$, teremos $a = 0$, permanecendo inalterados os b_i, pois uma simples translação não afeta os coeficientes do hiperplano de regressão. Usando uma notação semelhante à introduzida em (8.4) e (8.5), podemos, portanto, escrever o sistema (8.51) na forma

$$\begin{cases} S_{1y} = b_1 S_{11} + b_2 S_{12} + \cdots + b_k S_{1k}, \\ S_{2y} = b_1 S_{21} + b_2 S_{22} + \cdots + b_k S_{2k}, \\ \vdots \\ S_{ky} = b_1 S_{k1} + b_2 S_{k2} + \cdots + b_k S_{kk}. \end{cases} \tag{8.52}$$

ou, mais condensadamente,

$$S_{iy} = \Sigma_{l=1}^{k} b_l S_{il} \quad (i = 1, 2, \ldots, k). \tag{8.53}$$

A solução de tal sistema, exceto quando k é muito pequeno, é, em geral, impraticável sem o auxílio de computador.

Pode-se observar, outrossim, que o problema da regressão polinomial pode ser tratado como um caso particular desse que analisamos agora, considerando-se $x_1 = x$, $x_2 = x^2$, ..., $x_k = x^k$, embora a situação real em cada caso seja diferente.

Exemplo

Uma reação química foi realizada sob seis pares de diferentes condições de pressão e temperatura. Em cada caso, foi medido o tempo necessário para que a reação se completasse. Os resultados obtidos são os que seguem.

Condição	Temperatura (°C)	Pressão (atm)	Tempo (s)
1	20	1,5	9,4
2	30	1,5	8,2
3	30	1,2	9,7
4	40	1,0	9,5
5	60	1,0	6,9
6	80	0,8	6,5

Obter a equação da função de regressão linear do tempo (y) em relação à temperatura (x_1) e à pressão (x_2).

Solução

Usaremos a formulação dada pelo sistema de equações (8.52). É claro que, por analogia a (8.4) e (8.5), temos

$$S_{iy} = \Sigma_{j=1}^{n}(x_{ij} - \bar{x}_i)(y_j - \bar{y}) = \Sigma x_{ij} y_j - \frac{\Sigma x_{ij} \Sigma y_j}{n},$$

$$S_{il} = \Sigma_{j=1}^{n}(x_{ij} - \bar{x}_i)(x_{lj} - \bar{x}_l) = \Sigma x_{ij} x_{lj} - \frac{\Sigma x_{ij} \Sigma x_{lj}}{n}.$$

Os cálculos preliminares são dados na Tab. 8.7. Temos, então,

$$S_{1y} = 2.039{,}0 - \frac{260 \cdot 50{,}2}{6} \cong -136{,}33,$$

$$S_{2y} = 59{,}64 - \frac{7{,}0 \cdot 50{,}2}{6} \cong 1{,}073,$$

$$S_{11} = 13.800 - \frac{(260)^2}{6} \cong 2.533{,}33,$$

$$S_{22} = 8{,}58 - \frac{(7{,}0)^2}{6} \cong 0{,}413,$$

$$S_{12} = S_{21} = 275{,}0 - \frac{260 \cdot 7{,}0}{6} \cong -28{,}33.$$

O sistema de equações (8.52) fica sendo, portanto,

$$\begin{cases} -136{,}33 = 2.533{,}33 b_1 - 28{,}33 b_2, \\ 1{,}073 = -28{,}33 b_1 + 0{,}413 b_2, \end{cases}$$

que, resolvido, fornece

$$b_1 \cong -0{,}1063, \qquad b_2 \cong -4{,}6945.$$

Tabela 8.7 Cálculos preliminares para a regressão linear múltipla

x_{1j}	x_{2j}	y_j	x_{1j}^2	x_{2j}^2	y_j^2	$x_{1j}x_{2j}$	$x_{1j}y_j$	$x_{2j}y_j$
20	1,5	9,4	400	2,25	88,36	30,0	188,0	14,10
30	1,5	8,2	900	2,25	67,24	45,0	246,0	12,30
30	1,2	9,7	900	1,44	94,09	36,0	291,0	11,64
40	1,0	9,5	1.600	1,00	90,25	40,0	380,0	9,50
60	1,0	6,9	3.600	1,00	47,61	60,0	414,0	6,90
80	0,8	6,5	6.400	0,64	42,25	64,0	520,0	5,20
260	7,0	50,2	13.800	8,58	429,80	275,0	2.039,0	59,64

O valor do coeficiente a é fornecido pela (8.50):

$$a = \bar{y} - b_1\bar{x}_1 - b_2\bar{x}_2 \cong \frac{50,2}{6} - (-0,1063)\cdot\frac{260}{6} - (-4,6945)\cdot\frac{7,0}{6} \cong 18,450.$$

Logo, a equação desejada é

$$\hat{y} = 18,450 - 0,1063x_1 - 4,6945x_2.$$ [23]

8.7.1 Correlação linear múltipla

A idéia de correlação entre duas variáveis, vista em 8.1, pode ser estendida ao caso de várias variáveis. Denomina-se *coeficiente de correlação linear múltipla* à quantidade sempre não-negativa

$$R = \sqrt{\frac{b_1S_{1y} + b_2S_{2y} + \cdots + b_kS_{ky}}{S_{yy}}}. \tag{8.54}$$

Deve-se notar que essa expressão parte da existência de uma variável dependente Y e diversas variáveis independentes X_i. Pode-se também perceber, de (8.32), que essa definição é uma generalização daquela que já conhecíamos para o caso de apenas duas variáveis. Da mesma forma, R^2 indica a parcela da variação total de Y, expressa por S_{yy}, que é explicada pelo hiperplano de regressão. Da definição, resulta imediatamente que $0 \leq R \leq 1$[24]. Também

[23] Esse resultado foi obtido manualmente, com o auxílio de um computador pessoal. O mesmo exemplo, processado no computador B6700 da Universidade de São Paulo, forneceu

$$\hat{y} = 18,428 - 0,1062x_1 - 4,6808x_2.$$

[24] Aqui não tem sentido considerar valores negativos de R, pois é perfeitamente possível termos a variável dependente positivamente correlacionada com algumas das variáveis independentes e negativamente correlacionada com outras, etc.

por analogia ao caso da reta, pode-se perceber que a variância residual em torno do hiperplano de regressão linear múltipla pode ser calculada por

$$s_M^2 = \frac{S_{yy} - \sum_{i=1}^{k} b_i S_{iy}}{n-k-1}, \tag{8.55}$$

sendo o denominador justificado pelo fato de que $k + 1$ parâmetros devem ser estimados.

Exemplo

Calcular o coeficiente de correlação linear múltipla de Y em relação a X_1 e X_2 no exemplo anterior. Calcular também a variância residual em torno da regressão.

Solução

O coeficiente de correlação linear múltipla R, de Y em relação a X_1 e X_2, será tal que

$$R^2 = \frac{b_1 S_{1y} + b_2 S_{2y}}{S_{yy}},$$

onde os valores do numerador já foram calculados e

$$S_{yy} = 429,80 - \frac{(50,2)^2}{6} \cong 9,793,$$

$$\therefore \quad R^2 = \frac{(-0,1063)(-136,33) + (-4,6945)\cdot 1,073}{9,793} \cong \frac{9,455}{9,793} \cong 0,966.$$

Portanto a equação obtida explica 96,6% da variação de Y. O coeficiente de correlação linear múltipla é

$$R = \sqrt{0,966} \cong 0,983.$$

A variância residual em torno da regressão é dada por

$$s_M^2 = \frac{S_{yy} - b_1 S_{1y} - b_2 S_{2y}}{n-3} \cong \frac{9,793 - 9,455}{6-3} \cong 0,1127.$$

8.7.2 Correlação parcial**

Suponhamos agora que, sem pretendermos investigar a relação funcional de uma variável dependente e aleatória em relação a outras variáveis independentes isentas de erro (problema de regressão), desejamos estudar as correlações existentes entre essas variáveis. Essa situação poderá ocorrer se tivermos algumas variáveis envolvidas, sendo todas passíveis de verificação experimental e, portanto, sujeitas a erro. Nesse caso, evidentemente, o modelo de regressão linear múltipla visto não seria aplicável, e tampouco teria sentido usar a expressão (8.54) para R.

Seja, por exemplo, o caso de haver três variáveis envolvidas, as quais denotaremos por X_1, X_2 e X_3. Podemos, é claro, utilizar a expressão (8.3) para calcular os coeficientes de correlação linear de Pearson para os pares de variáveis. Designemos esses coeficientes de correlação por r_{12}, r_{13}, e r_{23}.

Ora, r_{12} mede a correlação total existente entre X_1 e X_2, englobados os efeitos que X_3 possa ter causado sobre o comportamento dessas variáveis. Semelhante consideração é válida para r_{13} e r_{23}.

Entretanto muitas vezes é importante considerar a correlação entre duas das variáveis, descontado o efeito de uma terceira. Isso equivale a calcular a correlação, por exemplo, entre X_1 e X_2, mantida X_3 constante. (É importante notar a diferença fundamental entre manter X_3 constante e ignorar X_3.)

O coeficiente de correlação entre X_1 e X_2, após descontado o efeito de X_3, será por nós denominado de *coeficiente de correlação parcial entre X_1 e X_2 com respeito a X_3*, e será denotado por $r_{12.3}$. Seu cálculo pode ser feito mediante

$$r_{12.3} = \frac{r_{12} - r_{13}r_{23}}{\sqrt{(1-r_{13}^2)(1-r_{23}^2)}}. \text{[25]} \qquad (8.56)$$

Um exemplo ilustrativo da necessidade de se investigarem as correlações parciais pode ser o seguinte. Suponhamos que uma empresa subdivida seus compradores potenciais em diversos setores de vendas. Para cada setor, foram verificadas as seguintes variáveis:

X_1 = número de consumidores potenciais segundo uma pesquisa realizada no período 1;

X_2 = gastos em propaganda no período 2;

X_3 = vendas realizadas no período 3.

As correlações duas a duas entre essas variáveis podem perfeitamente indicar $r_{12} < 0$, $r_{13} > 0$ e $r_{23} < 0$. Este último valor poderia ser erroneamente interpretado como indicativo de que as vendas tendem a diminuir com o aumento da propaganda. Entretanto vemos, por r_{12}, que, onde o número de consumidores previsto era menor, foram feitos maiores gastos em propaganda, mas r_{13} mostra que isso não foi suficiente para eliminar ou inverter a tendência que os diversos setores apresentavam de consumir mais ou menos. Simplesmente, a tendência a diferentes consumos evidenciada pela pesquisa era mais forte que a tendência à homogeneização do consumo tentada mediante a diversificação dos gastos em propaganda. Esse fato não se traduz no valor r_{23}, o qual, portanto, incorpora as diferenças originais representadas pelos valores de X_1.

Calculando os coeficientes de correlação parcial poderíamos obter $r_{12.3} < 0$, $r_{13.2} > 0$ e $r_{23.1} > 0$. Este último valor mostraria, então, que, para idênticas condições iniciais quanto ao número de consumidores potenciais, as vendas tendem a crescer com os gastos em propaganda.

A idéia da correlação parcial pode ser estendida ao caso de mais de três variáveis. Assim, por exemplo, $r_{13.25}$ representaria a correlação entre as variáveis X_1 e X_3 mantidas X_2 e X_5 constantes, etc.

---

[25] Uma outra interpretação existe também para a quantidade $r_{12.3}^2$ Supondo que X_1 seja a variável dependente em um estudo de regressão, e que se estabelecessem as regressões lineares de X_1 em função de X_3 e de X_1 em função de X_2 e X_3, a quantidade $r_{12.3}^2$ representa a *melhoria relativa* de representação da equação múltipla em relação à simples (ver, a propósito, o item 8.8.2). Mais especificamente, $r_{12.3}^2$ representa a quantidade (resíduo sobre a reta – resíduo sobre o plano)/resíduo sobre a reta. Para maiores esclarecimentos, ver a Ref. 23. Por outro lado, uma interessante análise geométrica da questão é apresentada na Ref. 21.

Exemplo

Analisar as correlações totais e parciais no exemplo que vem sendo utilizado. Interpretar os resultados.

Solução

Rebatizando a variável Y (tempo) de X_3, temos:

$$r_{12} = \frac{S_{12}}{\sqrt{S_{11}S_{22}}} = \frac{-28,33}{\sqrt{2.533,33 \cdot 0,413}} \cong -0,876,$$

$$r_{13} = \frac{S_{13}}{\sqrt{S_{11}S_{33}}} = \frac{-136,33}{\sqrt{2.533,33 \cdot 9,793}} \cong -0,866,$$

$$r_{23} = \frac{S_{23}}{\sqrt{S_{22}S_{33}}} = \frac{1,073}{\sqrt{0,413 \cdot 9,793}} \cong 0,534,$$

$$r_{12.3} = \frac{r_{12} - r_{13}r_{23}}{\sqrt{(1-r_{13}^2)(1-r_{23}^2)}} = \frac{-0,876 + 0,866 \cdot 0,534}{\sqrt{(1-0,866^2)(1-0,534^2)}} \cong -0,98,$$

$$r_{13.2} = \frac{r_{13} - r_{12}r_{23}}{\sqrt{(1-r_{12}^2)(1-r_{23}^2)}} = \frac{-0,866 + 0,876 \cdot 0,534}{\sqrt{(1-0,876^2)(1-0,534^2)}} \cong -0,98,$$

$$r_{23.1} = \frac{r_{23} - r_{12}r_{13}}{\sqrt{(1-r_{12}^2)(1-r_{13}^2)}} = \frac{0,534 - 0,876 \cdot 0,866}{\sqrt{(1-0,876^2)(1-0,866^2)}} \cong -0,93.$$

Os valores de r_{12} e $r_{12.3}$ mostram, apenas, que o experimentador arbitrou, para temperatura e pressão, valores com variação inversa e aproximadamente linear. O valor de r_{13} indica a correlação negativa entre temperatura e tempo, resultado que é reforçado pelo cálculo de $r_{13.2}$. Já o valor de r_{23} parece indicar a existência de correlação positiva entre pressão e tempo. Entretanto, ao calcular $r_{23.1}$, vemos que, em verdade, a correlação entre essas duas variáveis, quando descontamos o efeito de X_1, é negativa e bastante forte.

A interpretação que se deve dar, portanto, é a de que as correlações reais e individuais de X_1 e X_2 com X_3 são ambas negativas. Entretanto, ao estabelecermos a correlação total entre, por exemplo, X_1 e X_3, o efeito incluído de X_2 age no sentido de reduzir o grau da correlação, devido à correlação negativa existente tanto entre X_1 e X_2 como entre X_2 e X_3. O mesmo acontece com respeito a X_1, quando estabelecemos a correlação total entre X_2 e X_3. Nesse caso, o fato de a correlação negativa entre X_1 e X_2 ser mais forte que a entre X_1 e X_3 faz com que X_2 e X_3 apresentem correlação total positiva, mesmo sendo negativa a sua correlação parcial. Dito de outra forma, o efeito de X_1 em X_3 (existente, no caso) domina o efeito de X_2 em X_3. A aumentos de X_1 correspondem diminuições de X_2 e, como predomina o efeito de X_1, corresponderão também diminuições de X_3, donde a aparente correlação negativa entre X_2 e X_3.

Vemos, pelo presente exemplo, que muito cuidado deve ser tomado ao se interpretarem valores de coeficientes de correlação quando pode haver a influência de outras variáveis que, por sua vez, são correlacionadas com as variáveis consideradas. Davies (Ref. 6) chama particularmente a atenção para a ocorrência comum desse problema quando os valores das duas variáveis a correlacionar são tomados aos pares, ao longo de um período de tempo. De fato, podemos, por exemplo, ter duas variáveis não-correlacionadas entre si, mas que tenham correlações significativas com a terceira variável tempo. O resultado pode ser uma aparentemente forte, porém espuria,[26] correlação entre as variáveis em questão.

8.7.3 Variáveis fictícias**

Muitas vezes se deseja introduzir na equação da regressão o fato de que, para determinadas combinações das variáveis independentes, houve a contribuição de alguma característica qualitativa aos valores da variável dependente. Isso pode ser feito incluindo-se no modelo uma nova variável, chamada *variável fictícia* (em inglês é usado o termo *dummy*), cujo valor é feito igual a 1 quando a característica considerada está presente, e 0 quando em caso contrário. A seguir, a equação da regressão é obtida conforme anteriormente visto.[27]

8.8 A ANÁLISE DE VARIÂNCIA APLICADA À REGRESSÃO*

O método da Análise de Variância, que vimos no Cap. 7, pode também ser utilizado para a análise de problemas de regressão, sendo, para tanto, de grande valia, conforme veremos a seguir.

8.8.1 Teste da regressão linear

Uma terceira maneira de realizar os testes equivalentes H_0: $\rho = 0$ e H_0: $\beta = 0$, vistos em 8.2.1 e em 8.5 para o caso da correlação e regressão lineares, é através da aplicação da Análise de Variância. Esse teste será aqui apresentado não-própriamente pelo seu interesse imediato, já que é equivalente a outros, mas pela importância de suas extensões, que serão abordadas a seguir.

Vimos, em 8.5, a relação (8.31), aqui reproduzida,

$$\Sigma(y_i - \bar{y})^2 = \Sigma(\hat{y}_i - \bar{y})^2 + \Sigma(y_i - \hat{y}_i)^2. \tag{8.57}$$

Vimos também a interpretação geométrica dessa relação, ilustrada pela Fig. 8.13. Vamos agora utilizar essa relação para testar a hipótese de não haver regressão ($\beta = 0$) pela Análise de Variância.

Não havendo regressão, a variância total de Y se confunde com a variância residual. Ora, nessas condições, essa variância comum σ_R^2 pode ser estimada pela variância amostral de Y,

$$s_Y^2 = \frac{\Sigma(y_i - \bar{y})^2}{n-1} = \frac{S_{yy}}{n-1}, \tag{8.58}$$

[26] Alguns autores empregam esse termo exatamente para designar uma correlação aparente, porém sem real efetividade.

[27] Sugerimos que os interessados na questão resolvam o Exercício 35 deste capítulo.

ou pela variância residual amostral, conforme definida em (8.26) e reformulada em (8.30), ou seja,

$$s_R^2 = \frac{\Sigma(y_i - \hat{y}_i)^2}{n-2} = \frac{S_{yy} - b^2 S_{xx}}{n-2}. \tag{8.59}$$

Relembrando a afirmação contida em (3.15), temos que $\Sigma(y_i - \bar{y})^2/\sigma_R^2$ e $\Sigma(y_i - \hat{y}_i)^2/\sigma_R^2$ terão distribuições χ^2 com, respectivamente, $n - 1$ e $n - 2$ graus de liberdade.

Por outro lado, temos que $\Sigma(\hat{y}_i - \bar{y})^2 = b^2 S_{xx}$. De (8.35), sabemos que, conhecido σ_R^2, o teste da hipótese $\beta = 0$ seria conduzido com base em

$$z = \frac{b - 0}{\sigma_R / \sqrt{S_{xx}}} = \frac{b\sqrt{S_{xx}}}{\sigma_R}. \tag{8.60}$$

Elevando ao quadrado ambos os membros dessa relação, teremos, no primeiro membro, um χ^2 com 1 grau de liberdade (por definição) e, no segundo,

$$\frac{b^2 S_{xx}}{\sigma_R^2}.$$

Do exposto, resulta que a relação (8.57), dividida em ambos os membros por σ_R^2, refere-se a variáveis χ^2 que satisfazem a propriedade enunciada em 7.1.1. As estimativas de σ_R^2 obtidas a partir dos termos do segundo membro são, pois, independentes desde que H_0 seja verdadeira e, portanto, seu quociente

$$F = \frac{b^2 S_{xx}}{s_R^2} \tag{8.61}$$

pode ser usado para se testar, pela Análise de Variância, a hipótese H_0 de não haver regressão, de modo análogo ao visto no Cap. 7. O teste será sempre unilateral, uma vez que, sendo falsa H_0, o numerador tenderá a crescer. De fato, sabemos que $b^2 S_{xx} (= bS_{xy})$ corresponde à parcela de variação explicada pela reta de regressão, que será tanto maior quanto mais significativa a regressão.

Do exposto, segue-se que a variável de teste F, conforme definida em (8.61), terá $\nu_1 = 1$ e $\nu_2 = n - 2$, devendo, pois, ser testada pela comparação com o valor crítico $F_{1,\, n-2,\, \alpha}$. A disposição prática para se realizar a Análise de Variância nesse caso é dada na Tab. 8.8.

Que o teste descrito é equivalente ao teste bilateral da hipótese $\beta = 0$ através da expressão (8.35) fica claro do fato de que o F é o quadrado do t_{n-2} quando $\beta = 0$, e de que, conforme vimos no item 3.4.7, a distribuição $F_{1,\nu}$ equivale à de t_ν^2, donde $F_{1,\, n-2,\, \alpha} = t^2_{n-2,\, \alpha/2}$ [28].

O importante nessa análise é, mais uma vez, notar como a soma de quadrados correspondente à variação total foi "quebrada" em duas parcelas: uma explicada pela regressão e outra residual sobre a regressão, isto é, atribuída ao acaso. Veremos, nas análises seguintes, que o que se fará é, *mutatis mutandis*, exatamente a mesma coisa.

---

[28] Mas não $t^2_{n-2,\, \alpha}$, pois os valores $F > F_{1,\, n-2,\, \alpha}$ correspondem aos valores $|t| > t_{n-2,\, \alpha/2}$.

Tabela 8.8 Disposição prática para a Análise de Variância

Fonte de variação	Soma de quadrados	Graus de liberdade	Quadrado médio	F	F_α
Devida à regressão	b^2S_{xx}	1	b^2S_{xx}	$F = \dfrac{b^2S_{xx}}{s_R^2}$	$F_{1,\, n-2,\, \alpha}$
Residual	$S_{yy} - b^2S_{xx}$	$n-2$	$s_R^2 = \dfrac{S_{yy} - b^2S_{xx}}{n-2}$		
Total	S_{yy}	$n-1$			

Exemplo

Testar pela Análise de Variância a existência de regressão linear, para os dados do exemplo visto em 8.4, ao nível de 5% de significância.

Solução

Vamos testar as hipóteses

$$H_0: \quad \beta = 0,$$
$$H_1: \quad \beta \neq 0.$$

e, se rejeitarmos H_0, ficará estatisticamente provada a existência de regressão linear ao nível $\alpha = 5\%$.

No desenvolvimento dos exemplos anteriores, já obtivemos:

$$S_{yy} = 2{,}06, \qquad n = 8,$$
$$b^2S_{xx} = bS_{xy} = \frac{S_{xy}^2}{S_{xx}} = \frac{(9{,}1)^2}{42} \cong 1{,}9717,$$
$$\therefore \quad S_{yy} - b^2S_{xx} \cong 2{,}06 - 1{,}9717 = 0{,}0883.$$

Temos, pois, os elementos para montar o quadro da Análise de Variância, dado na Tab. 8.9, no qual o F crítico é $F_{1;\,6;\,5\%}$. Como $F = 134{,}13 >> 5{,}99$, rejeitamos folgadamente H_0, e existe regressão.

Tabela 8.9 Quadro da Análise de Variância

Fonte de variação	Soma de quadrados	Graus de liberdade	Quadrado médio	F	$F_{5\%}$
Devido à regressão	1,9717	1	1,9717	134,13	5,99
Residual	0,0883	6	0,0147		
Total	2,06	7			

Se tivéssemos feito o teste segundo a equação (8.35), teríamos obtido $t_6 = 11{,}59 > t_{6;\,2,5\%} = 2{,}447$. Note-se que, não considerando erros de arredondamento, $(11{,}59)^2 = 134{,}13$ e $(2{,}447)^2 = 5{,}99$.

8.8.2 Análise de melhoria

Foi discutido em 8.3 que o problema de regressão pode tornar-se mais complexo pelo fato de não conhecermos de antemão o modelo adequado para a equação que iremos determinar. Seria, então, o caso de investigarmos diversas equações e utilizar aquela que melhor se ajustasse aos pontos experimentais. Em particular, poderíamos desejar encontrar a equação de um polinômio que melhor representasse o fenômeno em estudo.

Essa idéia, entretanto, não pode ser levada a efeito em toda sua extensão, pois sempre encontraríamos um polinômio de grau $n - 1$ que se ajustaria sem desvio a todos os n pontos experimentais. Esse procedimento eminentemente matemático, entretanto, nada teria de estatístico, e não se coadunaria com o escopo da Estatística Indutiva, como se pode facilmente compreender.

Surge então a idéia de se buscarem equações mais elaboradas até o ponto em que a *melhoria de ajuste* conseguida em relação ao modelo anterior seja significativa. Assim, por exemplo, se vamos procurar a equação de um polinômio que possa ser considerado satisfatório para a representação de um dado fenômeno, acharemos primeiramente a equação da reta de regressão. A seguir, verificaremos se a adoção de uma parábola ao invés da reta traz uma melhoria de ajuste significativa. Se isso acontecer, verificaremos se a cúbica de regressão apresenta melhoria de ajuste em relação à parábola, e assim sucessivamente. Em geral se recomenda prosseguir tal análise até que duas etapas sucessivas não tenham produzido melhoria significativa.[29] Evidentemente a idéia central é adotar o modelo mais simples, desde que um mais complicado não produza uma representação significativamente melhor do fenômeno.

Veremos, a seguir, como a Análise de Variância permite testar a melhoria no problema da regressão polinomial. Para tanto, continuamos a admitir como hipótese básica que a variação residual seja normal, constante e independente em torno da linha teórica de regressão.

O princípio da Análise de Melhoria está em que a partição da variação total, S_{yy}, dada pela relação (8.31) no caso da reta, pode ser, de modo análogo, verificada para polinômios de maior grau. Assim, a soma de quadrados devida à variação residual em torno da reta de mínimos quadrados pode, por sua vez, ser desdobrada em uma parcela de melhoria de ajuste explicada pela adoção da parábola e uma parcela devida à variação residual em torno da parábola, ou seja,

$$\Sigma(y_i - \hat{y}_i)^2 = \Sigma(\hat{y}_{P_i} - \hat{y}_i)^2 + \Sigma(y_i - \hat{y}_{P_i})^2, \tag{8.62}$$

onde $\hat{y}_{P_i}$ designa os valores calculados pela parábola e as somas de quadrados do segundo membro têm, respectivamente, 1 e $n - 3$ graus de liberdade, e a do primeiro membro, como sabemos, $n - 2$.

A Fig. 8.17 procura ilustrar as parcelas de variação às quais se referem as somas de quadrados envolvidos.

[29] Notar que o teste visto em 8.8.1 comprova a melhoria da reta $y = a + bx$ em relação a $y = \bar{y}$. Por outro lado, a recomendação do texto deve-se ao fato de não ser incomum haver uma etapa sem melhoria significativa e haver melhoria na etapa seguinte.

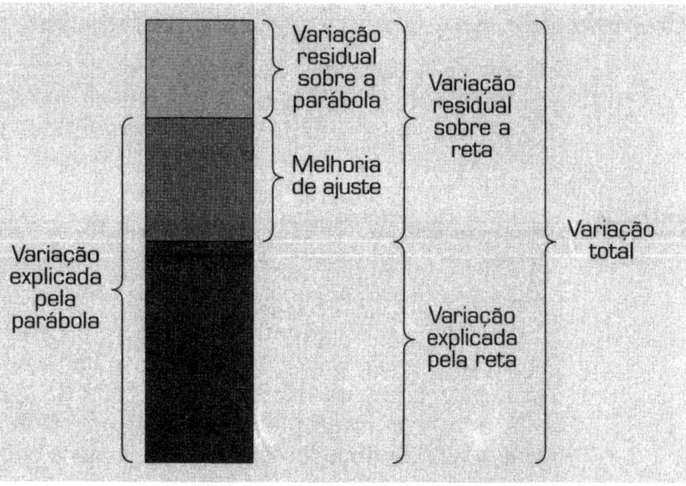

Figura 8.17 Parcelas de variação.

A hipótese a ser testada é a de não haver melhoria de ajuste. Essa hipótese será testada, de maneira semelhante ao teste da regressão linear, por

$$F = \frac{\Sigma(\hat{y}_{P_i} - \hat{y}_i)^2}{s_P^2}, \quad (8.63)$$

onde s_P^2 é a estimativa da variância residual em torno da parábola, sendo dada por

$$s_P^2 = \frac{\Sigma(y_i - \hat{y}_{P_i})^2}{n-3}. \quad (8.64)$$

Admitiremos que houve melhoria significativa de ajuste se $F > F_{1,\, n-3,\, \alpha}$. A Tab. 8.10 mostra como pode ser construído o quadro da Análise de Variância correspondente.

Tabela 8.10 — Disposição prática para a Análise de Variância

Fonte de variação	Soma de quadrados	Graus de liberdade	Quadrado médio	F	F_α
Melhoria de ajuste	① $= \Sigma(\hat{y}_{P_i} - \hat{y}_i)^2$	1	①	$F = \frac{①}{s_P^2}$	$F_{1,\, n-3,\, \alpha}$
Residual s/ a parábola	② $= \Sigma(y_i - \hat{y}_{P_i})^2$	$n-3$	$s_P^2 = \frac{②}{n-3}$		
Residual s/ a reta	$S_{yy} - b^2 S_{xx}$	$n-2$			

Acreditamos que a idéia de como estender a análise a polinômios de grau superior tenha ficado clara pela apresentação do caso da parábola.[30] Deve-se frisar que, mesmo nesse caso, o cálculo manual já é, em geral, bastante trabalhoso. Nesse tipo de análise, portanto, o emprego de programas de computador é recomendável.

[30] Evidentemente, ao testar a melhoria devida ao polinômio de grau k, teremos $s_K^2 = \Sigma(y_i - \hat{y}_{K_i})^2/(n-k-1)$ e o valor crítico de F será $F_{1,\, n-k-1,\, \alpha}$.

Exemplo

Testar se a parábola de mínimos quadrados obtida em 8.6 oferece uma representação do fenômeno significativamente melhor que a reta, para os dados do exemplo apresentado em 8.4 (reproduzidos na Tab. 8.6). Usar $\alpha = 5\%$.

Solução

Já obtivemos anteriormente a variação residual em torno da reta, dada pela soma de quadrados igual a 0,0883, com $n - 2 = 6$ graus de liberdade e fornecendo, conseqüentemente, $s_R^2 = 0{,}0147$. Devemos agora, conforme mostrado na Fig. 8.17, subdividir essa variação residual em torno da reta em duas parcelas: uma referente à melhoria de ajuste da parábola em relação à reta, e a outra correspondente à variação residual em torno da parábola. Note-se que, obtida uma dessas parcelas, a outra pode ser calculada por diferença.

Podemos calcular diretamente a variação residual em torno da parábola mediante

$$\Sigma_{i=1}^{n}(y_i - \hat{y}_{P_i})^2,$$

ou a melhoria, mediante

$$\Sigma_{i=1}^{n}(\hat{y}_{P_i} - \hat{y}_i)^2,$$

Alternativamente, podemos obter a variação residual através da variação total explicada pela parábola, medida por

$$\Sigma_{i=1}^{n}(\hat{y}_{P_i} - \bar{y})^2,$$

que é a diferença entre a variação total medida por S_{yy} e a variação residual em torno da parábola.

Tabela 8.11 Valores para o cálculo da melhoria de ajuste

x_i	y_i	y_{P_i}	$y_i - \hat{y}_{P_i}$	$(y_i - \hat{y}_{P_i})^2$
1	0,5	0,501	−0,001	0,000001
2	0,6	0,624	−0,024	0,000576
3	0,9	0,779	0,121	0,014641
4	0,8	0,965	−0,165	0,027225
5	1,2	1,181	0,019	0,000361
6	1,5	1,429	0,071	0,005041
7	1,7	1,708	−0,008	0,000064
8	2,0	2,018	−0,018	0,000324
				0,048233

Em qualquer dos casos, necessitamos calcular os valores $\hat{y}_{P_i}$ através da equação da parábola que já obtivemos em 8.6,

$$\hat{y}_P = 0{,}408 + 0{,}0772x + 0{,}0155x^2.$$

Esses valores são apresentados na Tab. 8.11. Na mesma tabela são calculadas as diferenças $\hat{y}_i - \hat{y}_{P_i}$; e seus quadrados, que levam à determinação do resíduo sobre a parábola.

Vemos, da Tab. 8.11, que a soma de quadrados correspondente à variação residual sobre a parábola é aproximadamente 0,0482. Podemos agora construir o quadro da Análise de Variância, dado na Tab. 8.12. A soma de quadrados correspondente à melhoria foi calculada por diferença.

Como o F calculado foi menor que o crítico, devemos aceitar a hipótese H_0 de não haver melhoria de ajuste, ao nível $\alpha = 5\%$ de significância. Coerentemente, devemos utilizar a reta para a representação do fenômeno. Isso, é claro, não quer dizer que a parábola não possa, em verdade, oferecer uma representação melhor; entretanto tal não ficou estatisticamente provado ao nível de significância adotado.

Tabela 8.12 Quadro da Análise de Variância

Fonte de variação	Soma de quadrados	Graus de liberdade	Quadrado médio	F	$F_{5\%}$
Melhoria de ajuste	0,0401	1	0,0401	4,18	6,61
Residual sobre a parábola	0,0482	5	0,0096		
Residual sobre a reta	0,0883	6			

8.8.3 A Análise de Variância na regressão linear múltipla

No caso da regressão linear múltipla, a Análise de Variância pode também ser usada para verificar se a equação obtida é significativa como explicação do fenômeno.

O problema é em tudo semelhante ao discutido em 8.8.1 para o caso da reta, o qual, aliás, é um caso particular de regressão linear. Assim, também agora temos a variação total medida pela soma de quadrados total S_{yy} e/ou pela variância total s_Y^2, e a variação residual em torno do hiperplano de regressão múltipla medida pela soma de quadrados residual ou pela variância residual s_M^2. A diferença corresponde à parcela da variação total explicada pelo hiperplano da regressão múltipla. A soma de quadrados correspondente é dada por $R^2 S_{yy}$, onde R é o coeficiente de correlação linear múltipla, conforme definido em 8.7.1. Ou seja, a soma de quadrados correspondente à variação explicada é dada por

$$b_1 S_{1y} + b_2 S_{2y} + \cdots + b_k S_{ky}.$$

A diferença dessa quantidade para com S_{yy} é a soma de quadrados residual, cujo correspondente número de graus de liberdade é $n - (k + 1) = n - k - 1$, pois $k + 1$ coeficientes do modelo terão sido estimados a partir dos resultados amostrais. O número de graus de liberdade correspondente à variação explicada é k e a condição de validade da propriedade vista em 8.1.1 subsiste mais uma vez. Isso permite realizar a Análise de Variância conforme indicado no quadro da Tab. 8.14, de maneira semelhante às anteriores.

Por outro lado, o princípio da análise de melhoria visto em 8.8.2 pode também ser aplicado ao caso da regressão múltipla. De fato, é comum encontrarmos problemas em que uma determinada variável de interesse Y, considerada como a variável dependente no estudo de regressão, está provavelmente correlacionada com diversas variáveis consideradas independentes $X_1, X_2, ..., X_k$.

Admitindo-se que seja um caso de regressão linear múltipla, pode-se então utilizar um procedimento iterativo de inclusão sucessiva de variáveis no modelo, até que a inclusão de novas variáveis não contribua significativamente para melhorar o ajuste. O procedimento para tal é semelhante ao visto em 8.8.2 para a determinação do grau do polinômio em uma regressão a duas variáveis[31], e não julgamos necessário repeti-lo. Para a solução desse problema, diversos procedimentos têm sido desenvolvidos, incluindo os necessários programas de computador, devido ao volume de cálculo envolvido. Drapper & Smith, na Ref. 7, recomendam a utilização do processo *stepwise*, em que são incluídas suces-sivamente no modelo as variáveis independentes mais fortemente correlacionadas com Y, sendo feita, após cada inclusão, uma análise para verificar se alguma variável já anteriormente incluída não deva ser descartada. Dessa forma, procura-se chegar a uma equação que represente bem o fenômeno sem ser sobrecarregada pela presença de variáveis que não contribuem significativamente para melhor explicá-lo. Tais variáveis são, em geral, fortemente correlacionadas com alguma outra que está incorporada à equação de regressão, trazendo, portanto, pouca contribuição no sentido de aprimorar o modelo.

Tabela 8.13 Análise de Variância aplicada à regressão linear múltipla

Fonte de variação	Soma de quadrados	Graus de liberdade	Quadrado médio	F	F_α
Devido à regressão	$\sum_{i=1}^{k} b_i S_{iy}$	k	$\dfrac{\sum_{i=1}^{k} b_i S_{iy}}{k} = ①$	$F = \dfrac{①}{s_M^2}$	$F_{k,\, n-k-1,\, \alpha}$
Residual	$SQM = S_{yy} - \sum_{i=1}^{k} b_i S_{iy}$	$n - k - 1$	$s_M^2 = \dfrac{SQM}{n-k-1}$		
Total	S_{yy}	$n - 1$			

Exemplo

Testar, pela Análise de Variância, a significância da equação de regressão linear múltipla obtida no exemplo apresentado em 8.7.

[31] Conforme já foi dito, podemos, sob certas condições, considerar os problemas de regressão polinomial e linear múltipla como um só, bastando, para tanto, considerar $x_1 = x$, $x_2 = x^2$, ..., $x_k = x^k$. A diferença principal, no que diz respeito à aplicação de uma análise de melhoria, está no fato de que, no caso da regressão polinomial, já temos uma ordem natural para efeito de implementação do modelo, o que não acontece no caso da regressão linear múltipla.

Solução

Para o referido exemplo, já conhecemos

$$S_{yy} \cong 9{,}793,$$
$$n = 6,$$
$$\Sigma_{i=1}^{k} b_i S_{iy} = b_1 S_{1y} + b_2 S_{2y} = 9{,}455.$$

e podemos, portanto, montar o quadro da Análise de Variância, dado na Tab. 8.14. O quadro nos mostra que a regressão é significativa ao nível de 1% de significância.

Tabela 8.14 Quadro da Análise de Variância

Fonte de variação	Soma de quadrados	Graus de liberdade	Quadrado médio	F	$F_{1\%}$
Devido à regressão	9,455	2	4,7275	41,96	30,82
Residual	0,338	3	0,1127		
Total	9,793	5			

8.9 EXERCÍCIOS PROPOSTOS

1. Calcule o coeficiente de correlação linear de Pearson para os oito pontos seguintes:

(1,1) (4,1) (5,3) (3,2)
(3,4) (4,2) (1,4) (3,3)

Construa o diagrama de dispersão e comente o resultado obtido. △

2. Para cinco volumes de uma solução, foram medidos os tempos de aquecimento em um mesmo bico de gás e as respectivas temperaturas de ebulição:

Tempo (min)	20	22	19	23	17
Temperatura (°C)	75	80	75	82	78

a) Calcule o coeficiente de correlação.

b) A correlação é significativa, ao nível de 5% de significância? △

3. Para os doze pares (x, y) apresentados a seguir:
   a) calcule o coeficiente de correlação;
   b) verifique se podemos afirmar que as variáveis tendem a variar inversamente, ao nível de 1% de significância.

x	y	x	y
35,6	112,4	34,8	113,0
37,7	109,1	38,2	108,5
37,3	108,8	36,8	112,0
35,2	111,2	37,5	110,2
38,2	109,4	39,0	107,9
36,4	110,6	36,3	109,4

4. Jogue dois dados distintos vinte vezes e anote os pares de pontos obtidos nessa experiência. Sabendo que os pontos dos dois dados são variáveis teoricamente independentes, calcule o coeficiente de correlação entre os pontos obtidos e interprete o resultado.

5. Oito alunos sorteados entre os da segunda série de um curso de Engenharia obtiveram as seguintes notas nos exames de Cálculo e Física:

Aluno	1	2	3	4	5	6	7	8
Cálculo	4,5	6,0	3,0	2,5	5,0	5,5	1,5	7,0
Física	3,5	4,5	3,0	2,0	5,5	5,0	1,5	6,0

   Com base nesses dados, pode-se ter praticamente 99% de certeza de que os alunos mais bem preparados em Cálculo também o sejam em Física?

6. Sete pares de valores forneceram:

x	1	2	3	4	6	8	10
y	10	7	9	5	6	3	2

   a) Calcule o coeficiente de correlação linear.
   b) Verifique se podemos afirmar que o coeficiente de correlação populacional é inferior a $-0{,}4$, aos níveis a = 5% e a = 1%.

7. Calcule o coeficiente de correlação de postos para os dados do exercício anterior.

8. Sabe-se, de longa experiência anterior, que o coeficiente de correlação entre a densidade e a resistência à flexão de um certo tipo de chapa de madeira prensada difere um tanto de lote para lote, permanecendo, porém, sempre dentro do intervalo 0,60 a 0,80. Tendo chegado um grande carregamento dessas chapas, deseja-se sortear um certo número delas para determinar, através dessa amostra, o citado coeficiente de correlação para esse lote específico, dentro de $\pm 0{,}03$. O nível de confiança mínimo exigido é de 90%. Quantas chapas devem ser sorteadas ?

9. Temos a seguir as alturas, em centímetros, de dez atletas que participaram de uma competição de salto em distância, dadas em função das classificações obtidas pelos atletas. Esses dados indicam uma influência favorável da altura nos resultados obtidos, ao nível de 5% de significância?

Classificação	Altura	Classificação	Altura
1.º	178	6.º	172
2.º	180	7.º	170
3.º	172	8.º	167
4.º	168	9.º	170
5.º	175	10.º	171

10. Um banco possui oito agências em certa praça. Desejando verificar a afirmação de que um maior número de funcionários leva a uma ineficiência maior no serviço, o gerente geral relacionou o número de funcionários por agência (x) e a classificação das agências segundo sua eficiência dentre todas as agências do banco (y). Ao nível de 5% de significância, qual a conclusão? Os resultados obtidos foram:

x	9	15	12	12	13	20	22	17
y	8.º	13.º	6.º	22.º	15.º	36.º	29.º	31.º

△

11. Dados os sete pares de valores experimentais abaixo (x_i, y_i), estabelecer a regressão linear $y = a + bx$, calculando os coeficientes a e b pelo método dos mínimos quadrados, supondo os valores x_i isentos de erro.

x_i	0	2	4	6	8	10	12
y_i	1	2	6	9	11	14	20

12. Ajuste uma reta de mínimos quadrados aos dados abaixo, adotando: a) X como variável independente; b) Y como variável independente. Verifique se as duas equações obtidas correspondem à mesma função implícita.

x	2	4	5	6	7	10	12
y	9	9	7	4	5	3	1

△

13. A velocidade máxima de automóveis Fórmula 1 com motores de mesma potência é função, entre outras variáveis, do peso do veículo, no intervalo entre 700 e 800 kgs. Assim, verificou-se qual a velocidade máxima atingida em uma reta de 1.200 m. Os resultados foram:

Peso (kg)	790	780	770	760	750
Velocidade máxima (km/h)	280	284	291	295	301

Qual a velocidade esperada para um veículo de 730 kg? [*Sugestão*: transforme as variáveis.]

14. Obtenha uma equação de regressão adequada para os dados que seguem. Represente a equação obtida em um diagrama de dispersão.

x	1	2	3	4	5	6	7	8
y	1,4	2,3	3,2	4,4	9,2	11,0	17,0	22,4

15. O alongamento de uma mola foi medido em função de seis valores de carga aplicada. Obtiveram-se:

Carga (kg)	1	2	3	4	5	6
Alongamento (cm)	0,5	1,0	2,0	2,5	4,0	5,0

a) Estabeleça a equação da regressão linear aplicável.

b) Por um método à sua escolha, teste a significância dessa regressão ao nível $\alpha = 1\%$.

16. No começo de um determinado mês, as cotações de uma empresa na Bolsa de Valores apresentaram-se como no quadro que segue. Considerado um modelo linear, qual a melhor estimativa para o sétimo dia? Pode-se concluir, ao nível de significância de 5%, que essa ação esteja num período de baixa?

Dia	Valor da ação
1	3,8
2	3,4
3	3,1
4	2,4
5	2,0

△

17. Dados os valores seguintes de t (horas de tratamento térmico) e de R (resistência à tração de um aço, em kg/mm^2), pode-se afirmar, ao nível de 2% de significância, que R depende de t? Admitida uma dependência linear, qual seria a equação da reta de regressão de R em função de t?

t	1	2	3	4	5	6	7	8
R	48,7	50,2	49,8	51,0	51,7	51,2	51,6	51,8

△

18. A teoria de certo fenômeno prevê que a variável adimensional y varia em função da temperatura absoluta T segundo a lei linear $y = gT + F$, onde g e F são dois parâmetros fixos. Determine um intervalo de 90% de confiança para g e teste a existência da regressão, com base nos seguintes dados:

T (K)	300	350	400	450	500	550	600
y	5,2	5,4	5,7	6,2	6,6	6,8	7,0

19. Numa experiência, determinou-se o coeficiente de correlação linear de Pearson entre a resistência elétrica e a dissipação térmica, dada em joules por segundo, para dez dispositivos eletrônicos, tendo-se obtido $r = 0{,}88$. Verifique se esse resultado experimental permite afirmar, ao nível de 5% de significância, que a regressão linear da dissipação térmica em função da resistência elétrica explica mais de 50% da variação observada na dissipação térmica. É admitido de antemão que a dissipação térmica não deve ser negativamente correlacionada com a resistência elétrica.

20. Dez pares de valores experimentais (x_i, y_i), $i = 1, 2, ..., 10$, quando representados num papel quadriculado, se distribuíram aproximadamente segundo uma linha reta. O coeficiente de correlação entre x e y, calculado a partir desses dados, resultou igual a 0,707 e o coeficiente de regressão linear b, admitindo-se a variável x sem erro, igual a 1,60. Sabe-se ainda que $S_{yy} = 400$. Por experiências anteriores envolvendo milhares de dados, esperava-se obter para b o valor 2,50. Pode-se afirmar, ao nível de 5%, que a presente experiência contradiz a expectativa?

21. Numa determinada experiência, foram obtidos os seguintes pares de valores (x, y):

x	2	4	6	8	10	12
y	11	9	6	9	7	4

a) Escreva a equação da melhor reta de regressão de y em relação a x.

b) Verifique, ao nível de 5% de significância, se existe evidência suficiente a partir dos dados experimentais para contradizer a hipótese de que a reta de (a) é paralela à reta $y = 1{,}5 - 0{,}45x$.

22. O faturamento de uma loja durante seus primeiros oito meses de atividades é dado a seguir, em milhares de reais.

Meses	Faturamento	Meses	Faturamento
Março	20	Julho	10
Abril	22	Agosto	40
Maio	22	Setembro	45
Junho	25	Outubro	60

a) Calcule o coeficiente de correlação linear de Pearson para os dados apresentados.

b) Elimine o dado referente ao mês de julho, considerando que foi anormalmente baixo devido a uma brusca, porém passageira, recessão no mercado, e, com base nos demais pontos, equacione a reta de regressão que melhor se adapte aos dados.

c) Com base na equação da reta determinada em (b), faça uma previsão para o faturamento do mês de dezembro. Na sua opinião, essa previsão é otimista ou pessimista?

23. Uma teoria física faz prever que y dependerá de x segundo a expressão $y + C = x^2/2p$, onde C e p são duas constantes numéricas. Sabendo-se que x é medido sem erro e que a precisão da medida de y no intervalo experimental aqui considerado é constante, estime os melhores valores de C e p a partir dos seguintes dados:

x	1	2	3	4	5	6	7
y	0,2	0,6	0,8	1,4	2,6	3,2	5,0

[*Sugestão*: trate a expressão proposta como um caso particular de regressão curvilinear redutível a uma regressão linear.]

24. Um certo fenômeno físico segue a lei $x(y + \gamma) = C$ (x e y variáveis; C e γ constantes). Sabendo que a determinação experimental de x é muito mais precisa do que a de y, estime o melhor valor para a constante C a partir dos pares de valores experimentais dados a seguir. Com base nesses dados, ao nível $\alpha = 5\%$ de significância, existe evidência de que a constante γ seja realmente diferente de zero?

x	1	2	5	10	20	50
y	27,0	12,0	10,0	6,0	6,3	4,8

25. Ao se testar, tanto pela Análise de Variância como pelo teste da hipótese $\beta = 0$, a significância da reta de regressão entre duas variáveis z e w, concluiu-se, ao nível $\alpha = 5\%$, que a regressão não era significativa. Entretanto o coeficiente de correlação linear de Pearson entre z e w foi calculado, obtendo-se $r = 0{,}664$. Sendo ρ o valor teórico do coeficiente de correlação linear entre as duas variáveis, podemos concluir ao nível de 5% de significância que $\rho \neq 0{,}2$? Justifique sua resposta. △

26. Com referência aos dados do exercício 18, estabeleça intervalos de 95 e 99% de confiança para:

a) o valor que se esperaria para a média de muitas determinações do valor de y à temperatura de 700 K;

b) o valor que se esperaria para y se a presente experiência prosseguisse até 700 K.

27. As vendas de duas firmas A e B estão relacionadas a seguir, em milhares de unidades.

Ano	1996	1997	1998	1999	2000	2001
Vendas de A	1,0	1,5	3,0	3,5	4,5	5,0
Vendas de B	4,5	5,0	5,5	5,5	6,0	6,0

Ao nível $\alpha = 5\%$, pode-se afirmar que em 2006 as vendas de A serão maiores que as vendas de B? [*Sugestão*: suponha linearidade das vendas com o tempo.]

28. Sabe-se que z varia linearmente tanto com x como com y. Estime, com base nos resultados experimentais que seguem, o valor mais provável de z para $x = 3$ e $y = 1$.

x	2	2	0	1	2
y	2	0	5	3	4
z	4	6	1	3	2

29. Estabeleça a equação da regressão para os dados que seguem, sabendo que a equação teórica é da forma $z = ay^{bx+c}$.

x	1	1	2	3
y	2	3	2	1
z	4,0	7,5	16,0	1,8

30. Dados os pontos experimentais que seguem, verifique, pela Análise de Variância, se há regressão da variável Y sobre a variável X.

y	2	3	6	7	8	10	11
x	7	4	6	3	3	2	1

31. Para os pares (x, y) seguintes, determine:

a) a reta de mínimos quadrados;
b) a parábola de mínimos quadrados;
c) se existe melhoria significativa de ajuste.

x	1	2	3	4	5
y	0,2	0,5	1,5	3,0	5,0

32. Na determinação experimental de sete pares (z, w), obtiveram-se os seguintes resultados:

z	2	4	6	8	10	12	14
w	2,4	2,0	1,5	1,5	1,8	3,5	5,0

a) Determine a equação da reta de regressão de mínimos quadrados aplicável ao caso. Use um teste apropriado para verificar se essa regressão linear é significativa ao nível $\alpha = 5\%$. Qual a conclusão?

b) Uma parábola de mínimos quadrados foi determinada, após o que foram calculadas as diferenças d entre os valores dados pela reta e os dados pela parábola, para cada entrada z, bem como as diferenças d' entre os valores dados pela parábola e a média $\bar{w}$, para as mesmas entradas z. Os resultados foram:

z	2	4	6	8	10	12	14
d	−1,24	0,00	0,75	1,01	0,75	0,00	−1,24
d'	0,07	−0,78	−1,15	−1,00	−0,36	0,78	2,44

Verifique se a parábola oferece uma representação do fenômeno melhor do que a reta, aos níveis usuais.

33. Desconfiando-se de que uma certa propriedade w de um dado material variava com a temperatura x e a pressão z de processamento, foi realizada uma experiência que conduziu aos seguintes resultados:

x (°C)	20	35	50	65	80	95
z (atm)	1,25	1,25	2,50	2,50	3,75	3,75
w	17	35	58	65	86	109

a) Pode-se afirmar, ao nível $\alpha = 0{,}005$, que w depende pelo menos de uma das variáveis x e z?

b) Quanto vale o coeficiente de correlação múltipla ligando w a x e z?

c) Qual a melhor estimativa de w para $x = 20$°C e $z = 3{,}75$ atm?

34. Calcule os coeficientes de correlação totais e parciais para os dados do problema anterior. Interprete os resultados.

35. Um revendedor de automóveis abriu duas lojas em uma cidade e anotou as vendas de cada uma durante os primeiros cinco meses de funcionamento. Os resultados foram:

Mês	Loja 1	Loja 2	Total
1	15	12 *	27
2	24 *	8	32
3	20	15 *	35
4	22	22 *	44
5	31 *	16	47

Foi contratada uma promotora de vendas que permaneceu, em cada mês, nas lojas cujas vendas estão assinaladas por asterisco.

a) Estabeleça a previsão de vendas para o sexto mês através da regressão linear baseada nas vendas totais.

b) Idem, através de regressões lineares baseadas nas vendas das duas lojas individualmente e na introdução de uma variável fictícia. No sexto mês, a promotora de vendas ficará na loja 1.

c) Estime o efeito proporcional da presença da promotora sobre as vendas.

Apêndice 1

Cálculo de probabilidades — resumo

A1.1 PROBABILIDADES

A1.1.1 Espaço amostral — eventos

Chamamos *espaço amostral*, ou *espaço das possibilidades*, ao conjunto S (em geral o mais detalhado possível) de todos os resultados possíveis de ocorrer em um experimento sujeito às leis do acaso.

Qualquer subconjunto de um espaço amostral será um *evento* (A, B, C, ...), definindo um resultado bem determinado. Dentre os eventos a considerar, devemos incluir o próprio espaço amostral (evento certo) e o conjunto vazio $\emptyset$ (evento impossível).

São válidas para os eventos as operações com conjuntos. Temos, assim, os conceitos de eventos *interseção* ($A \cap B$), *reunião* ou *união* ($A \cup B$), mutuamente excludentes ($A \cap B = \emptyset$) e complementares (A e $\bar{A}$ tais que $A \cap \bar{A} = \emptyset$ e $A \cup \bar{A} = S$).

A1.1.2 Probabilidade e suas propriedades

A *probabilidade* é um número associado a um evento, destinado a medir sua possibilidade de ocorrência, gozando, dentre outras, das seguintes propriedades:

a) $0 \leq P(A) \leq 1;$ (A1.1)

b) $P(S) = 1;$ (A1.2)

c) $P(\emptyset) = 0;$ (A1.3)

d) Se A, B, ..., K, são eventos mutuamente excludentes,

$P(A \cup B \cup \ldots \cup K) = P(A) + P(B) + \cdots + P(K);$ (A1.4)

e) $P(\bar{A}) = 1 - P(A);$ (A1.5)

f) $P(A \cup B) = P(A) + P(B) - P(A \cap B).$ (A1.6)

---

[1] Este resumo foi condensado da Ref. 5, utilizando a mesma notação daquela obra.

Uma regra prática e objetiva para a atribuição numérica da probabilidade é

$$P(A) = \frac{m}{n}, \tag{A1.7}$$

sendo:

m o número de resultados de S favoráveis ao evento A; e

n o número de resultados possíveis de S, desde que *todos sejam iqualmente prováveis*.

A1.1.3 Probabilidade condicionada e correspondentes propriedades

Muitas vezes, o fato de sabermos que certo evento ocorreu faz com que se modifique a probabilidade que atribuímos a outro evento. Denotamos por $P(A|B)$ a probabilidade do evento A, sabendo que B ocorreu, ou *probabilidade de A condicionada a B*. Temos

$$P(A \mid B) = \frac{P(A \cap B)}{P(B)} \quad [P(B) \neq 0]. \tag{A1.8}$$

São importantes os teoremas que apresentamos a seguir.

Teorema do produto

$$P(A \cap B) = P(A) \cdot P(B|A) = P(B) \cdot P(A|B). \tag{A1.9}$$

A generalização é imediata. Por exemplo,

$$P(A \cap B \cap C) = P(A) \cdot P(B|A) \cdot P(C|A \cap B). \tag{A1.10}$$

Teorema da probabilidade total

Sejam A_1, A_2, ..., A_n eventos mutuamente excludentes e exaustivos, e B um evento qualquer de S. Então

$$P(B) = \Sigma_{i=1}^{n} P(A_i) \cdot P(B|A_i). \tag{A1.11}$$

Teorema de Bayes[2]

Nas mesmas condições do teorema anterior,

$$P(A_i|B) = \frac{P(A_i) \cdot P(B|A_i)}{\Sigma_{j=1}^{n} P(A_j) \cdot P(B|A_j)} \qquad i = 1, 2, \ldots, n. \tag{A1.12}$$

A1.1.4 Eventos independentes

Se $P(A \mid B) = P(A \mid \bar{B}) = P(A)$, o evento A é *estatisticamente independente* do evento B. Isso implica ser B também estatisticamente independente de A. Para eventos independentes, o teorema do produto fica

$$P(A \cap B \cap \cdots \cap K) = P(A) \cdot P(B) \ldots P(K).$$

[2] Para uma visão mais ampla da importância desse teorema, cuja idéia originou a chamada "Estatística Bayesiana", ver a Ref. 1.

A1.2 VARIÁVEIS ALEATÓRIAS

A1.2.1 Variáveis aleatórias unidimensionais

Variável aleatória é uma função que associa números reais aos eventos de um espaço amostral.[3] Em outras palavras, os resultados do experimento aleatório são dados numericamente. O comportamento de uma variável aleatória é descrito por sua *distribuição de probabilidade*.

As variáveis aleatórias podem ser *discretas*, *contínuas* ou *mistas*.

No caso de variável discreta, a distribuição de probabilidade pode ser caracterizada por uma *função probabilidade*, que indica diretamente as probabilidades associadas a cada valor.

No caso de variável contínua, a distribuição de probabilidade é caracterizada pela função *densidade de probabilidade*, que é uma função contínua gozando das seguintes propriedades:

a) $f(x) \geq 0;$ (A1.13)

b) $\int_a^b f(x)dx = P(a < X \leq b), \quad (b > a);$ (A1.14)

c) $\int_{-\infty}^{+\infty} f(x)dx = 1.$ (A1.15)

No caso contínuo, um resultado é impossível se $f(x) = 0$.

A1.2.2 Função de repartição ou de distribuição acumulada

Essa função é definida por

$$F(x) = P(X \leq x), \quad [4] \tag{A1.16}$$

servindo como alternativa para a caracterização da distribuição de probabilidade de qualquer tipo de variável aleatória. No caso discreto, temos que

$$F(x_0) = \Sigma_{x_i \leq x_0} P(x_i) \tag{A1.17}$$

e, no caso contínuo,

$$F(x_0) = \int_{-\infty}^{x_0} f(x)dx, \tag{A1.18}$$

$$\therefore f(x) = \frac{d}{dx} F(x). \tag{A 1.19}$$

[3] Usamos letras maiúsculas (X, Y, ...) para designar as variáveis aleatórias, e minúsculas (x, y, ...) para indicar particulares valores dessas variáveis.
[4] Ver a nota [3].

São propriedades da função de repartição:

a) $0 \leq F(x) \leq 1$;
b) $F(-\infty) = 0$;
c) $F(+\infty) = 1$;
d) $F(x)$ é sempre não-decrescente;
e) $F(b) - F(a) = P(a < X \leq b)$, $(b > a)$;
f) $F(x)$ é contínua à direita em qualquer ponto;
g) $F(x)$ é descontínua à esquerda nos pontos de probabilidade positiva.

A1.2.3 Variáveis aleatórias bidimensionais

Um par ordenado de valores aleatórios define uma variável aleatória bidimensional. Uma distribuição de probabilidade bidimensional pode ser discreta, sendo caracterizada por uma função probabilidade bidimensional tal que

$$\Sigma_i \Sigma_j P(x_i, y_j) = 1, \tag{A1.20}$$

ou contínua, sendo caracterizada por uma função densidade de probabilidade bidimensional tal que

$$\int_{-\infty}^{+\infty} \int_{-\infty}^{+\infty} f(x, y) dx\, dy = 1. \tag{A1.21}$$

No caso discreto, definem-se as distribuições marginais de X e Y, respectivamente, por

$$\begin{aligned} P(X = x_i) &= \Sigma_j P(x_i, y_j), \\ P(Y = y_j) &= \Sigma_i P(x_i, y_j); \end{aligned} \tag{A1.22}$$

e, no caso contínuo, por

$$\begin{aligned} g(x) &= \int_{-\infty}^{+\infty} f(x, y)\, dy, \\ h(y) &= \int_{-\infty}^{+\infty} f(x, y)\, dx. \end{aligned} \tag{A1.23}$$

Duas variáveis aleatórias discretas X e Y são independentes se, para todos os pares (x_i, y_j),

$$P(x_i, y_j) = P(X = x_i) \cdot P(Y = y_j). \tag{A1.24}$$

Analogamente, no caso contínuo, X e Y são independentes se, para todos os pares (x, y),

$$f(x, y) = g(x) \cdot h(y). \tag{A1.25}$$

A1.2.4 Parâmetros de posição

Esses parâmetros contribuem para bem localizar a distribuição de probabilidade em questão. Consideraremos a média, a mediana e a moda.

Média, ou expectância, ou esperança matemática [μ, μ_x, $\mu(X)$, $E(X)$].[5] É definida, para variáveis discretas, por

$$E(X) = \mu(X) = \Sigma_i \, x_i P(x_i), \quad \text{(A1.26)}$$

e, no caso contínuo, por

$$E(X) = \mu(X) = \int_{-\infty}^{+\infty} x f(x)\, dx. \quad \text{(A1.27)}$$

Se Y é uma variável aleatória definida em função de X, temos, também, em cada caso,

$$E(Y) = \mu(Y) = \Sigma_i \, y(x_i) P(x_i), \quad \text{(A1.28)}$$

$$E(Y) = \mu(Y) = \int_{-\infty}^{+\infty} y(x) f(x)\, dx. \quad \text{(A1.29)}$$

São propriedades da média:

1) $E(k) = k$, k = constante; (A1.30)
2) $E(kX) = k \cdot E(X)$; (A1.31)
3) $E(X \pm Y) = E(X) \pm E(Y)$; (A1.32)
4) $E(X \pm k) = E(X) \pm k$ (A1.33)
5) $E(X \cdot Y) = E(X) \cdot E(Y)$, X e Y independentes. (A1.34)

Mediana [m_d]. Divide a distribuição de probabilidade em duas partes equiprováveis.

Moda [m_o]. É(são) o(s) ponto(s) de maior probabilidade, no caso discreto, ou de maior densidade de probabilidade, no caso contínuo.

A1.2.5 Parâmetros de dispersão

Esses parâmetros caracterizam a variabilidade das variáveis aleatórias, sendo também de grande importância. Consideraremos a variância, o desvio-padrão e o coeficiente de variação.

Variância [σ^2, σ_x^2, $\sigma^2(X)$]. É definida por

$$\sigma^2(X) = E[(X - \mu)^2]. \quad \text{(A1.35)}$$

Seu cálculo é, em geral, mais convenientemente feito por meio de

$$\sigma^2(X) = E(X^2) - [E(X)]^2, \quad \text{(A1.36)}$$

onde, de acordo com (A1.28), $E(X^2)$ é calculado, no caso discreto, por

$$E(X^2) = \Sigma_i \, x_i^2 P(x_i) \quad \text{(A1.37)}$$

e, de acordo com (A1.29), no caso contínuo, por

$$E(X^2) = \int_{-\infty}^{+\infty} x^2 f(x)\, dx \quad \text{(A1.38)}$$

[5] No presente texto, demos preferência ao uso das notações $\mu(X)$ ou μ_x para a média das distribuições reais que são objeto de estudo pela Estatística Indutiva. No âmbito do Cálculo de Probabilidades, damos preferência à notação $E(X)$, que julgamos mais ajustada às distribuições das variáveis aleatórias (hipotéticas) que são em geral consideradas. Por essa razão, utilizamos tal notação no presente Apêndice.

São propriedades da variância:

1) $\sigma^2(k) = 0 \quad (k = \text{constante});$ (A1.39)

2) $\sigma^2(kX) = k^2 \cdot \sigma^2(X);$ (A1.40)

3) Se X e Y são variáveis aleatórias independentes,

$\sigma^2(X \pm Y) = \sigma^2(X) + \sigma^2(Y);$ (A1.41)

4) $\sigma^2(X \pm k) = \sigma^2(X).$ (A1.42)

Desvio-padrão $[\sigma, \sigma_x, \sigma(X)]$. É a raiz quadrada positiva da variância. Tem a vantagem de ser expresso na mesma unidade de medida da variável. Suas propriedades decorrem das da variância.

Coeficiente de variação $[cv]$. É definido como o quociente entre o desvio-padrão e a média, ou seja,

$$cv = \frac{\sigma}{\mu}. \tag{A1.43}$$

É adimensional, sendo uma medida da dispersão relativa.

A1.3 PRINCIPAIS DISTRIBUIÇÕES DISCRETAS

Neste item são apresentadas algumas distribuições discretas de probabilidade que, pela sua importância, merecem um estudo especial.

A1.3.1 Distribuição de Bernoulli

Seja um experimento em que só pode ocorrer "sucesso" ou "fracasso". A variável aleatória tal que $X = 1$, se ocorrer sucesso, e $X = 0$, se ocorrer fracasso, tem *distribuição de Bernoulli*. Sendo p a probabilidade de ocorrer sucesso, a probabilidade de ocorrer fracasso será $q = 1 - p$, e a função probabilidade da distribuição de Bernoulli pode ser descrita por

x	$P(x)$
0	q
1	p
	1

Pode-se demonstrar que, para uma distribuição de Bernoulli,

$$E(X) = p, \tag{A1.44}$$

$$\sigma^2(X) = pq. \tag{A1.45}$$

A1.3.2 Distribuição binomial

Seja um experimento tal que:

a) são realizadas n provas independentes;
b) cada prova é uma *prova de Bernoulli*, ou seja, só pode levar a sucesso ou fracasso;
c) a probabilidade p de sucesso em cada prova é constante (logo, q também é).

Nessas condições, dizemos que a variável aleatória X, igual ao número de sucessos obtidos nas n provas, tem distribuição binomial. Pode-se mostrar que

$$P(X = k) = \binom{n}{k} p^k q^{n-k}, \qquad k = 0, 1, 2, \ldots, n, \tag{A1.46}$$

onde $\binom{n}{k}$[6] representa o número de combinações de n elementos k a k. Para uma distribuição binomial de parâmetros n e p, temos que

$$\mu(X) = E(X) = np, \tag{A1.47}$$

$$\sigma^2(X) = npq = np(1 - p). \tag{A1.48}$$

A1.3.3 Distribuição de Poisson

Se fizermos $p \to 0$ e $n \to \infty$ em uma distribuição binomial, mantendo-se constante o produto $p = np$, a expressão (A1.46), no limite, passa a ser

$$P(X = k) = \frac{\mu^k e^{-\mu}}{k!}, \qquad k = 01, 2, \ldots n. \tag{A1.49}$$

Essa expressão define uma distribuição de Poisson com média μ. Pode-se demonstrar que, para uma distribuição de Poisson, a variância é igual à média.

A1.3.4 Distribuição geométrica

Seja X o número de repetições de uma prova de Bernoulli (com p constante) até a ocorrência do primeiro sucesso. A variável aleatória X terá distribuição geométrica e

$$P(X = k) = pq^{k-1}, \qquad k = 1, 2, 3, \ldots. \tag{A1.50}$$

Pode-se mostrar que

$$E(X) = \frac{1}{p}, \tag{A1.51}$$

$$\sigma^2(X) = \frac{q}{p^2}. \tag{A1.52}$$

A1.3.5 Distribuição hipergeométrica

Seja um conjunto de N elementos, dos quais r tem uma determinada característica ($r \leq N$). Sendo extraídos ao acaso n elementos sem reposição, a variável aleatória X, igual ao número de elementos extraídos que possuem a referida característica, tem distribuição dita *hipergeométrica* e

$$P(X = k) = \frac{\binom{r}{k} \cdot \binom{N-r}{n-k}}{\binom{N}{n}}. \tag{A1.53}$$

---

[6] $\binom{n}{k} = \frac{n!}{k!(n-k)!} = \frac{n(n-1)\ldots(n-k+1)}{k \cdot (k-1)\ldots 2 \cdot 1}.$

Pode-se mostrar que

$$E(X) = np, \tag{A1.54}$$

$$\sigma^2(X) = npq \cdot \frac{N-n}{N-1}, \tag{A1.55}$$

onde

$$p = \frac{r}{N}$$

e

$$q = \frac{N-r}{N}.$$

A1.4 PRINCIPAIS DISTRIBUIÇÕES CONTÍNUAS

Neste item são apresentadas algumas distribuições contínuas de probabilidade, também de grande importância.

A1.4.1 Distribuição uniforme ou retangular

Temos essa distribuição quando a probabilidade está igualmente distribuída em um intervalo $[a, b]$. Sua função densidade de probabilidade é

$$\begin{aligned} f(x) &= \frac{1}{b-a}, \quad \text{para } a \le x \le b, \\ f(x) &= 0, \quad \text{para qualquer outro valor.} \end{aligned} \tag{A1.56}$$

Pode-se mostrar que

$$E(X) = \frac{a+b}{2}, \tag{A1.57}$$

$$\sigma^2(X) = \frac{(b-a)^2}{12}. \tag{A1.58}$$

A1.4.2 Distribuição exponencial

Essa distribuição é definida pela função densidade de probabilidade

$$\begin{aligned} f(x) &= \lambda e^{-\lambda x}, \quad x \ge 0, \\ f(x) &= 0, \quad x < 0. \end{aligned} \tag{A1.59}$$

A Fig. A1.1 mostra o aspecto típico do gráfico de uma distribuição exponencial. Pode-se mostrar que

$$E(X) = \frac{1}{\lambda}, \tag{A1.60}$$

$$\sigma^2(X) = \frac{1}{\lambda^2}. \tag{A1.61}$$

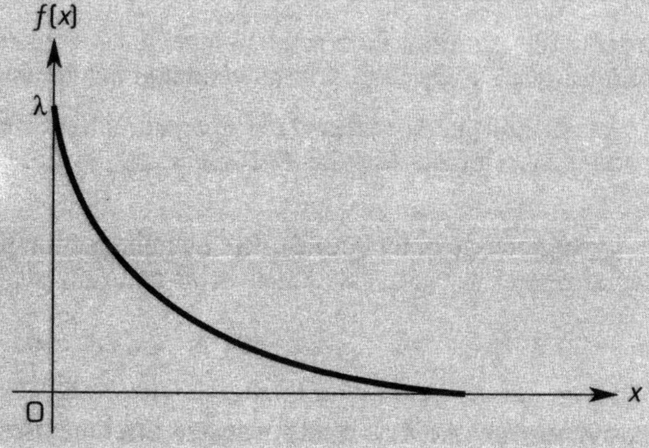

Figura A1.1 Distribuição exponencial.

A1.4.3 Distribuição normal

Essa importante distribuição é definida pela função densidade de probabilidade

$$f(x) = \frac{1}{\sigma\sqrt{2\pi}} e^{-\frac{1}{2}\left(\frac{x-\mu}{\sigma}\right)^2}, \qquad -\infty < x < +\infty. \tag{A1.62}$$

Vemos que uma distribuição normal fica perfeitamente caracterizada pelo conhecimento dos parâmetros μ e σ, que são, conforme a própria notação sugere, sua média e seu desvio-padrão. O aspecto característico de seu gráfico é mostrado na Fig. A1.2, onde $\mu - \sigma$ e $\mu + \sigma$ são os pontos de inflexão da curva.

São importantes o *teorema do limite central* e o *teorema das combinações lineares*, relacionados com a distribuição normal.

Teorema do limite central. Esse teorema, em geral apresentado sob diversas formas, afirma, em essência, que, sob condições bastante gerais, uma variável aleatória, resultante de uma *soma* de *n* variáveis aleatórias *independentes*, no limite, quando *n* tende ao infinito, tem distribuição normal.

Teorema das combinações lineares. Esse teorema afirma que uma variável aleatória obtida pela combinação linear de variáveis aleatórias *normais independentes* tem também distribuição normal.

Figura A1.2 Distribuição normal.

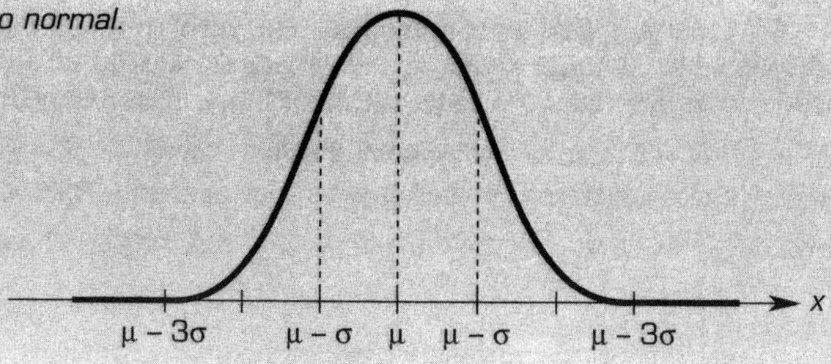

A1.4.4 Distribuição normal reduzida ou padronizada

É a particular distribuição normal com média 0 e desvio-padrão 1. Devido à sua importância, distinguiremos a variável normal reduzida das demais normais denotando-a pela letra Z.

A distribuição da variável Z é apresentada na Tab. A6.1. Entrando-se com um particular valor z_0, a tabela fornece $P(0 < Z < z_0)$, o que corresponde a área sombreada na Fig. A1.3.

Desejando-se obter a área entre a média μ e um ponto x_0 qualquer, em uma distribuição normal genérica, basta calcular o valor padronizado correspondente a x_0 mediante

$$z_0 = \frac{x_0 - \mu}{\sigma} \tag{A1.63}$$

e entrar na Tab. A6.1, a qual fornecerá diretamente $P(0 \leq Z \leq z_0) = P(\mu \leq X \leq x_0)$. Outras probabilidades podem ser obtidas a partir dessa, com base na simetria da distribuição e por meio do uso inteligente da tabela.

Figura A1.3 Distribuição normal reduzida.

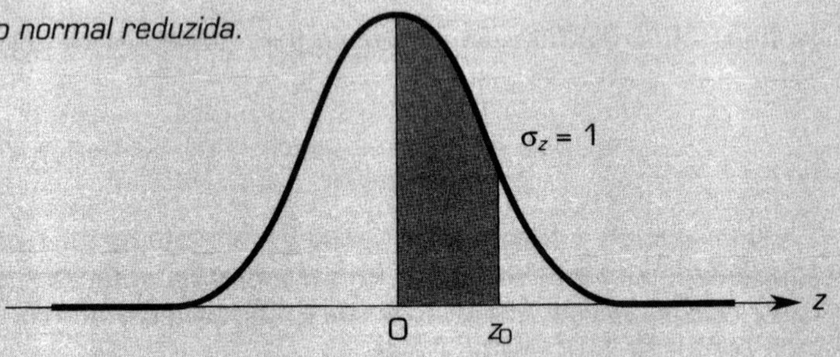

A1.4.5 Aproximações pela normal

Como conseqüência do teorema do limite central, distribuições resultantes da soma de variáveis aleatórias independentes podem ser aproximadas pela "curva normal" desde que o número de parcelas somadas seja suficientemente grande. Enquadram-se nesse caso, entre outras, as distribuições binomial e de Poisson.

Em geral se considera que, se $np \geq 5$ e $nq \geq 5$, já se pode aproximar uma distribuição binomial pela normal de mesma média $\mu = np$ e mesmo desvio-padrão $\sigma = \sqrt{npq}$. Analogamente, se $\mu \geq 5$, já se pode aproximar uma distribuição de Poisson pela normal de mesma média μ e mesmo desvio-padrão $\sigma = \sqrt{\mu}$

Ao fazermos tais aproximações, em geral é recomendável (e mesmo, às vezes, indispensável) uma *correção de continuidade*, devido ao fato de estarmos aproximando distribuições discretas por uma outra contínua. Essa correção consiste em, se desejarmos $P(X = k)$ na distribuição discreta em questão, calcular $P(k - \frac{1}{2} \leq X \leq k + \frac{1}{2})$ na distribuição normal. Em decorrência, se desejarmos, por exemplo, $P(k_1 < X \leq k_2)$, k_1 e k_2 inteiros, na distribuição discreta, calcularemos $P(k_1 + \frac{1}{2} \leq X \leq k_2 + \frac{1}{2})$ na distribuição normal, etc.

Apêndice 2

Codificação de dados

Para efeito do cálculo manual, ou mesmo usando calculadoras de mesa, muitas vezes é recomendável usar uma codificação dos dados, que pode introduzir grande simplificação no cálculo. Vamos ilustrar isso utilizando uma codificação linear para calcular a média e a variância dos dados referidos na Tab. 2.6.

Vamos fazer uma transformação da forma

$$z_i = \frac{x_i - x_0}{h}, \tag{A2.1}$$

onde h é a amplitude das classes de freqüências e x_0 é uma constante convenientemente escolhida. No caso $h = 5$ e façamos $x_0 = 57$. Teremos então a Tab. A2.1:

Tabela A2.1 Cálculo da média e variância com dados codificados

Classes (limites reais)	f_i	x_i	z_i	$z_i f_i$	$z_i^2 f_i$
39,5 — 44,5	3	42	− 3	− 9	27
44,5 — 49,5	8	47	− 2	− 16	32
49,5 — 54,5	16	52	− 1	− 16	16
54,5 — 59,5	12	57	0	0	0
59,5 — 64,5	7	62	1	7	7
64,5 — 69,5	3	67	2	6	12
69,5 — 74,5	1	72	3	3	9
	50			− 25	103

Aplicando (2.5) e (2.16) para os valores z_i, temos

$$\bar{z} = \frac{\Sigma z_i f_i}{n} = \frac{-25}{50} = -0{,}5,$$

$$s_z^2 = \frac{\Sigma z_i^2 f_i - (\Sigma z_i f_i)^2 / n}{n-1} = \frac{103-(-25)^2/50}{49} \cong 1{,}847.$$

A transformação inversa, que leva de z para x, é

$$x_i = hz_i + x_0. \qquad \text{(A2.2)}$$

Logo, lembrando as propriedades da média, resulta

$$\bar{x} = h\bar{z} + x_0 \qquad \text{(A2.3)}$$

e, lembrando as da variância, tem-se

$$s_x^2 = h^2 s_z^2. \qquad \text{(A2.4)}$$

Portanto, no presente caso,

$$\bar{x} = 5 \cdot (-0,5) + 57 = 54,5,$$

$$s_x^2 \cong 25 \cdot 1,847 = 46,175.$$

*Cálculo dos índices de assimetria e curtose**

Usando a mesma codificação, vamos calcular agora os índices de assimetria e curtose, referentes aos dados da Tab. 2.6. Para tanto, usaremos a Tab. A2.2.

Tabela A2.2 Cálculo dos momentos centrados de terceira e quarta ordem com dados codificados

Classes (limites reais)	f_i	x_i	z_i	$z_i f_i$	$z_i^2 f_i$	$z_i^3 f_i$	$z_i^4 f_i$
39,5 — 44,5	3	42	− 3	− 9	27	− 81	243
44,5 — 49,5	8	47	− 2	− 16	32	− 64	128
49,5 — 54,5	16	52	− 1	− 16	16	− 16	16
54,5 — 59,5	12	57	0	0	0	0	0
59,5 — 64,5	7	62	1	7	7	7	7
64,5 — 69,5	3	67	2	6	12	24	48
69,5 — 74,5	1	72	3	3	9	27	81
	50			−25	103	−103	523

Aplicando as expressões (2.26) e (2.28), temos

$$m_3(z) = \frac{\sum z_i^3 f_i}{n} - 3\bar{z}\frac{\sum z_i^2 f_i}{n} + 2\bar{z}^3 = \frac{-103}{50} - 3(-0,5)\frac{103}{50} + 2(-0,5)^3 = 0,78,$$

$$\therefore \ a_3 = \frac{0,78}{(1,36)^3} \cong 0,310.$$

Por sua vez, utilizando (2.27) e (2.30), temos

$$m_4(z) = \frac{\sum z_i^4 f_i}{n} - 4\bar{z}\frac{\sum z_i^3 f_i}{n} + 6\bar{z}^2\frac{\sum z_i^2 f_i}{n} - 3\bar{z}^4 =$$

$$= \frac{523}{50} - 4(-0,5)\frac{(-103)}{50} + 6(-0,5)^2\frac{103}{50} - 3(-0,5)^4 = 7,555,$$

$$\therefore \ a_4 = \frac{7,555}{(1,81)^2} \cong 2,21,$$

lembrando que os coeficientes a_3 e a_4 são exatamente os mesmos para os dados originais ou codificados, pois a codificação afeta-lhes igualmente o numerador e o denominador.

Apêndice 3

Um exemplo de indução bayesiana

Vamos nos reportar ao exemplo apresentado em 4.2.2, como ilustração do critério de máxima verossimilhança. Temos, pois, uma caixa contendo dez bolas, S das quais são pretas e $10 - S$ brancas. Queremos, agora, estimar S usando o critério de Bayes, sabendo que, de quatro bolas retiradas com reposição, uma foi preta e três foram brancas. Para tanto, devemos conhecer a função de perda associada ao erro da estimativa, bem como uma distribuição de probabilidade *a priori*[7] para os possíveis valores do parâmetro S, isto é, do número de bolas pretas na caixa. Como não temos qualquer informação a respeito de S, vamos admitir como sendo equiprovável a distribuição de probabilidade *a priori* de S, ou seja,

$$P(S = i) = \frac{1}{11} \quad (i = 0, 1, 2, \ldots, 10).$$

Por outro lado, vamos admitir que a função de perda seja

$$v(\hat{S}) = k(\hat{S} - S)^2, \tag{A3.1}$$

onde $\hat{S}$ é a estimativa adotada para o parâmetro S e k é uma constante. Vimos, no Cap. 4, que a probabilidade de saírem três bolas brancas e uma bola preta é dada, em função de S, por

$$\mathcal{L}(S) = P(\varepsilon \mid S) = \frac{1}{2.500} \cdot S(10 - S)^3, \tag{A3.2}$$

onde ε está representando a particular evidência experimental admitida no nosso caso.

Usaremos, a seguir, a notação S_i para designar a condição $S = i$ $(i = 0, 1, 2, \ldots, 10)$. Aplicando a fórmula de Bayes, dada em (A1.12), temos

$$P(S_i \mid \varepsilon) = \frac{P(S_i) \cdot P(\varepsilon \mid S_i)}{P(\varepsilon)}, \tag{A3.3}$$

[7] O termo "*a priori*" é comumente usado em indução bayesiana para indicar "antes de ser conhecido o resultado experimental".

onde $P(\varepsilon)$ pode ser calculada, conforme (A1.11), por

$$P(\varepsilon) = \Sigma_j\, P(S_j) \cdot P(\varepsilon \mid S_j). \tag{A3.4}$$

Logo, temos

$$P(S_i \mid \varepsilon) = \frac{P(S_i) \cdot P(\varepsilon \mid S_i)}{\Sigma_j\, P(S_j) \cdot P(\varepsilon \mid S_j)} = \frac{P(\varepsilon \mid S_i)}{\Sigma_j\, P(\varepsilon \mid S_j)}, \tag{A3.5}$$

pois todas as probabilidades $P(S_i)$ são admitidas iguais.

Vemos que, conforme sempre ocorre se a distribuição *a priori* é suposta equiprovável, as probabilidades $P(S_i|\varepsilon)$ são proporcionais as $P(\varepsilon \mid S_i)$, com constante de proporcionalidade igual a $1/\Sigma_j P(\varepsilon \mid S_j)$. Ora, as probabilidades $P(\varepsilon \mid S_i)$ são dadas na Tab. 4.1, e sua soma fornece

$$\Sigma_j\; P(\varepsilon \mid S_j) = \frac{4.917}{2.500},$$
$$\therefore P(S_i \mid \varepsilon) = \frac{2.500}{4.917} \cdot P(\varepsilon \mid S_i). \tag{A3.6}$$

Tendo em vista (A3.2), temos, pois,

$$P(S_i \mid \varepsilon) = \frac{1}{4.917} \cdot S_i(10 - S_i)^3, \tag{A3.7}$$

sendo que os valores $S_i(10 - S_i)^3$ são os numeradores dos valores dados na Tab. 4.1.

Devemos agora calcular, para cada estimativa $\hat{S}$, qual a perda esperada *a posteriori* da verificação experimental ε. A expressão (A1.28), aplicada à nossa função de perda, fornece

$$E[v(\hat{S}) \mid \varepsilon] = \Sigma_i\; k(\hat{S} - S_i)^2 \cdot P(S_i \mid \varepsilon) = \frac{k}{4.917} \Sigma_i (\hat{S} - S_i)^2 S_i (10 - S_i)^3. \tag{A3.8}$$

Logo, podemos nos basear no mínimo valor da quantidade $(4.917/k)E[v(\hat{S})|\varepsilon]$ para a obtenção da estimativa bayesiana. A Tab. A3.1 ilustra o cálculo de tal quantidade para $\hat{S} = 1, 2, 3, 4, 5$, ficando claro que a estimativa bayesiana é $\hat{S} = 3$, sendo essa a estimativa que minimiza a perda esperada, cujo valor mínimo é proporcional a 15.708.

Tabela A3.1 Cálculo das perdas esperadas a menos da constante k/4.917

S_i	$S_i(10-S_i)^3$	$(\hat{S}-S_i)^2$					$(\hat{S}-S_i)^2\, S_i(10-S_i)^3$				
		$\hat{S}=1$	$\hat{S}=2$	$\hat{S}=3$	$\hat{S}=4$	$\hat{S}=5$	$\hat{S}=1$	$\hat{S}=2$	$\hat{S}=3$	$\hat{S}=4$	$\hat{S}=5$
0	0	1	4	9	16	25	0	0	a	0	0
1	729	0	1	4	9	16	0	729	2.916	6.561	11.664
2	1.024	1	0	1	4	9	1.024	0	1.024	4.096	9.216
3	1.029	4	1	0	1	4	4.116	1.029	0	1.029	4.116
4	864	9	4	1	0	1	7.776	3.456	864	0	864
5	625	16	9	4	1	0	10.000	5.625	2.500	625	0
6	384	25	16	9	4	1	9.600	6.144	3.456	1.536	384
7	189	36	25	16	9	4	6.804	4.725	3.024	1.701	756
8	64	49	36	25	16	9	3.136	2.304	1.600	1.024	576
9	9	64	49	36	25	16	576	441	324	225	144
10	0	81	69	49	36	25	0	0	0	0	0
							43.032	24.453	15.708	16.797	27.720

Apêndice 4

Funções densidade de probabilidade das distribuições χ^2, t e F

A4.1 — DISTRIBUIÇÕES χ^2

$$f(\chi_\nu^2)=\begin{cases}\dfrac{(\chi_\nu^2)^{\nu/2-1}\cdot e^{-\chi_\nu^2/2}}{2^{\nu/2}\cdot\Gamma(\nu/2)}, & \chi_\nu^2\geq 0,\\ 0, & \chi_\nu^2<0,\end{cases}$$

onde $\Gamma(x)$ é a *função gama*, dada por

$$\Gamma(x)=\int_0^\infty t^{x-1}e^{-t}dt,$$

e que consiste numa generalização da noção de fatorial, pois, se x é inteiro, $\Gamma(x) = (x - 1)!$

A4.2 — DISTRIBUIÇÕES t

$$f(t_\nu)=\frac{\Gamma[(\nu+1)/2]}{\sqrt{n\nu}\,\Gamma(\nu/2)\,(1+t_\nu^2/\nu)^{(\nu+1)/2}}\qquad -\infty<t_\nu<+\infty.$$

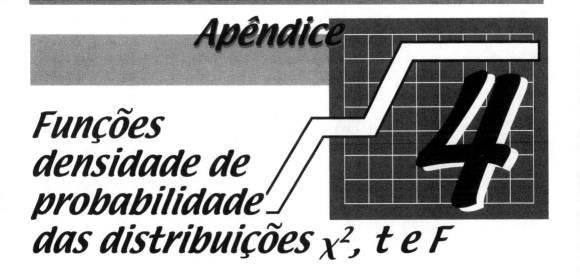

A4.3 — DISTRIBUIÇÕES *F*

$$f(F_{\nu_1,\nu_2}) = \begin{cases} \dfrac{\Gamma[(\nu_1+\nu_2)/2]}{\Gamma(\nu_1/2)\Gamma(\nu_2/2)} \cdot \dfrac{\nu_1^{\nu_1/2}\nu_2^{\nu_2/2}F_{\nu_1,\nu_2}^{\nu_1/2-1}}{(\nu_2+\nu_1F_{\nu_1,\nu_2})^{(\nu_1+\nu_2)/2}}, & F_{\nu_1,\nu_2} \geq 0, \\ 0, & F_{\nu_1,\nu_2} < 0. \end{cases}$$

Apêndice 5

Demonstrações referentes ao Cap. 8

A5.1 RELAÇÕES (8.33)

a) $$\mu(b) = \mu\left(\frac{S_{xy}}{S_{xx}}\right) = \frac{1}{S_{xx}}\,\mu(S_{xy}),$$

pois a variável X é suposta não-aleatória. Mas

$$\begin{aligned}\mu(S_{xy}) &= \mu[\Sigma(x_i - \bar{x})y_i] = \Sigma(x_i - \bar{x})\mu(y_i)\\ &= \Sigma(x_i - \bar{x})(\beta + \beta x_i)\end{aligned}$$

Usamos aqui o fato de que os valores médios de Y são dados em função de X pela linha teórica de regressão. Como $\Sigma(x_i - \bar{x}) = 0$, podemos escrever

$$\begin{aligned}\mu(S_{xy}) &= \alpha\,\Sigma(x_i - \bar{x}) + \beta\,\Sigma\,x_i(x_i - \bar{x})\\ &= \beta\,\Sigma\,x_i(x_i - \bar{x}) - \beta\bar{x}\,\Sigma(x_i - \bar{x})\\ &= \beta\,\Sigma(x_i - \bar{x})(x_i - \bar{x}) = \beta S_{xx}\\ \therefore \mu(b) &= \frac{1}{S_{xx}}\cdot\beta S_{xx} = \beta.\end{aligned}$$

b) $$\sigma^2(b) = \sigma^2\left(\frac{S_{xy}}{S_{xx}}\right) = \frac{1}{S_{xx}^2}\sigma^2(S_{xy}),$$

mas

$$\begin{aligned}\sigma^2(S_{xy}) &= \sigma^2[\Sigma(x_i - \bar{x})y_i] = \Sigma\,\sigma^2[(x_i - \bar{x})y_i]\\ &= \Sigma(x_i - \bar{x})^2\cdot\sigma^2(y_i).\end{aligned}$$

Nessa passagem foi usado o fato de que os y_i são independentes. Como supusemos a variação residual constante, temos:

c) $$\sigma^2(S_{xy}) = \Sigma(x_i - \bar{x})^2 \cdot \sigma_R^2 = \sigma_R^2 S_{xx},$$

$$\therefore \quad \sigma^2(b) = \frac{1}{S_{xx}^2} \cdot \sigma_R^2 S_{xx} = \frac{\sigma_R^2}{S_{xx}}.$$

A5.2 RELAÇÕES (8.37)

a) $$\begin{aligned} \mu(a) &= \mu(\bar{y} - b\bar{x}) = \mu(\Sigma y_i / n) - \bar{x}\mu(b) \\ &= \frac{1}{n}\Sigma \mu(y_i) - \beta\bar{x} = \frac{1}{n}\Sigma(\alpha + \beta x_i) - \beta\bar{x} \\ &= \frac{1}{n}(n\alpha + \beta \Sigma x_i) - \beta\bar{x} \\ &= \alpha + \beta\bar{x} - \beta\bar{x} = \alpha. \end{aligned}$$

b) $$\sigma^2(a) = \sigma^2(\bar{y} - b\bar{x}) = \sigma^2(\bar{y}) - \bar{x}^2\sigma^2(b),$$

$$\sigma^2(\bar{y}) = \sigma^2\left(\frac{\Sigma y_i}{n}\right) = \frac{1}{n^2}\Sigma\sigma^2(y_i) = \frac{1}{n^2}\Sigma_{i=1}^{n}\sigma_R^2$$

$$= \frac{1}{n^2} \cdot n\sigma_R^2 = \frac{\sigma_R^2}{n}.$$

$$\sigma^2(b) = \frac{\sigma_R^2}{S_{xx}},$$

$$\therefore \quad \sigma^2(a) = \sigma_R^2\left(\frac{1}{n} + \frac{\bar{x}^2}{S_{xx}}\right) = \sigma_R^2\left[\frac{1}{n} + \frac{(\Sigma x_i)^2}{n^2 S_{xx}}\right]$$

$$= \sigma_R^2 \cdot \frac{nS_{xx} + (\Sigma x_i)^2}{n^2 S_{xx}}.$$

Lembrando (8.5), temos

$$\sigma^2(a) = \sigma_R^2 \cdot \frac{n\Sigma x_i^2 - (\Sigma x_i)^2 + (\Sigma x_i)^2}{n^2 S_{xx}} = \frac{\sigma_R^2 \, \Sigma x_i^2}{nS_{xx}}.$$

A5.3 RELAÇÕES (8.38)

$$\hat{y}' = a + bx' = \bar{y} - b\bar{x} + bx' = \bar{y} + b(x' - \bar{x}),$$

$$\therefore \quad \mu(\hat{y}') = \mu(a) + x'\mu(b) = \alpha + \beta x',$$

$$\sigma^2(\hat{y}') = \sigma^2(\bar{y}) + (x' - \bar{x})^2\sigma^2(b)$$

$$= \frac{\sigma_R^2}{n} + (x' - x)^2 \frac{\sigma_R^2}{S_{xx}} = \sigma_R^2\left[\frac{1}{n} + \frac{(x' - \bar{x})^2}{S_{xx}}\right].$$

Apêndice 6

Tabelas

Tabela A6.1 Distribuição normal — valores de $P(0 \le Z \le z_0)$

z_0	0	1	2	3	4	5	6	7	8	9
0,0	0,0000	0,0040	0,0080	0,0120	0,0160	0,0199	0,0239	0,0279	0,0319	0,0359
0,1	0,0398	0,0438	0,0478	0,0517	0,0557	0,0596	0,0636	0,0675	0,0714	0,0753
0,2	0,0793	0,0832	0,0871	0,0910	0,0948	0,0987	0,1026	0,1064	0,1103	0,1141
0,3	0,1179	0,1217	0,1255	0,1293	0,1331	0,1368	0,1406	0,1443	0,1480	0,1517
0,4	0,1554	0,1591	0,1628	0,1664	0,1700	0,1736	0,1772	0,1808	0,1844	0,1879
0,5	0,1915	0,1950	0,1985	0,2019	0,2054	0.2088	0,2123	0,2157	0,2190	0,2224
0,6	0,2257	0,2291	0,2324	0,2357	0,2389	0,2422	0,2454	0,2486	0,2517	0,2549
0,7	0,2580	0,2611	0,2642	0,2673	0,2703	0,2734	0,2764	0,2794	0,2823	0,2852
0,8	0,2881	0,2910	0,2939	0,2967	0,2995	0,3023	0,3051	0,3078	0,3106	0,3133
0,9	0,3159	0,3186	0,3212	0,3238	0,3264	0,3289	0,3315	0,3340	0,3365	0,3389
1,0	0,3413	0,3438	0,3461	0,3485	0,3508	0,3531	0,3554	0,3577	0,3599	0,3621
1,1	0.3643	0,3665	0,3686	0,3708	0,3729	0,3749	0,3770	0,3790	0,3810	0,3830
1,2	0,3849	0,3869	0,3888	0,3907	0,3925	0,3944	0,3962	0,3980	0,3997	0,4015
1,3	0,4032	0,4049	0,4066	0,4082	0,4099	0,4115	0,4131	0,4147	0,4162	0,4177
1,4	0,4192	0,4207	0,4222	0,4236	0,4251	0,4265	0,4279	0,4292	0,4306	0,4319
1,5	0,4332	0,4345	0,4357	0,4370	0,4382	0,4394	0,4406	0,4418	0,4429	0,4441
1,6	0,4452	0,4463	0,4474	0,4484	0,4495	0,4505	0,4515	0,4525	0,4535	0,4545
1,7	0,4554	0,4564	0,4573	0,4582	0,4591	0,4599	0,4608	0,4616	0,4625	0,4633
1,8	0,4641	0,4649	0,4656	0,4664	0,4671	0,4678	0,4686	0,4693	0,4699	0,4706
1,9	0,4713	0,4719	0,4726	0,4732	0,4738	0,4744	0,4750	0,4756	0,4761	0,4767
2,0	0,4772	0,4778	0,4783	0,4778	0,4793	0,4798	0,4803	0,4808	0,4812	0,4817
2,1	0,4821	0,4826	0,4830	0,4834	0,4838	0,4842	0,4846	0,4850	0,4854	0,4857
2,2	0,4861	0,4864	0,4868	0,4871	0,4875	0,4878	0,4881	0,4884	0,4887	0,4890
2,3	0.4833	0,4896	0,4898	0,4901	0,4904	0,4906	0,4909	0,4911	0,4913	0,4916
2,4	0,4918	0,4920	0,4922	0,4925	0,4927	0,4929	0,4931	0,4932	0,4934	0,4936
2,5	0,4938	0,4940	0,4941	0,4943	0,4945	0,4946	0,4948	0,4949	0,4951	0,4952
2,6	0,4953	0,4955	0,4956	0,4957	0,4959	0,4960	0,4961	0,4962	0,4963	0,4964
2,7	0,4965	0,4966	0,4967	0,4968	0,4969	0,4970	0,4971	0,4972	0,4973	0,4974
2,8	0,4974	0,4975	0,4976	0,4977	0,4977	0,4978	0,4979	0,4979	0,4980	0,4981
2,9	0,4981	0.4982	0,4982	0,4983	0,4984	0,4984	0,4985	0,4985	0,4986	0,4986
3,0	0,4987	0,4987	0,4987	0,4988	0,4988	0,4989	0,4989	0,4989	0,4990	0,4990
3,1	0,4990	0,4991	0,4991	0,4991	0,4992	0,4992	0,4992	0,4992	0,4993	0,4993
3,2	0,4993	0,4993	0,4994	0,4994	0,4994	0,4994	0,4994	0,4995	0,4995	0,4995
3,3	0,4995	0,4995	0,4995	0,4996	0,4996	0,4996	0,4996	0,4996	0,4996	0,4997
3,4	0,4997	0,4997	0,4997	0,4997	0,4997	0,4997	0,4997	0,4997	0,4997	0,4998
3,5	0,4998	0,4998	0,4998	0,4998	0,4998	0,4998	0,4998	0,4998	0,4998	0,4998
3,6	0,4998	0,4998	0,4999	0,4999	0,4999	0,4999	0,4999	0,4999	0,4999	0,4999
3,7	0,4999	0,4999	0,4999	0,4999	0,4999	0,4999	0,4999	0,4999	0,4999	0,4999
3,8	0,4999	0,4999	0,4999	0,4999	0,4999	0,4999	0,4999	0,4999	0,4999	0,4999
3,9	0,5000	0,5000	0,5000	0,5000	0,5000	0,5000	0,5000	0,5000	0,5000	0,5000

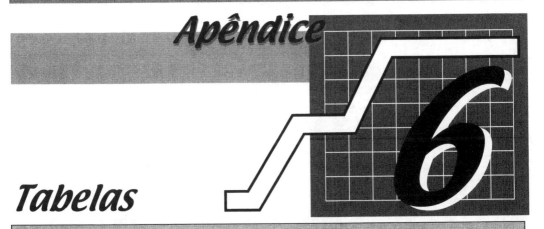

Tabela A6.2 Distribuições χ^2 — valores de $\chi^2_{\nu,P}$, onde $P = P(\chi^2_\nu \geq \chi^2_{\nu,P})$

ν \ P	0,995	0,99	0,975	0,95	0,90	0,75	0,50	0,25	0,10	0,05	0,025	0,01	0,005	0,001	ν
1	$0,0^4393$	$0,0^3157$	$0,0^3982$	0,00393	0,0158	0,102	0,455	1,323	2,706	3,841	5,024	6,635	7,879	10,828	1
2	0,0100	0,0201	0,0506	0,103	0,211	0,575	1,386	2,773	4,605	5,991	7,378	9,210	10,597	13,816	2
3	0,0717	0,115	0,216	0,352	0,584	1,213	2,366	4,108	6,251	7,815	9,348	11,345	12,838	16,266	3
4	0,207	0,297	0,484	0,711	1,064	1,923	3,357	5,385	7,779	9,488	11,143	13,277	14,860	18,467	4
5	0,412	0,554	0,831	1,145	1,610	2,675	4,351	6,626	9,236	11,070	12,832	15,086	16,750	20,515	5
6	0,676	0,872	1,237	1,635	2,204	3,455	5,348	7,841	10,645	12,592	14,449	16,812	18,548	22,458	6
7	0,989	1,239	1,690	2,167	2,833	4,255	6,346	9,037	12,017	14,067	16,013	18,475	20,278	24,322	7
8	1,344	1,646	2,180	2,733	3,490	5,071	7,344	10,219	13,362	15,507	17,535	20,090	21,955	26,125	8
9	1,735	2,088	2,700	3,325	4,168	5,899	8,343	11,389	14,684	16,919	19,023	21,666	23,589	27,877	9
10	2,156	2,558	3,247	3,940	4,865	6,737	9,342	12,549	15,987	18,307	20,483	23,209	25,188	29,588	10
11	2,603	3,053	3,816	4,575	5,578	7,584	10,341	13,701	17,275	19,675	21,920	24,725	26,757	31,264	11
12	3,074	3,571	4,404	5,226	6,304	8,438	11,340	14,845	18,549	21,026	23,337	26,217	28,300	32,909	12
13	3,565	4,107	5,009	5,892	7,042	9,299	12,340	15,984	19,812	22,362	24,736	27,688	29,819	34,528	13
14	4,075	4,660	5,629	6,571	7,790	10,165	13,339	17,117	21,064	23,685	26,119	29,141	31,319	36,123	14
15	4,601	5,229	6,262	7,261	8,547	11,036	14,339	18,245	22,307	24,996	27,488	30,578	32,801	37,697	15
16	5,142	5,812	6,908	7,962	9,312	11,912	15,338	19,369	23,542	26,296	28,845	32,000	34,267	39,252	16
17	5,697	6,408	7,564	8,672	10,085	12,792	16,338	20,489	24,769	27,587	30,191	33,409	35,718	40,790	17
18	6,265	7,015	8,231	9,390	10,865	13,675	17,338	21,605	25,989	28,869	31,526	34,805	37,156	43,312	18
19	6,844	7,633	8,907	10,117	11,651	14,562	18,338	22,718	27,204	30,144	32,852	36,191	38,582	43,820	19
20	7,434	8,260	9,591	10,851	12,443	15,452	19,337	23,828	28,412	31,410	34,170	37,566	39,997	45,315	20
21	8,034	8,897	10,283	11,591	13,240	16,344	20,337	24,935	29,615	32,671	35,479	38,932	41,401	46,797	21
22	8,643	9,542	10,982	12,338	14,041	17,240	21,337	26,039	30,813	33,924	36,781	40,289	42,796	48,268	22
23	9,260	10,196	11,688	13,091	14,848	18,137	22,337	27,141	32,007	35,172	38,076	41,638	44,181	49,728	23
24	9,886	10,856	12,401	13,848	15,659	19,037	22,337	28,241	33,196	36,415	39,364	42 980	45,558	51,179	24
25	10,520	11,524	13,120	14,611	16,473	19,939	24,337	29,339	34,382	37,652	40,646	44,314	46,928	52,620	25
26	11,160	12,198	13,844	15,379	17,292	20,843	25,336	30,434	35,563	38,885	41,923	45,642	48,290	54,052	26
27	11,808	12,879	14,573	16,151	18,114	21,749	26,336	31,528	36,741	40,113	43,194	46,963	49,645	55,476	27
28	12,461	13,565	15,308	16,928	18,939	22,657	27,336	32,620	37,916	41,337	44,461	48,278	50,993	56,892	28
29	13,121	14,256	16,047	17,708	19,768	23,567	28,336	33,711	39,087	42,557	45,722	49,588	52,336	58,302	29
30	13,787	14,953	16,791	18,493	20,599	24,478	29,336	34,800	40,256	43,773	46,979	50,892	53,672	59,703	30
40	20,707	22,164	24,433	26,509	29,051	33,660	39,335	45,616	51,805	55,758	59,342	63,691	66,766	73,402	40
50	27,991	29,707	32,357	34,764	37,689	42,942	49,335	56,334	63,167	67,505	71,420	76,154	79,490	86,661	50
60	35,535	37,485	40,482	43,188	46,459	52,294	59,335	66,981	74,397	79,082	83,298	88,379	91,952	99,607	60

Tabela A6.3 Distribuições t de Student — valores de $t_{\nu,P}$, onde $P = P(t_\nu \geq t_{\nu,P})$

ν	P				
	0,10	0,05	0,025	0,01	0,005
1	3,078	6,314	12,706	31,821	63,657
2	1,886	2,920	4,303	6,965	9,925
3	1,638	2,353	3,182	4,541	5,841
4	1,533	2,132	2,776	3,747	4,604
5	1,476	2,015	2,571	3,365	4.032
6	1,440	1,943	2,447	3,143	3,707
7	1,415	1,895	2,365	2,998	3,499
8	1,397	1,860	2,306	2,896	3,355
9	1,383	1,833	2,262	2,821	3,250
10	1,372	1,812	2,228	2,764	3,169
11	1,363	1,796	2,201	2,718	3,106
12	1,356	1,782	2,179	2,681	3,055
13	1,350	1,771	2,160	2,650	3,012
14	1,345	1,761	2,145	2,624	2,977
15	1,341	1,753	2,131	2,602	2,947
16	1,337	1,746	2,120	2,583	2,921
17	1,333	1,740	2,110	2,567	2,898
18	1,330	1,734	2,101	2,552	2,878
19	1,328	1,729	2,093	2,539	2,861
20	1,325	1,725	2,086	2,528	2,845
21	1,323	1,721	2,080	2,518	2,831
22	1,321	1,717	2,074	2,508	2,819
23	1,319	1,714	2,069	2,500	2,807
24	1,318	1,711	2,064	2,492	2,797
25	1,316	1,708	2,060	2,485	2,787
26	1,315	1,706	2,056	2,479	2,779
27	1,314	1,703	2,052	2,473	2,771
28	1,313	1,701	2,048	2,467	2,763
29	1,311	1,699	2,045	2,462	2,756
30	1,310	1,697	2,042	2,457	2,750
50	1,299	1,676	2,009	2,403	2,678
80	1,292	1,664	1,990	2,374	2,639
120	1,289	1,657	1,980	2,351	2,618
∞	1,282	1,645	1,960	2,326	2,576

Tabela A.4 Distribuições F de Snedecor — valores de $F_{\nu_1, \nu_2, P}$, onde $P = P(F_{\nu_1, \nu_2} \geq F_{\nu_1, \nu_2, P})$; $P = 0{,}10$

ν_2 \ ν_1	1	2	3	4	5	6	7	8	9	10	12	15	20	24	30	40	60	120	∞
1	39,86	49,50	53,59	55,83	57,24	58,20	58,91	59,44	59,86	60,19	60,71	61,22	61,74	62,00	62,26	62,53	62,79	63,06	63.33
2	8,53	9,00	9,16	9,24	9,29	9,33	9,35	9,37	9,38	9,39	9,41	9,42	9,44	9,45	9,46	9,47	9,47	9,48	9,49
3	5,54	5,46	5,39	5,34	5,31	5,28	5,27	5,25	5,24	5,23	5,22	5,20	5,18	5,18	5,17	5,16	5,15	5,14	5,13
4	4,54	4,32	4,19	4,11	4,05	4,01	3,98	3,95	3,94	3,92	3,90	3,87	3,84	3,83	3,82	3,80	3,79	3,78	3,76
5	4,06	3,78	3,62	3,52	3,45	3,40	3,37	3,34	3,32	3,30	3,27	3,24	3,21	3,19	3,17	3,16	3,14	3,12	3,10
6	3,78	3,46	3,29	3,18	3,11	3,05	3,01	2,98	2,96	2,94	2,90	2,87	2,84	2,82	2,80	2,78	2,76	2,74	2,72
7	3,59	3,26	3,07	2,96	2,88	2,83	2,78	2,75	2,72	2,70	2,67	2,63	2,59	2,58	2,56	2,54	2,51	2,49	2,47
8	3,46	3,11	2,92	2,81	2,73	2,67	2,62	2,59	2,s6	2,54	2,50	2,46	2,42	2,40	2,38	2,36	2,34	2,32	2,29
9	3,36	3,01	2,81	2,69	2,61	2,55	2,51	2,47	2,44	2,42	2,38	2,34	2,30	2,28	2,25	2,23	2,21	2,18	2,16
10	3,29	2,92	2,73	2,61	2,52	2,46	2,41	2,38	2,35	2,32	2,28	2,24	2,20	2,18	2,16	2,13	2,11	2,08	2,06
11	3,23	2,86	2,66	2,54	2,45	2,39	2,34	2,30	2,27	2,25	2,21	2,17	2,12	2,10	2,08	2,0s	2,03	2,00	1,97
12	3,18	2,81	2,61	2,48	2,39	2,33	2,28	2,24	2,21	2,19	2,15	2,10	2,06	2,04	2,01	1,99	1,96	1,93	1,90
13	3,14	2,76	2,56	2,43	2,35	2,28	2,23	2,20	2,16	2,14	2,10	2,05	2,01	1,98	1,96	1,93	1,90	1,88	1,85
14	3,10	2,73	2,52	2,39	2,31	2,24	2,19	2,15	2,12	2,10	2,0s	2,01	1,96	1,94	1,91	1,89	1,86	1,83	1,80
15	3,07	2,70	2,49	2,36	2,27	2,21	2,16	2,12	2,09	2,06	2,02	1,97	1,92	1,90	1,87	1,85	1,82	1,79	1,76
16	3,05	2,67	2,46	2,33	2,24	2,18	2,13	2,09	2,06	2,03	1,99	1,94	1,89	1,87	1,84	1,81	1,78	1,75	1,72
17	3,03	2,64	2,44	2,31	2,22	2,15	2,10	2,06	2,03	2,00	1,96	1,91	1,86	1,84	1,81	1,78	1,75	1,72	1,69
18	3,01	2,62	2,42	2,29	2,20	2,13	2,08	2,04	2,00	1,98	1,93	1,89	1,84	1.81	1,78	1,75	1,72	1,69	1,66
19	2,99	2,61	2,40	2,27	2,18	2,11	2,06	2,02	1,98	1,96	1,91	1,86	1,81	1,79	1,76	1,73	1,70	1,67	1,63
20	2,97	2,59	2,38	2,25	2,16	2,09	2,04	2,00	1,96	1,94	1,89	1,84	1,79	1,77	1,74	1,71	1,68	1,64	1,61
21	2,96	2,57	2,36	2,23	2,14	2,08	2,02	1,98	1,95	1,92	1,87	1,83	1,78	1,75	1,72	1,69	1,66	1,62	1,59
22	2,95	2,56	2,35	2,22	2,13	2,06	2,01	1,97	1,93	1,90	1,86	1,81	1,76	1,73	1,70	1,67	1,64	1,60	1,57
23	2,94	2,55	2,34	2,21	2,11	2,05	1,99	1,95	1,92	1,89	1,84	1,80	1,74	1,72	1,69	1,66	1,62	1,59	1,55
24	2,93	2,54	2,33	2,19	2,10	2,04	1,98	1,94	1,91	1,88	1,83	1,78	1,73	1,70	1,67	1,64	1,61	1,57	1,53
25	2,92	2,53	2,32	2,18	2,09	2,02	1,97	1,93	1,89	1,87	1,82	1,77	1,72	1,69	1,66	1,63	1,59	1,56	1,52
26	2,91	2,52	2,31	2,17	2,08	2,01	1,96	1,92	1,88	1,86	1,81	1,76	1,71	1,68	1,65	1,61	1,58	1,54	1,50
27	2,90	2,51	2,30	2,17	2,07	2,00	1,95	1,91	1,87	1,85	1,80	1,75	1,70	1,67	1,64	1,60	1,57	1,53	1,49
28	2,89	2,50	2,29	2,16	2,06	2,00	1,94	1,90	1,87	1,84	1,79	1,74	1,69	1,66	1,63	1,59	1,56	1,52	1,48
29	2,89	2,50	2,28	2,15	2,06	1,99	1,93	1,89	1,86	1,83	1,78	1,73	1,68	1,65	1,62	1,58	1,55	1,51	1,47
30	2,88	2,49	2,28	2,14	2,0s	1,98	1,93	1,88	1,85	1,82	1,77	1,72	1,67	1,64	1,61	1,57	1,54	1,50	1,46
40	2,84	2,44	2,23	2,09	2,00	1,93	1,81	1,83	1,79	1,76	1,71	1,66	1,61	1,57	1,54	1,51	1,47	1,42	1,38
60	2,79	2,39	2,18	2,04	1,95	1,87	1,82	1,77	1,74	1,71	1,66	1,60	1,54	1,51	1,48	1,44	1,40	1,35	1,29
120	2,75	2,35	2,13	1,99	1,90	1,82	1,77	1,72	1,68	1,65	1,60	1,55	1,48	1,45	1,41	1,37	1,32	1,26	1,19
∞	2,71	2,30	2,08	1,94	1,85	1,77	1,72	1,67	1,63	1,60	1,55	1,49	1,42	1,38	1,34	1,30	1,24	1,17	1,00

Tabela A.4 *(continuação)* $P = 0{,}05$

ν_2 \ ν_1	1	2	3	4	5	6	7	8	9	10	12	15	20	24	30	40	60	120	∞
1	161,4	199,5	215,7	224,6	230,2	234,0	236,8	238,9	240,5	241,9	243,9	245,9	248,0	249,1	250,1	251,1	252,2	253,3	254,3
2	18,51	19,00	19,16	19,25	19,30	19,33	19,35	19,37	19,38	19,40	19,41	19,43	19,45	19,45	19,46	19,47	19,48	19,49	19,50
3	10,13	9,55	9,28	9,12	9,01	8,94	8,89	8,85	8,81	8,79	8,74	8,70	8,66	8,64	8,62	8,59	8,57	8,55	8,53
4	7,71	6,94	6,59	6,39	6,26	6,16	6,09	6,04	6,00	5,96	5,91	5,86	5,80	5,77	5,75	5,72	5,69	5,66	5,63
5	6,61	5,79	5,41	5,19	5,05	4,95	4,88	4,82	4,77	4,74	4,68	4,62	4,56	4,53	4,50	4,46	4,43	4,40	4,36
6	5,99	5,14	4,76	4,53	4,39	4,28	4,21	4,15	4,10	4,06	4,00	3,94	3,87	3,84	3,81	3,77	3,74	3,70	3,67
7	5,59	4,74	4,35	4,12	3,97	3,87	3,79	3,73	3,68	3,64	3,57	3,51	3,44	3,41	3,38	3,34	3,30	3,27	3,23
8	5,32	4,46	4,07	3,84	3,69	3,58	3,50	3,44	3,39	3,35	3,28	3,22	3,15	3,12	3,08	3,04	3,01	2,97	2,93
9	5,12	4,26	3,86	3,63	3,48	3,37	3,29	3,23	3,18	3,14	3,07	3,01	2,94	2,90	2,86	2,83	2,79	2,75	2,71
10	4,96	4,10	3,71	3,48	3,33	3,22	3,14	3,07	3,02	2,98	2,91	2,85	2,77	2,74	2,70	2,66	2,62	2,58	2,54
11	4,84	3,98	3,59	3,36	3,20	3,09	3,01	2,95	2,90	2,85	2,79	2,72	2,65	2,61	2,57	2,53	2,49	2,45	2,40
12	4,75	3,89	3,49	3,26	3,11	3,00	2,91	2,85	2,80	2,75	2,69	2,62	2,54	2,51	2,47	2,43	2,38	2,34	2,30
13	4,67	3,81	3,41	3,18	3,03	2,92	2,83	2,77	2,71	2,67	2,60	2,53	2,46	2,42	2,38	2,34	2,30	2,25	2,21
14	4,60	3,74	3,34	3,11	2,96	2,85	2,76	2,70	2,65	2,60	2,53	2,46	2,39	2,35	2,31	2,27	2,22	2,18	2,13
15	4,54	3,68	3,29	3,06	2,90	2,79	2,71	2,64	2,59	2,54	2,48	2,40	2,33	2,29	2,25	2,20	2,16	2,11	2,07
16	4,49	3,63	3,24	3,01	2,85	2,74	2,66	2,59	2,54	2,49	2,42	2,35	2,28	2,24	2,19	2,15	2,11	2,06	2,01
17	4,45	3,59	3,20	2,96	2,81	2,70	2,61	2,55	2,49	2,45	2,38	2,31	2,23	2,19	2,15	2,10	2,06	2,01	1,96
18	4,41	3,55	3,16	2,93	2,77	2,66	2,58	2,51	2,46	2,41	2,34	2,27	2,19	2,15	2,11	2,06	2,02	1,97	1,92
19	4,38	3,52	3,13	2,90	2,74	2,63	2,54	2,48	2,42	2,38	2,31	2,23	2,16	2,11	2,07	2,03	1,98	1,93	1,88
20	4,35	3,49	3,10	2,87	2,71	2,60	2,51	2,45	2,39	2,35	2,28	2,20	2,12	2,08	2,04	1,99	1,95	1,90	1,84
21	4,32	3,47	3,07	2,84	2,68	2,57	2,49	2,42	2,37	2,32	2,25	2,18	2,10	2,05	2,01	1,96	1,92	1,87	1,81
22	4.30	3,44	3,05	2,82	2,66	2,55	2,46	2,40	2,34	2,30	2,23	2,15	2,07	2,03	1,98	1,94	1,89	1,84	1,78
23	4,28	3,42	3,03	2,80	2,64	2,53	2,44	2,37	2,32	2,27	2,20	2,13	2,05	2,01	1,96	1,91	1,86	1,81	1,76
24	4,26	3,40	3,01	2,78	2,62	2,51	2,42	2,36	2,30	2,25	2,18	2,11	2,03	1,98	1,94	1,89	1,84	1,79	1,73
25	4,24	3,39	2,99	2,76	2,60	2,49	2,40	2,34	2,28	2,24	2,15	2,09	2,01	1,96	1,92	1,87	1,82	1,77	1,71
26	4,23	3,37	2,98	2,74	2,59	2,47	2,39	2,32	2,27	2,22	2,15	2,07	1,99	1,95	1,90	1,85	1,80	1,75	1,69
27	4,21	3,35	2,96	2,73	2,57	2,46	2,37	2,31	2,25	2,20	2,13	2,06	1,97	1,93	1,88	1,84	1,79	1,73	1,67
28	4,20	3,34	2,95	2,71	2,56	2,45	2,36	2,29	2,24	2,19	2,12	2,04	1,96	1,91	1,87	1,82	1,77	1,71	1,65
29	4,18	3,33	2,93	2,70	2,55	2,43	2,35	2,28	2,22	2,18	2,10	2,03	1,94	1,90	1,85	1,81	1,75	1,70	1,64
30	4,17	3,32	2,92	2,69	2,53	2,42	2,33	2,27	2,21	2,16	2,00	2,04	1.93	1,89	1,84	1,79	1,74	1,68	1,62
40	4,08	3,23	2,84	2,61	2,45	2,34	2,25	2,18	2,12	2,08	2,00	1,92	1,84	1,79	1,74	1,69	1,64	1,58	1,51
60	4,00	3,15	2,76	2,53	2,37	2,25	2,17	1,10	2,04	1,99	1,92	1,81	1,75	1,70	1,65	1,59	1,53	1,47	1,29
120	3,92	3,07	2,68	2,45	2,29	2,17	2,09	2,02	1,96	1,91	1,83	1,75	1,66	1,61	1,55	1,50	1,43	1,35	1,25
∞	3,84	3,00	2,60	2,37	2,21	2,10	2,01	1,94	1,88	1,83	1,75	1,67	1,57	1,52	1,45	1,39	1,32	1,22	1,00

Tabela A.4 *(continuação)* $P = 0{,}025$

ν_2 \ ν_1	1	2	3	4	5	6	7	8	9	10	12	15	20	24	30	40	60	120	∞
1	647,8	799,5	864,2	899,6	921,8	937,1	948,2	956,7	963,3	968,6	976,7	984,9	993,1	997,2	1001,	1006,	1010,	1014,	1018,
2	38,51	39,00	39,17	39,25	39,30	39,33	39,36	39,37	39,39	39,40	39,41	39,43	39,45	39,46	39,46	39,47	39,48	39,49	39,50
3	17,44	16,04	15,44	15,10	14,88	14,73	14,62	14,54	14,47	14,42	14,34	14,25	14,17	14,12	14,08	14,04	13,99	13,95	13,90
4	12,22	10,65	9,98	9,60	9,36	9,20	9,07	8,98	8,90	8,84	8,75	8,66	8,56	8,51	8,46	8,41	8,36	8,31	8,26
5	10,01	8,43	7,76	7,39	7,15	6,98	6,85	6,76	6,68	6,62	6,52	6,43	6,33	6,28	6,23	6,18	6,12	6,07	6,02
6	8,81	7,26	6,60	6,23	5,99	5,82	5,70	5,60	5,52	5,46	5,37	5,27	5,17	5,12	5,07	5,01	4,96	4,90	4,85
7	8,07	6,54	5,89	5,52	5,29	5,12	4,99	4,90	4,82	4,76	4,67	4,57	4,47	4,42	4,36	4,31	4,25	4,20	4,14
8	7,57	6,06	5,42	5,05	4,82	4,65	4,53	4,43	4,36	4,30	4,20	4,10	4,00	3,95	3,89	3,84	3,78	3,73	3,67
9	7,21	5,71	5,08	4,72	4,48	4,32	4,20	4,10	4,03	3,96	3,87	3,77	3,67	3,61	3,56	3,51	3,45	3,39	3,33
10	6,94	5,46	4,83	4,47	4,24	4,07	3,95	3,85	3,78	3,72	3,62	3,52	3,42	3,37	3,31	3,26	3,20	3,14	3,08
11	6,72	5,26	4,63	4,28	4,04	3,88	3,76	3,66	3,59	3,53	3,43	3,33	3,23	3,17	3,12	3,06	3,00	2,94	2,88
12	6,55	5,10	4,47	4,12	3,89	3,73	3,61	3,51	3,44	3,37	3,28	3,18	3,07	3,02	2,96	2,91	2,85	2,79	2,72
13	6,41	4,97	4,35	4,00	3,77	3,60	3,48	3,39	3,31	3,25	3,15	3,05	2,95	2,89	2,84	2,78	2,72	2,66	2,60
14	6,30	4,86	4,24	3,89	3,66	3,50	3,38	3,29	3,21	3,15	3,05	2,95	2,84	2,79	2,73	2,67	2,61	2,55	2,49
15	6,20	4,77	4,15	3,80	3,58	3,41	3,29	3,20	3,12	3,06	2,96	2,86	2,76	2,70	2,64	2,59	2,52	2,46	2,40
16	6,12	4,69	4,08	3,73	3,50	3,34	3,22	3,12	3,05	2,99	2,89	2,79	2,68	2,63	2,57	2,51	2,45	2,38	2,32
17	6,04	4,62	4,01	3,66	3,44	3,28	3,16	3,06	2,98	2,92	2,82	2,72	2,62	2,56	2,50	2,44	2,38	2,32	2,25
18	5,98	4,56	3,95	3,61	3,38	3,22	3,10	3,01	2,93	2,87	2,77	2,67	2,56	2,50	2,44	2,38	2,32	2,26	2,19
19	5,92	4,51	3,90	3,56	3,33	3,17	3,05	2,96	2,88	2,82	2,72	2,62	2,51	2,45	2,39	2,33	2,27	2,20	2,13
20	5,87	4,46	3,86	3,51	3,29	3,13	3,01	2,91	2,84	2,77	2,68	2,57	2,46	2,41	2,35	2,29	2,22	2,16	2,09
21	5,83	4,42	3,82	3,48	3,25	3,09	2,97	2,87	2,80	2,73	2,64	2,53	2,42	2,37	2,31	2,25	2,18	2,11	2,04
22	5,79	4,38	3,78	3,44	3,22	3,05	2,93	2,84	2,76	2,70	2,60	2,50	2,39	2,33	2,27	2,21	2,14	2,08	2,00
23	5,75	4,35	3,75	3,41	3,18	3,02	2,90	2,81	2,73	2,67	2,57	2,47	2,36	2,30	2,24	2,18	2,11	2,04	1,97
24	5,72	4,32	3,72	3,38	3,15	2,99	2,87	2,78	2,70	2,64	2,54	2,44	2,33	2,27	2,21	2,15	2,08	2,01	1,94
25	5,69	4,29	3,69	3,35	3,13	2,97	2,85	2,75	2,68	2,61	2,51	2,41	2,30	2,24	2,18	2,12	2,05	1,98	1,91
26	5,66	4,27	3,67	3,33	3,10	2,94	2,82	2,73	2,65	2,59	2,49	2,39	2,28	2,22	2,16	2,09	2,03	1,95	1,88
27	5,63	4,24	3,65	3,31	3,08	2,92	2,80	2,71	2,63	2,57	2,47	2,36	2,25	2.19	2,13	2,07	2,00	1,93	1,85
28	5.61	4,22	3,63	3,29	3,06	2,90	2,78	2,69	2,61	2,55	2,45	2,34	2,23	2,17	2,11	2,05	1,98	1,91	1,83
29	5,59	4,20	3,61	3,27	3,04	2,88	2,76	2,67	2,59	2,53	2,43	2.32	2,21	2,15	2,09	2,03	1,96	1,89	1,81
30	5,57	4,18	3,59	3,25	3,03	2,87	2,75	2,65	2,57	2,51	2,41	2,31	2,20	2,14	2,07	2,01	1,94	1,87	1,79
40	5,42	4,05	3,46	3,13	2,90	2,74	2,62	2,53	2,45	2,39	2,29	2,18	2,07	2,01	1,94	1,88	1,80	1,72	1,64
60	5,29	3,93	3,34	3,01	2,79	2,63	2,51	2,41	2,33	2,27	2,17	2,06	1.94	1,88	1,82	1,74	1,67	1,58	1,48
120	5,15	3,80	3,23	2,89	2,67	2,52	2,39	2,30	2,22	2,16	2,05	1,94	1,82	1,76	1,69	1,61	1,53	1,43	1,31
∞	5,02	3,69	3,12	2,79	2,57	2,41	2,29	2,19	2,11	2,05	1,94	1,83	1,71	1,64	1,57	1,48	1,39	1,27	1,00

Tabela A.4 *(continuação)* $P = 0{,}01$

ν_2 \ ν_1	1	2	3	4	5	6	7	8	9	10	12	15	20	24	30	40	60	120	∞
1	4052	5 000	5403	5625	5764	5859	5928	5928	6022	6056	6106	6157	6209	6235	6261	6287	6313	9339	6366
2	98,50	99,00	99,17	99,25	99,30	99,33	99,36	99,37	99,39	99,40	99,42	99,43	99,45	99,46	99,47	99,47	99,48	99,49	99,50
3	34,12	30,82	29,46	28,71	28,24	27,91	27,67	27,49	27,35	27,23	27,05	26,87	26,69	26,69	26,50	26,41	26,32	26,22	26,13
4	21,20	18,00	16,69	15,98	15,52	15,21	14,98	14,80	14,66	14,55	14,37	14,20	14,02	13,93	13,84	3,75	13,65	13,56	13,46
5	16,26	13,27	12,06	11,39	10,97	10,67	10,46	10,29	10,16	10,05	9,89	9,72	9,55	9,47	9,38	9,29	9,20	9,11	9,02
6	13,75	10,92	9,78	9,15	8,75	8,47	8,26	8,10	7,98	7.87	7,72	7,56	7,40	7,31	7,23	7,23	7,06	6,97	6,88
7	12,25	9,55	8,45	7,85	7,46	7,19	6,99	6,84	6,72	6,62	6,47	6,31	6,16	6,07	5,99	5,91	5,82	5,74	5,65
8	11,26	8,65	7,59	7,01	6,63	6,37	6,18	6,03	5,91	5,81	5,67	5,52	5,36	5,28	5,20	5,12	5,03	4,95	4,86
9	10,56	8,02	6,99	6,42	6,06	5,80	5,61	5,47	5,35	5,26	5,11	4,96	4,81	4,73	4,65	4,57	4,48	4,40	4,31
10	10,03	7,56	6,55	5,99	5,64	5,39	5,20	5,06	4,94	4,85	4,71	4,56	4,41	4,33	4,25	4,17	4,08	4,00	3,91
11	9,65	7,21	6,22	5,67	5,32	5,07	4,89	4,74	4,63	4,54	4,40	4,25	4,10	4,02	3,94	3,86	3,78	3,69	3,60
12	9,33	6,93	5,95	5,41	5,06	4,82	4,64	4,50	4,39	4,30	4,16	4,01	3,86	3,78	3,70	3,62	3,54	3,45	3,36
13	9,07	6,70	5,74	5,21	4,86	4,62	4,44	4,30	4,19	4,10	3,82	3,82	3,66	3,59	3,51	3,43	3,34	3,25	3,17
14	8,86	6,51	5,56	5,04	4,69	4,46	4,28	4,14	4,03	3,94	3,80	3,66	3,51	3,43	3,35	3,27	3,18	3,09	3,00
15	8,68	6,36	5,42	4,89	4,56	4,32	4,14	4,00	3,89	3,80	3,67	3,52	3,37	3,29	3,21	3,13	3,05	2,96	2,87
16	8,53	6,23	5,19	4,77	4,44	4,20	4,03	3,89	3,78	3,69	3,55	3,41	3,26	3,18	3,10	3,02	2,93	2,84	2,75
17	8,40	6,11	5,18	4,67	4,34	4,10	3,93	3,79	3,68	3,59	3,46	3,31	3,16	3,08	3,00	2,92	2,83	2,75	2,65
18	8,26	6,01	5,09	4,58	4,25	4,01	3,84	3,71	3,60	3,51	3,37	3,23	3,08	3,00	2,92	2,84	2,75	2,66	2,57
19	8,18	5,93	5,01	4,50	4,17	3,94	3,77	3,63	3,52	3,43	3,30	3,15	3,00	2,92	2,84	2,76	2,67	2,58	2,49
20	8,10	5,85	4,94	4,43	4,10	3,87	3,70	3,56	3,46	3,37	3,23	3,09	2,94	2,86	2,78	2,69	2,61	2,52	2,42
21	8,02	5,78	4,87	4,37	4,04	3,81	3,64	3,51	3,40	3,31	3,17	3,03	2,88	2,80	2,72	2,64	2,55	2,46	2,36
22	7,95	5,72	4,82	4,31	3,99	3,76	3,59	3,45	3,35	3,26	3,12	2,98	2,83	2,75	2,67	2,58	2,50	2,40	2,31
23	7,88	5,66	4,76	4,26	3,94	3,71	3,54	3,41	3,30	3,21	3,07	2,93	2,78	2,70	2,62	2,54	2,45	2,35	2,26
24	7,82	5,61	4,72	4,22	3,90	3,67	3,50	3,36	3,26	3,17	3,03	2,89	2,74	2,66	2,58	2,49	240	2,31	2,21
25	7,77	5,57	4,68	4,18	3,85	3,63	3,46	3,32	3,22	3,13	2,99	2,85	2,70	2,62	2,54	2,45	2,36	2,27	2,17
26	7,72	5,53	4,64	4,14	3,82	3,59	3,42	3,29	3,18	3,09	2,96	2,81	2,66	2,58	2,50	2,42	2,33	2,23	2,13
27	7,68	5,49	4,60	4,11	3,78	3,56	3,39	3,26	3,15	3,06	2,93	2,78	2,63	2,55	2,47	2,38	2,29	2,20	2,10
28	7,64	5,45	4,57	4,07	3.75	3,53	3,36	3,23	3,12	3,03	2,90	2,75	2,60	2,52	2,44	2,35	2,26	2,17	2,06
29	7,60	5,42	4,54	4,04	3,73	3,50	3,33	3,20	3,09	3,00	2,87	2.73	2.57	2,49	2,41	2,33	2,23	2,14	2,03
30	7,56	5,39	4,51	4,02	3,70	3,47	3,30	3,17	3,07	2,98	2,84	2,70	2,55	2,47	2,39	2,30	2,21	2,11	2,01
40	7,31	5,18	4,31	3,83	3,51	3,29	3.12	2,99	2,89	2,80	2,66	2,52	2,37	2,29	2,20	2,11	2,02	1,92	1,80
60	7,08	4,98	4,13	3,65	3,34	3,12	2,95	2,82	2,72	2,63	2,50	2,35	1.20	2,12	2,03	1,94	1,84	1,72	1,60
120	6,85	4,79	3,95	3,48	3,17	2,96	2,79	2,66	2,56	2,47	2,34	2,19	2,03	1,95	1,86	1,86	1,66	1,53	1,38
∞	6,62	4,61	3,78	3,32	3,02	2,80	2,64	2,51	2,41	2,32	2,18	2,04	1,88	1,79	1,70	1,59	1,47	1,32	1,00

Tabela A.4 *(continuação)* $P = 0{,}005$

ν_2 \ ν_1	1	2	3	4	5	6	7	8	9	10	12	15	20	24	30	40	60	120	∞
1	16211	20000	21615	22500	23056	23437	23715	23925	24091	24224	24426	24630	24836	24940	25044	25148	25253	25359	25465
2	198,50	199,00	199,20	199,20	199,30	199,30	199,40	199,40	199,40	199,40	199,40	199,40	199,40	199,50	199,50	199,50	199,50	199,50	199,50
3	55,55	49,80	47,47	46,19	45,39	44,84	44,43	44,13	43,88	43,69	43,39	43,08	42,78	42,62	42,47	42,31	42,15	41,99	41,83
4	31,33	26,28	24,26	23,15	22,46	21,97	21,62	21,35	21,14	20,97	20,70	20,44	20,17	20,03	19,89	19,75	19,61	19,47	19 ,32
5	22,78	18,31	16,53	15,56	14,94	14,51	14,20	13,96	13,77	13,62	13,38	13,15	12,90	12,78	12,66	12,53	12,40	12,27	12,14
6	18,63	14,54	12,92	12,03	11,46	11,07	10,79	10,57	10,39	10,25	10,03	9,81	9,59	9,47	9,36	9,24	9,12	9,00	8,88
7	16,24	12,40	10,88	10,05	9,52	9,16	8,89	8,68	8,51	8,38	8,18	7,97	7,75	7,65	7,53	7,42	7,31	7,19	7,08
8	14,69	11,04	9,60	8,81	8,30	7,95	7,69	7,50	7,34	7,21	7,01	6,81	6,61	6,50	6Ao	6,29	6,18	6,06	5,95
9	13,61	10,11	8,72	7,96	7,47	7,13	6,88	6,69	6,54	6,42	6,23	6,03	5,83	5,73	5,62	5,52	5,41	5,30	5,19
10	12,83	9,43	8,08	7,34	6,87	6,54	6,30	6,12	5,97	5,85	5,66	5.47	5,27	5,17	5,07	4,97	4,86	4,75	4,64
11	12,23	8,91	7,60	6,88	6,42	6,10	5,86	5,68	5,54	5,42	5,24	5,05	4,86	4,76	4,65	4,55	4,44	4,34	4,23
12	11,75	8,51	7,23	6,52	6,07	5,76	5,52	5,35	5,20	5,09	4,91	4,72	4,53	4,43	4,33	4,23	4,12	4,01	3,90
13	11,37	8,19	6,93	6,23	5,79	5,48	5,25	5,08	4,94	4,82	4,64	4,46	4,27	4,17	4,07	3,97	3,87	3,76	3,65
14	11,06	7,92	6,68	6,00	5,56	5,26	5,03	4,86	4,72	4,60	4,43	4,25	4,06	3,96	3,86	3,76	3,66	3,55	3,44
15	10,80	7,70	6,48	5,80	5,37	5,07	4,85	4,67	4,54	4,42	4,25	4,07	3,88	3,79	3,69	3,58	3,48	3,37	3,26
16	10,58	7,51	6,30	5,64	5,21	4,91	4,69	4,52	4,38	4,27	4,10	3,92	3,73	3,64	3,54	3,44	3,33	3,22	3,11
17	10,38	7,35	6,16	5,50	5,07	4,78	4,56	4,39	4,25	4,14	3,97	3,79	3,61	3,51	3,41	3,31	3,21	3,10	2,98
18	10,22	7,21	6,03	5,37	4,96	4,66	4,44	4,28	4,14	4,03	3,86	3,68	3,50	3,40	3,30	3,20	3,10	2,99	2,87
19	10,07	7,09	5,92	5,27	4,85	4,56	4,34	4,18	4,04	3,93	3,76	3,59	3,40	3,31	3,21	3,11	3,00	2,89	2,78
20	9,94	6,99	5,82	5,17	4,76	4,47	4,26	4,09	3,96	3,85	3,68	3,50	3,32	3,22	3,12	3,02	2,92	2,81	2,69
21	9,83	6,89	5,73	5,09	4,68	4,39	4,18	4,01	3,88	3,77	3,60	3,43	3,24	3,15	3,05	2,95	2,84	2,73	2,61
22	9,73	6,81	5,65	s,02	4,61	4,32	4,11	3,94	3,81	3,70	3,s4	3,36	3,18	3,08	2,98	2,88	2,77	2,66	2,55
23	9,63	6,73	5,58	4,95	4,54	4,26	4,05	3,88	3,75	3,64	3,47	3,30	3,12	3,02	2,92	2,82	2,71	2,60	2,48
24	9,55	6,66	5,52	4,89	4,49	4,20	3,99	3,83	3,69	3,59	3,42	3,25	3,06	2,97	2,87	2,77	2,66	2,55	2,43
25	9,48	6,60	5,46	4,84	4,43	4,15	3,94	3,78	3,64	3,54	3,37	3,20	3,01	2,92	2,82	2,72	2,61	2,50	2,38
26	9,41	6,54	5,41	4,79	4,38	4,10	3,89	3,73	3,60	3,49	3,33	3,15	2,97	2,87	2,77	2,67	256	2,45	2,33
27	9,34	6,49	5,36	4,74	4,34	4,06	3,85	3,69	3,56	3,45	3,28	3,11	2,93	2,83	2,73	2,63	2,52	2,41	2,25
28	9,28	6,44	5,32	4,70	4,30	4,02	3,81	3,65	3,52	3,41	3,25	3,07	2,89	2,79	2,69	2,59	2,48	2,37	2,29
29	9,23	6,40	5,28	4,66	4,26	3,98	3,77	3,61	3,48	3,38	3,21	3,04	2,86	2,76	2,66	2,s6	2,45	2,33	2,24
30	9,18	6,35	5,24	4,62	4,23	3,95	3,74	3,58	3,45	3,34	3,18	3,01	2,82	2,73	2,63	2,52	2,42	2,30	2,18
40	8,83	6,07	4,98	4,37	3,99	3,71	3,51	3,35	3,22	3,12	2,95	2,78	2,60	2,50	2,40	2,30	2,18	2,06	1,93
60	8,49	5,79	4,73	4,14	3,76	3,49	3,29	3,13	3,01	2,90	2,74	2,57	2,39	2,29	2,19	2,08	1,96	1,83	1,69
120	8,18	5,54	4,50	3,92	3,55	3,28	3,09	2,93	2,81	2,71	2,54	2,37	2,19	2,09	1,98	1,87	1,75	1,61	1,43
∞	7,88	5,30	4,28	3,72	3,35	3,09	2,90	2,74	2,62	2,52	2,36	2,19	2,00	1,90	1,79	1,67	1,53	1,36	1,00

Tabela A6.5 Números ao acaso

25 19 64 82 84	62 74 29 92 24	61 03 91 22 48	64 94 63 15 07	66 85 12 00 27
23 02 41 46 04	44 31 52 43 07	44 06 03 09 34	19 83 94 62 94	48 28 01 51 92
55 85 66 96 28	28 30 62 58 83	65 68 62 42 45	13 08 60 46 28	95 68 45 52 43
68 45 19 69 59	35 14 82 56 80	22 06 52 26 39	59 78 98 76 14	36 09 03 01 86
69 31 46 29 85	18 88 26 95 54	01 02 14 03 05	4S 00 26 43 85	33 93 81 45 95
37 31 61 28 98	94 61 47 03 10	67 80 84 41 26	88 84 59 69 14	77 32 82 81 89
66 42 19 24 94	13 13 38 69 96	76 69 76 24 13	43 83 10 13 24	18 32 84 85 04
33 65 78 12 35	91 59 11 38 44	23 31 48 75 74	05 30 08 46 32	90 04 93 56 16
76 32 06 19 35	22 95 30 19 29	57 74 43 20 90	20 25 36 70 69	38 32 11 01 01
43 33 42 02 59	20 39 84 95 61	58 22 04 02 99	99 78 78 83 82	43 67 16 38 95
28 31 93 43 94	87 73 19 38 47	54 36 90 98 10	83 43 32 26 26	22 00 90 59 22
97 19 21 63 34	69 33 17 03 02	11 15 50 46 08	42 69 60 17 42	14 68 61 14 48
82 80 37 14 20	56 39 59 89 63	33 90 38 44 50	78 22 87 10 88	06 58 87 39 67
03 68 03 13 60	64 13 09 37 11	86 02 57 41 99	31 66 60 65 64	o3 03 02 58 97
65 16 58 11 01	98 78 80 63 23	07 37 66 20 56	20 96 o6 79 80	33 39 4o 49 42
24 65 58 57 04	18 62 85 28 24	26 45 17 82 76	39 65 01 73 91	50 37 49 38 73
02 72 64 07 75	85 66 48 38 73	75 10 96 59 31	48 78 58 08 88	72 08 54 57 17
79 16 78 63 99	43 61 00 66 42	76 26 71 14 33	33 86 76 71 66	37 85 05 56 07
04 75 14 93 39	68 52 16 83 34	64 09 44 62 58	48 32 72 26 95	32 67 35 49 71
40 64 64 57 60	97 00 12 91 33	22 14 73 01 11	83 97 68 95 65	67 77 80 98 87
06 27 07 34 26	01 52 48 69 57	09 17 53 55 96	02 41 03 89 33	86 85 73 02 32
62 40 03 87 10	96 88 22 46 94	35 56 60 94 20	60 73 04 84 98	96 45 18 47 07
00 98 48 18 97	91 51 63 27 95	74 25 84 03 07	88 29 04 79 84	03 71 13 78 26
50 64 19 18 91	98 55 33 46 09	49 66 41 12 45	41 49 36 33 43	53 75 35 13 39
38 54 52 25 78	01 98 00 89 85	86 12 22 89 25	10 10 71 19 45	88 84 77 00 07
46 86 80 97 73	65 12 64 64 70	58 41 05 49 08	68 68 88 54 00	81 61 61 80 41
90 72 92 93 10	09 12 81 93 63	69 30 02 04 26	92 36 48 69 45	91 99 08 07 65
66 21 41 77 60	99 35 72 61 22	52 40 74 67 29	97 50 71 39 79	57 82 14 88 06
87 05 46 52 76	89 96 34 22 37	27 11 57 04 19	57 93 08 35 69	07 51 19 92 66
46 90 61 03 06	89 85 33 22 80	34 89 12 29 37	44 71 38 40 37	15 49 55 51 08
11 83 53 06 09	81 83 33 98 29	91 27 59 43 09	70 72 51 49 73	35 97 25 83 41
11 05 92 06 57	68 82 34 08 83	25 40 58 40 64	56 42 78 54 06	60 96 90 12 82
33 94 24 20 28	62 42 07 12 63	34 39 02 92 31	80 61 68 44 19	09 92 14 73 49
24 89 74 75 61	61 02 73 36 85	67 28 50 49 85	37 79 95 02 66	73 19 76 28 13
15 19 74 67 23	61 38 93 73 68	76 23 15 58 20	35 36 82 82 59	01 33 48 17 66
05 64 12 70 88	80 58 35 06 88	73 48 27 39 43	43 40 13 35 45	55 10 54 38 50
57 49 36 44 06	74 93 55 39 26	27 70 98 76 68	78 36 26 24 06	43 24 56 40 80
77 82 96 96 97	60 42 17 18 48	16 34 92 19 52	98 84 48 42 92	83 19 06 77 78
24 10 70 06 51	59 62 37 95 42	53 67 14 95 29	84 65 43 07 30	77 54 00 15 42
50 00 07 78 23	49 54 36 85 14	18 50 54 18 82	23 79 80 71 37	60 62 95 40 30
44 37 76 21 96	37 03 08 98 64	90 85 59 43 64	17 79 96 52 35	21 05 22 59 30
90 57 55 17 47	53 26 79 20 38	69 90 58 64 03	33 48 32 91 54	68 44 90 24 25
50 74 64 67 42	95 28 12 73 23	32 54 98 64 94	82 17 18 17 14	55 10 61 64 29
44 04 70 22 02	84 31 64 64 08	52 55 04 24 29	91 95 43 81 14	66 13 18 47 44
32 74 61 64 73	21 46 51 44 77	72 38 92 00 05	83 59 89 65 06	53 76 70 58 78
75 73 51 70 49	12 53 67 51 54	38 10 11 67 73	22 23 61 43 75	31 61 22 21 11
76 18 36 16 34	16 28 25 82 98	64 26 70 54 87	49 48 55 11 39	94 25 20 80 85
00 17 37 71 81	64 21 91 15 82	81 04 14 52 11	39 07 30 60 77	39 18 27 85 68
54 95 57 55 04	12 77 40 70 14	79 86 61 57 50	52 49 41 73 46	05 63 34 92 33
69 99 95 54 63	44 37 33 53 17	38 06 58 37 93	47 10 62 31 28	63 59 40 40 32

Tabela A6.6 Valores críticos para o teste de Cochran — valores de $g_{k,n,P}$, onde $P = P(g_{k,n} \geq g_{k,n,P})$; $P = 0,05$

k \ n	2	3	4	5	6	7	8	9	10	11	17	37	145	∞
2	0,9985	0,9750	0,9392	0,9057	0,8772	0,8534	0,8332	0,8159	0,8010	0,7880	0,7341	0,6602	0,5813	0,5000
3	0,9669	0,8709	0,7977	0,7457	0,7071	0,6771	0,6530	0,6333	0,6167	0,6025	0,5466	0,4748	0,4031	0,3333
4	0,9065	0,7679	0,6841	0,6287	0,5895	0,5598	0,5365	0,5175	0,5017	0,4884	0,4366	0,3720	0,3093	0,2500
5	0,8412	0,6838	0,5931	0,5441	0,5065	0,4783	0,4564	0,4387	0,4241	0,4118	0,3645	0,3066	0,2513	0,2060
6	0,7808	0,6161	0,5321	0,4803	0,4447	0,4184	0,39B0	0,3817	0,3682	0,3568	0,3135	0,2612	0,2119	0,1667
7	0,7271	0,5612	0,4800	0,4307	0,3974	0,3726	0,3535	0,3384	0,3259	0,3154	0,2756	0,2276	0,1833	0,1429
8	0,6798	0,5157	0,4377	0,3910	0,3595	0,3362	0,3185	0,3043	0,2926	0,2829	0,2462	0,2022	0,1616	0,1250
9	0,6385	0,4775	04027	0,3584	0,3286	0,3067	0,2901	0,2768	0,2659	0,2568	0,2226	0,1820	0,1446	0,1111
10	0,6020	0,4450	0,3733	0,3311	0,3029	0,2823	0,2666	0,2541	0,2439	0,2353	0,2032	0,1655	0,1308	0,1000
12	0,5410	0,39U	0,3264	0,2880	0,2624	0,2439	0,2299	0,2187	0,2098	0,2020	0,1737	0,1403	0,1100	0,0833
15	0,4709	0,3346	0,2758	0,2419	0,2195	0,2034	0,1911	0,1815	0,1736	0,1671	0,1429	0,1144	0,0889	0,0667
20	0,3894	6,2705	0,2205	0,1921	0,1735	0,1602	0,1501	0,1422	0,1357	0,1303	0,1108	0,0879	0,0675	0.0300
24	0,3434	0,2354	0,1907	0,1656	0,1493	0,1374	0,1286	0,1216	0,1160	0,1113	0,0942	0,0743	0,0567	0,0417
30	0,2929	0,1980	0,1593	0,1377	0,1237	0,1137	0,1061	0,1002	0,0958	0.0921	0,0771	0,0604	0,0457	0,0333
40	0,2370	0,1576	0,1259	0,1082	0,0968	0,0887	0,0827	0,0780	0.0745	0,0713	0,0595	0,0462	0,0347	0,0250
60	0,1737	0,1131	0,0895	0,0765	0,0682	0,0623	0,0583	0,0552	0,0520	0,0497	0,0411	0,0316	0,0234	0,0167
120	0,0998	0,0632	0,0495	0,0419	0,0371	0,0337	0,0312	0,0292	0,0279	0,0266	0,0218	0,0165	0,0120	0,0083
∞	0	0	0	0	0	0	0	0	0	0	0	0	0	0

$P = 0,01$

k \ n	2	3	4	5	6	7	8	9	10	11	17	37	145	∞
2	0,9999	0,9950	0,9794	0,9566	0,9373	0,9172	0,8988	0,6823	0,8674	0,8539	0,7949	0,7067	0,6062	0,5000
3	0,9933	0,9423	0,8831	0,8335	0,7933	0,7606	0,7335	0,7107	0,6912	0,6743	4,6059	0,5153	0,4230	0,3333
4	0,9676	0,8643	0,7814	0,7212	0,6761	0.6410	0,6129	0,5897	0,5702	0,5536	0,4884	0,4037	0,3251	0,2500
5	0,9279	0,7885	0,6957	0,6329	0,5875	0,5531	0,5259	0,5037	0,4854	0,4697	0,4094	0.3351	0,2644	0,2000
6	0,8828	0,7218	0,6258	0,5635	0,5195	0.4866	0,4608	0,4401	0,4223	0,4084	0,3529	0,2838	0,2229	0,1667
7	0,8376	0,6644	0,5685	0,5080	0,4659	0,4347	0,4105	0,3911	0,3751	0,3616	0,3105	0,2494	0,1929	0,1429
8	0,7945	0,6152	0,5209	0,4627	0,4226	0,3932	0,3704	0,3522	0,3373	0,3248	0,2779	0,2214	0,1700	0,1250
9	0,7544	0,5727	0,4810	0,4251	0,3870	0,3592	0,3378	0,3207	0,3067	0,2950	0,2514	0,1992	0,1521	0,1111
10	0,7175	0,53S8	0,4469	0,3934	0,3572	0,3308	0,3106	0,2945	0,2813	0,2704	0,2297	0,1811	0,1376	0,1000
12	0,6528	0,4751	0,3919	0,3428	0,3099	0,2861	0,2680	0,2535	0,2419	0,2320	0,1961	0,1535	0,1157	0,0833
15	0,5747	0,4069	0,3317	0,2882	0,2593	0,2386	0,2228	0,2104	0.2002	0,1916	0.1612	0,1251	0,0934	0,0667
20	0,4799	0,3297	0,2654	0,2288	0,2048	0,1877	0,1748	0,1646	0,1567	0,1501	0,1248	0,0960	0,0709	0,0500
24	0,4247	0,2871	0,2295	0,1970	0,1759	0,1608	0,1495	0,1406	0,1338	0,1283	0,1060	0,0810	0,0595	0,0417
30	0,3632	0,2412	0,1913	0,1635	0,1454	0,1327	0,1232	0,1157	0,1100	0,1054	0,0867	0,0656	0,0480	0,0333
40	0,2940	0,19L5	0,1508	0,1281	0,1135	0,1033	0,0957	0,0898	0,0853	0,0816	0,0668	0,0503	0,0363	0,0250
60	0,2151	0,1371	0,1069	0,0902	0,0796	0,0722	0,0668	0,0625	0,0594	0,0567	0,0461	0,0344	0,0245	0,0167
120	0,1225	0,0759	0,0585	0,0489	0,0429	0,0387	0,0357	0,0334	0,0316	0,0302	0,0242	0,0178	0,0125	0,0083
∞	0	0	0	0	0	0	0	0	0	0	0	0	0	0

Tabela A6.7 Valores críticos da amplitude studentizada $q_{k,v,\alpha}$; $\alpha = 0{,}05$

v \ k	2	3	4	5	6	7	8	9	10	12	15	20
1	18,0	27,0	32,8	37,1	40,4	43,1	45,4	47,4	49,1	52,0	55,4	59,6
2	6,09	8,3	9,8	10,9	11,7	12,4	13,0	13,5	14,0	14,7	15,7	16,8
3	4,50	5,91	6,82	7,50	8,04	8,48	8,85	9,18	9,46	9,95	10,5	11,2
4	3,93	5,04	5,76	6,29	6,71	7,05	7,35	7,60	7,83	8,21	8,66	9,23
5	3,64	4,60	5,22	5,67	6,03	6,33	6,58	6,80	6,99	7,32	7,72	8,21
6	3,46	4,34	4,90	5,31	5,63	5,89	6,12	6,32	6,49	6,79	7,14	7,59
7	3,34	4,16	4,68	5,06	5,36	5,61	5,82	6,00	6,16	6,43	6,76	7,17
8	3,26	4,04	4,53	4,89	5,17	5,40	5,60	5,77	5,92	6,18	6,48	6,87
9	3,20	3,95	4,42	4,76	5,02	5,24	5,43	5,60	5,74	5,98	6,28	6,64
10	3,15	3,88	4,33	4,65	4,91	5,12	5,30	5,46	5,60	5,83	6,11	6,47
11	3,11	3,82	4,26	4,57	4,82	5,03	5,20	5,35	5,49	5,71	5,99	6,33
12	3,08	3,77	4,20	4,51	4,75	4,95	5,12	5,27	5,40	5,62	5,88	6,21
13	3,06	3,73	4,15	4,45	4,69	4,88	5,05	5,19	5,32	5,53	5,79	6,11
14	3,03	3,70	4,11	4,41	4,64	4,83	4,99	5,13	5,25	5,46	5,72	6,03
15	3,01	3,67	4,08	4,37	4,60	4,78	4,94	5,08	5,20	5,40	5,65	5,96
16	3,00	3,65	4,05	4,33	4,56	4,74	4,90	5,03	5,15	5,35	5,59	5,90
17	2,98	3,63	4,02	4,30	4,52	4,71	4,86	4,99	5,11	5,31	5,55	5,84
18	2,97	3,61	4,00	4,28	4,49	4,67	4,82	4,96	5,07	5,27	5,50	5,79
19	2,96	3,59	3,98	4,25	4,47	4,65	4,79	4,92	5,04	5,23	5,46	5,75
20	2,95	3,58	3,96	4,23	4,45	4,62	4,77	4,90	5,01	5,20	5,43	5,71
24	2,92	3,53	3,90	4,17	4,37	4,54	4,68	4,81	4,92	5,10	5,32	5,59
30	2,89	3,49	3,84	4,10	4,30	4,46	4,60	4,72	4,83	5,00	5,21	5,48
40	2,86	3,44	3,79	4,04	4,23	4,39	4,52	4,63	4,74	4,91	5,11	5,36
60	2,83	3,40	3,74	3,98	4,16	4,31	4,44	4,55	4,65	4,81	5,00	5,24
120	2,80	3,36	3,69	3,92	4,10	4,24	4,36	4,48	4,56	4,72	4,90	5,13
∞	2,77	3,31	3,63	3,86	4,03	4,17	4,29	4,39	4,47	4,62	4,80	5,01
						$\alpha = 0{,}01$						
1	90	135	164	186	202	216	227	237	246	260	277	298
2	14	19	22,3	24,7	26,6	28,2	29,5	30,7	31,7	33,4	35,4	37,9
3	8,26	10,6	12,2	13,3	14,2	15,0	15,6	16,2	16,7	17,5	18,5	19,8
4	6,51	8,12	9,17	9,96	10,6	11,1	11,5	11,9	12,3	12,8	13,5	14,4
5	5,70	6,97	7,80	8,42	8,91	9,32	9,67	9,97	10,2	10,7	11,2	11,9
6	5,24	6,33	7,03	7,56	7,97	8,32	8,61	8,87	9,10	9,49	9,95	10,50
7	4,95	5,92	6,54	7,01	7,37	7,68	7,94	8,17	8,37	8,71	9,12	9,65
8	4,74	5,63	6,20	6,63	6,96	7,24	7,47	7,68	7,87	8,18	8,55	9,03
9	4,60	5,43	5,96	6,35	6,66	6,91	7,13	7,32	7,49	7,78	8,13	8,57
10	4,48	5,27	5,77	6,14	6,43	6,67	6,87	7,05	7,21	7,48	7,81	8,22
11	4,39	5,14	5,62	5,97	6,25	6,48	6,67	6,84	6,99	7,25	7,56	7,95
12	4,32	5,04	5,50	5,84	6,10	6,32	6,51	6,67	6,81	7,06	7,36	7,73
13	4,26	4,96	5,40	5,73	5,98	6,19	6,37	6,53	6,67	6,90	7,19	7,55
14	4,21	4,89	5,32	5,63	5,88	6,08	6,26	6,41	6,54	6,77	7,05	7,39
15	4,17	4,83	5,25	5,56	5,80	5,99	6,16	6,31	6,44	6,66	6,93	7,26
16	4,13	4,78	5,19	5,49	5,72	5,92	6,08	6,22	6,35	6,56	6,82	7,15
17	4,10	4,74	5,14	5,43	5,66	5,85	6,01	6,15	6,27	6,48	6,73	7,05
18	4,07	4,70	5,09	5,38	5,60	5,79	5,94	6,08	6,20	6,41	6,65	6,96
19	4,05	4,67	5,05	5,33	5,55	5,73	5,89	6,02	6,14	6,34	6,58	6,89
20	4,02	4,64	5,02	5,29	5,51	5,69	5,84	5,97	6,09	6,29	6,52	6,82
24	3,96	4,54	4,91	5,17	5,37	5,54	5,69	5,81	5,92	6,11	6,33	6,61
30	3,89	4,45	4,80	5,05	5,24	5,40	5,54	5,65	5,76	5,93	6,14	6,41
40	3,82	4,37	4,70	4,93	5,11	5,27	5,39	5,50	5,60	5,77	5,96	6,21
60	3,76	4,28	4,60	4,82	4,99	5,13	5,25	5,36	5,45	5,60	5,79	6,02
120	3,70	4,20	4,50	4,71	4,87	5,01	5,12	5,21	5,30	5,44	5,61	5,83
∞	3,64	4,12	4,40	4,60	4,76	4,88	4,99	5,08	5,16	5,29	5,45	5,65

Tabela A6.8 — Tangentes hiperbólicas inversas — valores de $z = \frac{1}{2}\ln\frac{1+r}{1-r} = \text{arc tgh}\, r$

r	0,00	0,01	0,02	0,03	0,04	0,05	0,05	0,07	0,08	0,09
0,0	0,0000	0,0100	0,0200	0,0300	0,0400	0,0500	0,0601	0,0701	0,0802	0,0902
0,1	0,1003	0,1104	0,1206	0,1307	0,1409	0,1511	0,1614	0,1717	0,1820	0,1923
0,2	0,2027	0,2132	0,2237	0,2342	0,2448	0,2554	0,2661	0,2769	0,2877	0,2986
0,3	0,3095	0,3205	0,3316	0,3428	0,3541	0,3654	0,3769	0,3884	0,4001	0,4118
0,4	0,4236	0,4356	0,4477	0,4599	0,4722	0,4847	0,4973	0,5101	0,5230	0,5361
0,5	0,5493	0,5627	0,5763	0,5901	0,6042	0,6184	0,6328	0,6475	0,6625	0,6777
0,6	0,6931	0,7089	0,7250	0,7414	0,7582	0,7753	0,7928	0,8107	0,8291	0,8480
0,7	0,8673	0,8872	0,9076	0,9287	0,9505	0,9730	0,9962	1,0203	1,0454	1,0714
0,8	1,0986	1,1270	1,1568	1,1881	1,2212	1,2562	1,2933	1,3331	1,3758	1,4219
0,9	1,4722	1,5275	1,5890	1,6584	1,7380	1,8318	1,9459	2,0923	2,2976	2,6467

Respostas a exercícios selecionados

Capítulo 2

Exercícios de aplicação (item 2.3.2)

1.	(a)	$\bar{x} = 1{,}95$	$md = 2{,}05$	$m_0 = 2{,}1$	
		$R = 2{,}2$	$s^2 = 0{,}328$	$s = 0{,}573$	$cv = 29{,}4\%$
	(b)	$\bar{x} = 36{,}4$	$md = 36$	$m_0 = 35$ e 37	
		$R = 16$	$s^2 = 14{,}69$	$s = 3{,}83$	$cv = 10{,}5\%$
2.		$\bar{x} = 106{,}00$	$md = 105{,}83$	$m_0 = 105{,}79$	
		$R = 33$	$s^2 = 53{,}5$	$s = 7{,}32$	$cv = 6{,}9\%$

Exercícios complementares

4.		$\bar{x} = 77{,}8$; $md = 77{,}6$; $m_{01} = 77$; $m_{02} = 82$; $s^2 = 21{,}72$			
6.	(c)	$\bar{x} = 33{,}93$	$md = 33{,}82$	$m_0 = 33{,}67$	$s = 1{,}19$
9.		$\bar{x} = 1.041{,}1$	$s = 13{,}23$	$md = 1.040{,}5$	
10.		$\bar{x} = 1{,}181$	$md = 1{,}158$	$s = 0{,}12$	$m_0 = 1{,}112$
11.		$\bar{x} = 124{,}3$	$md = 124{,}5$	$m_0 = 126{,}64$	$s = 17{,}29$
12.	(a)	$md = 4$	$p' = 0{,}46$		
	(b)	$md = 4{,}333$	$p' = 0{,}58$	Sim	
13.		$Q_1 = x_0 + {}^8/_5 h$	$Q_2 = x_0 + {}^5/_2 h$	$Q_3 = x_0 + {}^7/_2 h$	
14.		$m_0 = 42{,}5$	$md = 42{,}25$	$cv = 0{,}131$	

Capítulo 3

2.		1.028°
3.		39
5.	(a)	36,6
	(c)	35,72
	(d)	33,8

Capítulo 4

Exercícios de aplicação (item 4.2.3)

4. $-\ln 0{,}75$

Exercícios propostos

1.		$25{,}317 \pm 0{,}114$;	$25{,}317 \pm 0{,}136$;	$25{,}317 \pm 0{,}208$
2.		20,065 mm		
3.	(a)	$32{,}4 \pm 0{,}886$;	$32{,}4 \pm 1{,}238$	
	(b)	$1{,}373 \le \sigma^2 \le 6{,}366$		$1{,}145 \le \sigma^2 \le 8{,}806$
	(c)	$1{,}172 \le \sigma^2 \le 2{,}523$		$1{,}070 \le \sigma \le 2{,}967$
5.	(a)	$0{,}0159 \le \sigma^2 \le 0{,}1510$		
	(b)	$0{,}0126 \le \sigma^2 \le 0{,}2581$		
	(c)	$2{,}9154 \le \mu \le 3{,}2346$		
	(d)	$1{,}8389 \le \mu \le 3{,}3111$		
	(e)	$3{,}0681 \le \mu \le 3{,}0819$;		$3{,}0659 \le \mu \le 3{,}0841$
7.		Sim, pois $n = 120$		29,57
8.		$2{,}914 \le \mu \le 6{,}290$;		Aproximado
12.	(a)	$\bar{x} = 39{,}7$;	$s = 13{,}89$	
	(b)	$39{,}7 \pm 3{,}29$		
	(c)	$0{,}35 \pm 0{,}174$		
13.		$0{,}147 \le \sigma \le 0{,}389$		
14.		$0{,}34 \pm 0{,}046$;	$0{,}34 \pm 0{,}061$	
16.		629		
17.	(a)	385;	(b) 664	
18.		Não;	10	
21.		1.083		
22.	(a)	353,3 m		
	(b)	$14{,}0 \text{ s} \le t \le 22{,}0 \text{ s}$		
	(c)	$n = 1.263$		

Capítulo 5

3) (a) sim; (b) não

5) $t = 2{,}08 < 2{,}262 < t_{9,2\%}$. Não podemos confiar

7.	(a)	H_0: $\mu = 12$ cm³/min	H_1: $\mu > 12$ cm³/min;
	(c)	15	
10.		$F = 1{,}30 \leq F_{31,\,\infty,\,5\%} \cong 1{,}45$	Não
12.		$F = 1{,}55 > 1{,}4$	Sim
14.		Sim, quanto a ambos os aspectos	
15.		Apenas ao nível de 5%	
16.		$z = 1{,}08 < 1{,}645$	Aceitar o lote
19.		Não	
25.		$t = 0{,}81$	Não há
26.	(a)	$F = 1{,}93 < 3{,}59$	Aceitar H_0 (5%)
	(b)	$t = 2{,}179 > 2{,}086$	Rejeitar H_0 (5%)
28.	a)	0,7204; b)0,0825	
34.		Sim, quanto à média	
35.		$F = 2{,}82 < 4{,}32$	Não

Capítulo 6

1.	$\chi^2_9 = 14{,}33 < 16{,}92$	É razoável
2.	$\chi^2_3 = 4{,}11 < 7{,}81$	Sim
3.	$\chi^2_4 = 3{,}52 < 9{,}488$	Concordamos
6.	$\chi^2 = 5{,}225$	Aceitar H_0
9.	$d = 0{,}268$	Aceitar H_0
12.	$\chi^2_3 = 20{,}53 > 7{,}815$	Depende

Capítulo 7

1.	$F_{2,9} = 8{,}78 > 8{,}02$	Sim
4.	$F = 6{,}73 > 6{,}01$	Sim
5.	$F_L = 0{,}29$; $F_C = 6{,}43 > 4{,}46$	Só há entre as máquinas

Capítulo 8

1.		$-0{,}085$	
2.	(b)	Não, pois $t = 1{,}46 < 3{,}182$	
10.		$t = 2{,}94 > 1{,}943$	Há evidência
12.	(a)	$\hat{y} = 10{,}8 - 0{,}85x$	
	(b)	$\hat{x} = 12{,}3 - 1{,}09y$	Não
16.		Sim	
17.		$t = 4{,}90 > 3{,}143$, logo, sim	$\hat{R} = 48{,}95 + 0{,}40t$
25.		Não	

Referências

1. Bekman, O. R. e Costa Neto, P. L. O., *Análise Estatística da Decisão*. Edgard Blücher, São Paulo, 1980.

2. Bowker, A. H. e Lieberman, G. J., *Engineering Statistics*. Prentice-Hall, New Jersey, 1972 (2.ª ed.).

3. Cochran, W. G., *Técnicas de Amostragem*. Fundo de Cultura (trad.), Rio de Janeiro, 1965.

4. Costa Neto, P. L. O., *Contribuição ao Estudo das Correções dos Parâmetros de Distribuicões Estatísticas Agrupadas em Classes*. Tese de Doutoramento. Escola Politécnica da USP, 1980.

5. Costa Neto, P. L. O. e Cymbalista, M., *Probabilidades*. Edgard Blücher, São Paulo, 1974.

6. Davies, O. L. (coordenador), *Statistical Methods in Research and Production*. Oliver & Boyd, Londres, 1967 (3.ª ed.).

7. Davies, O. L. (coordenador), *The Design and Analysis of Industrial Experiments*. Oliver & Boyd, Londres, 1956 (2.ª ed.).

8. Dixon, W. J. e Massey, F. J., Jr., *Introduction to Statistical Analysis*. McGraw-Hill, New York, 1969 (3.ª ed.).

9. Drapper, N. R. e Smith, H., *Applied Regression Analysis*. John Wiley, New York, 1981 (2.ª ed.).

10. Dunn, O. J. e Clark, V. A., *Applied Statistics: Analysis of Variance and Regression*. John Wiley, New York, 1987 (2.ª ed.).

11. Gibbons, J. D., *Nonparametric Statistical Inference*. McGraw-Hill, New York, 1971.

12. Hoel, P. G., *Introduction to Mathematical Statistics*. John Wiley, New York, 1984. (5.ª ed.).

13. Kendall, M. G. e Stuart, A., *The Advanced Theory of Statistics*. Griffin, (3 vols.), Londres, 1958.

14. Levine, D. M., Ramsey, P. P., Berenson, M. L., *Business Statistics for Quality and Productivity*. Prentice Hall, 1995.

15. Lindgren, B. W., *Statistical Theory*. Chapman & Hall, New York, 1993 (4.ª ed.).

16. Mendenhall, W., *Introduction to Probability and Statistics*. North Scituate, Duxbury, 1975 (4.ª ed.).

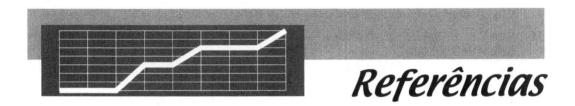

17. Montgomery, D. C., *Design and Analysis of Experiments*. John Wiley, 1984 (2.ª ed.).

18. Mood, A. e Graybill, F., *Introduction to the Theory of Statistics*. McGraw-Hill, New York, 1963 (3.ª ed.).

19. Scheffé, H., *The Analysis of Variance*. John Wiley, New York, 1967.

20. Siegel, S., *Estatística Não-Paramétrica para as Ciências do Comportamento*. MacGraw Hill, (trad.), São Paulo, 1975.

21. Theil, H., *Principles of Econometrics*. John Wiley, New York, 1971.

22. Walker, H. M. e Lev. J., *Statistical Inference*. Henry Holt, New York, 1953.

23. Yamane, T., *Statistics; an Introductory Analysis*. Harper & Row, New York, 1967 (2.ª ed.).

Índice

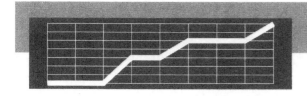

GRÁFICA PAYM
Tel. [11] 4392-3344
paym@graficapaym.com.br